今すぐ使えるかんたん

Imasugu Tsukaeru
Kantan Series

Google for Education

導入から運用まで、一冊でしっかりわかる本

Google for Education
Densan System Co., Ltd /
Dokogaku Co., Ltd

技術評論社

本書の使い方

- 画面の手順解説だけを読めば、操作できるようになる！
- もっと詳しく知りたい人は、左側の「側注」を読んで納得！
- これだけは覚えておきたい機能を厳選して紹介！

特長 1

機能ごとに
まとまっているので、
「やりたいこと」が
すぐに見つかる！

特長 2

基本操作

赤い矢印の部分だけを
読んで、パソコンを
操作すれば、難しいことは
わからなくても、
あっという間に
操作できる！

34
ストリームの基本…

Section 34

ストリームの基本を押さえよう

ここで…こと

…リーム
…トリームに投稿
・クラスや生徒を選んで投稿

ストリームは、クラスにおける教師と生徒のオンライン掲示板です。教師と生徒がコミュニケーションしたり、生徒同士が意見交換したりできます。クラスに参加している教師と生徒であれば自由に投稿することが可能です。

1 ストリームに投稿する

重要用語

ストリーム

ストリームとは、英単語だと「小川」とか「流れ」といった意味がありますが、IT業界では連続したデータの流れやデータを伝送するしくみのことを指します。Classroomにおけるストリームでは教師と生徒とのやり取りがスムーズに行うことができる掲示板のような役割があります。

4 Google Classroom

クラスにアクセスすると、上部タブには「ストリーム」「授業」「メンバー」「採点」の4つが表示され、初期設定では「ストリーム」画面が表示されます。

社会
2021|3年5組

1 ［クラスへの連絡事項を入力］をクリックします。

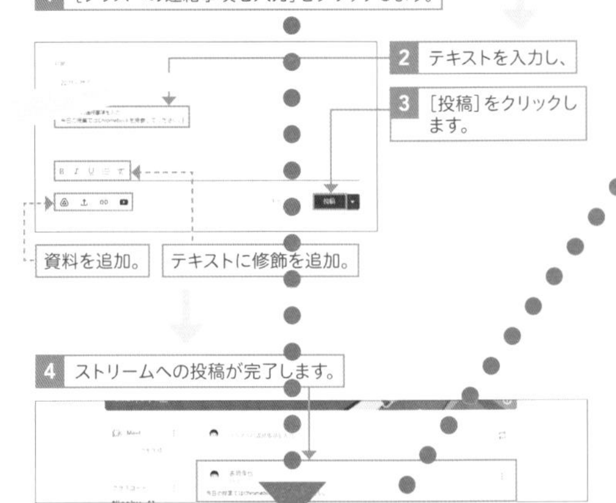

ヒント

資料を追加する

手順2の画面で、ストリームのメッセージに資料を添付したり、YouTube動画のリンクを貼ったりすることもできます。「今日の授業で視聴した動画はこちらです」といったようなクイックな情報共有も可能です。

108

特長 3

やわらかい上質な紙を使っているので、開いたら閉じにくい！

● 補足説明

操作の補足的な内容を「側注」にまとめているので、よくわからないときに活用すると、疑問が解決！

概要説明

便利な機能

用語の解説

応用操作解説

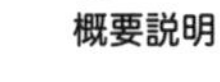
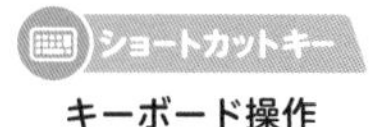

キーボード操作

補足説明

注意事項

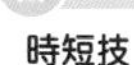

時短技

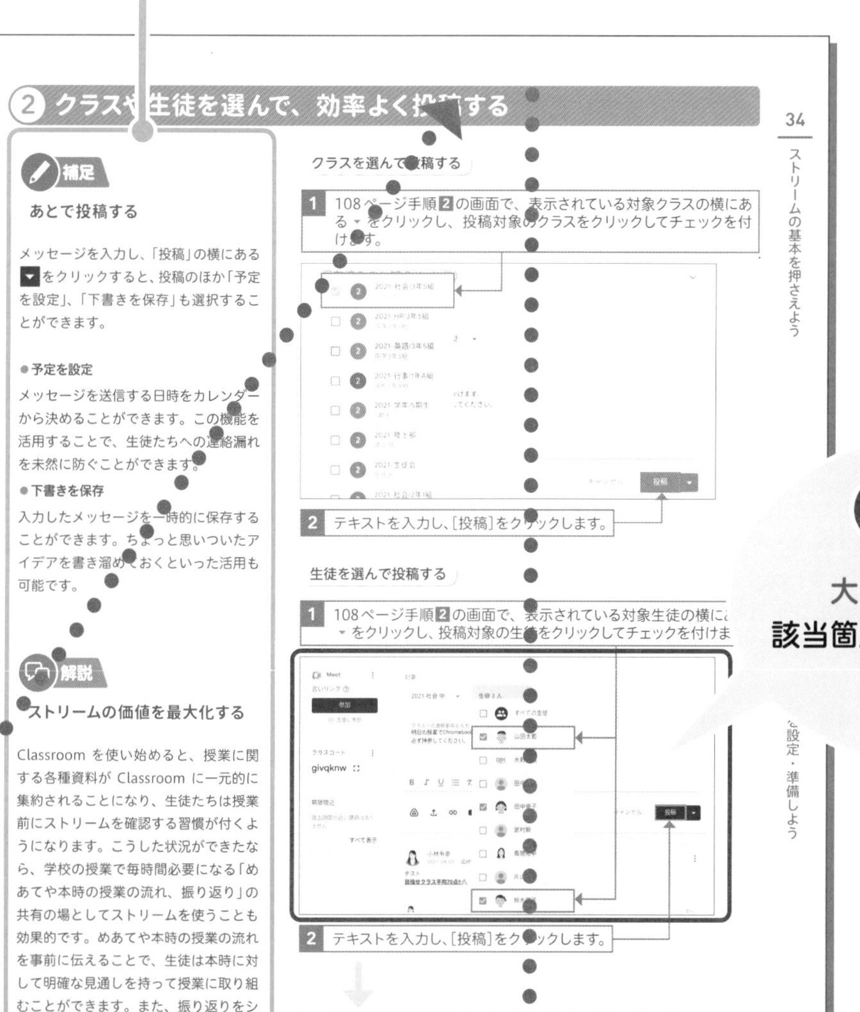

特長 4

大きな操作画面で該当箇所を囲んでいるのでよくわかる！

目次

第1章 Google for Educationの基本を知ろう

第2章 Chromebookを利用しよう

第4章 Google Classroomを設定・準備しよう

第6章 Google アプリを活用しよう

第7章 保護者とコミュニケーションを取ろう

付録1 管理コンソールの使い方

付録2 お悩み解決Q＆A

ご注意:ご購入・ご利用の前に必ずお読みください

- 本書に記載された内容は、情報提供のみを目的としています。したがって、本書を用いた運用は、必ずお客様自身の責任と判断によって行ってください。これらの情報の運用の結果について、技術評論社および著者はいかなる責任も負いません。
- ソフトウェアに関する記述は、特に断りのないかぎり、2022年5月現在での最新情報をもとにしています。これらの情報は更新される場合があり、本書の説明とは機能内容や画面図などが異なってしまうことがあり得ます。あらかじめご了承ください。
- 本書の内容は、以下の環境で制作し、動作を検証しています。使用しているパソコンによっては、機能内容や画面図が異なる場合があります。
  - ・Google Chrome OS
  - ・Chrome ブラウザ バージョン100
- インターネットの情報については、URLや画面などが変更されている可能性があります。ご注意ください。

以上の注意事項をご承諾いただいた上で、本書をご利用願います。これらの注意事項をお読みいただかずに、お問い合わせいただいても、技術評論社および著者は対処しかねます。あらかじめご了承ください。

第 1 章

Google for Educationの基本を知ろう

Section

01 Google for Education とは

ここで学ぶこと

- Google for Education
- GIGAスクール構想
- Society 5.0

GIGAスクール構想によって、今では多くの学校や教師が利用している Google for Education について理解しましょう。とくに、Google が教育分野で目指す世界の姿を知ることは、便利なツールの裏側にある想いに触れることにつながります。

1 Google for Education が目指すもの

Google ロゴ

Google のロゴは "L" だけが緑色になっているのが特徴です。「Google のロゴは、色の三原色（青・赤・黄）で構成されているが、"L" の緑色は『Google はルールにとらわれない』という経営哲学が込められている」と説明されています。

Google の教育分野への貢献活動

Google は世界中の教育格差解消のために2005年以来2億5,000万ドルを超える資金を投入しています。また現在、アメリカ各地の学区と協力して、スクールバスにWi-Fiやデバイス、学習サポーターの教師を配備することで、地方に住む何千人もの生徒が学校外での学習時間を増やせるように支援しています。このように教育分野の課題解決のために本気で立ち向かう姿が Google にはあります。

Google は「世界中の情報を整理し、世界中の人々がアクセスできて使えるようにする」ということを経営理念に掲げています。Google が提供する Google 検索、 Gmail 、YouTube といった各アプリのユーザーは世界中で数十億人を超えると言われていますが、こうしたミッションに基づいて提供されていると考えると、納得感も強くなります。また、教育分野への取り組みでも大きな使命を掲げています。それは「誰でもどこからでも効果的に教育、学習できるようにする」ということです。

Google のCEOを務めるサンダー・ピチャイは次のように語っています。
「テクノロジーだけで教育を改善できるわけではありませんが、ソリューションとして有効な手段になり得ます」
もちろん、ICTを導入したからといって、授業という営みの本質が変わるわけではありません。しかし、ICTのよさを生かすことで、授業の方法が変化したり、準備の効率化が図れたり、採点が効果的にできたりすることはあります。今なお目覚ましいスピードで進化を遂げるICTの力を、無理なく上手に学校の中に取り入れることで、新しい時代の学びを切り拓いていきましょう。

② 3つの柱とその特徴

Google for Education は、3本の柱で構成されています。1つ目は、教育機関向けに開発されたシンプルで共同作業に適した端末 Chromebook です。2つ目に、クラウドベースの教育機関向けのグループウェアである Google Workspace for Education です。最後に教師の課題作成・配付・管理・採点を支援する生産性向上ツール Google Classroom です。

Google for Education
chromebook
Google Classroom
Google Workspace for Education

Chromebook

Chromebook は、リーズナブルな価格、スピーディーな起動、軽量、堅牢さが特徴です。世界各国の教育機関でトップシェアを誇り、日本においても GIGA スクール構想でもっとも支持を獲得しています。
学校での ICT 活用に必要な共同作業に特化していることや、管理の煩雑さを解消し、全体のコスト削減に貢献する点も評価されています。

Google Workspace for Education

Google Workspace for Education は、教師同士、教師と生徒のコミュニケーションやコラボレーションを強化し、業務の効率性を高める各種ツールを安全なプラットフォーム上で提供しています。
Google ドキュメント、Google スプレッドシート、Google スライドを始めとした各種アプリは共同編集が可能で、生徒同士の協働による豊かな学びをサポートします。

Google Classroom

Google Classroom を使えば、教師はいつでも手軽に独自のクラスを作成でき、課題の作成や配付、回収、採点を行うことができます。課題の期限を設定することで生徒の提出漏れを防いだり、Google カレンダーと連携しているので教師自身の確認もスムーズにできます。
生徒のコメントにリアルタイムでレスポンスすることで、教師と生徒間のコミュニケーションを向上させ、フィードバックの質を改善できます。このように Classroom は教師と生徒、生徒と生徒をつなぐオンライン上の架け橋として機能します。

重要用語

Google for Education

Google for Education は世界中の教育現場で支持されているソリューションです。2021年3月現在、Google Workspace for Education は1億7,000万人、Google Classroom は1億5,000万人、Chromebook は4,000万人の人に利用されています。

補足

GIGA スクール構想での端末のシェア

GIGA スクール構想では、生徒に1人1台の学習用端末が整備されています。Chromebook は日本でもっとも採用された端末となっており、その人気の高さが伺えます。

- 文部科学省「GIGA スクール構想に関する各種調査の結果」

https://www.mext.go.jp/content/20210827-mxt_jogai01-000017383_10.pdf

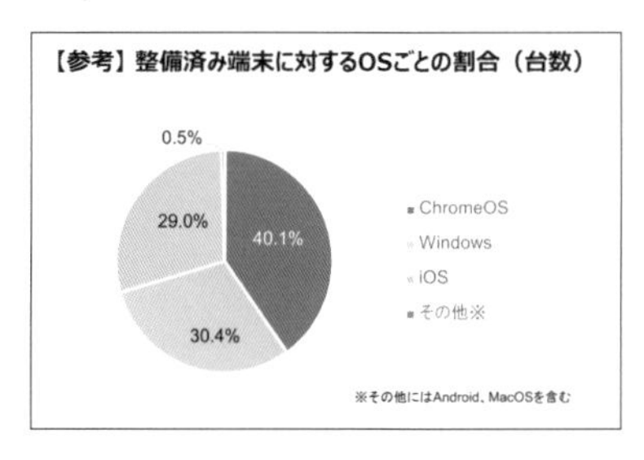

③ GIGAスクール構想前の課題

重要用語

GIGAスクール構想

1人1台端末と、高速大容量の通信ネットワークを一体的に整備することで、特別な支援を必要とする子供を含め、多様な子供たちを誰一人取り残すことなく、公正に個別最適化され、資質・能力が一層確実に育成できる教育環境を実現することが目標です。また、これまでの我が国の教育実践と最先端のベストミックスを図ることにより、教師・児童生徒の力を最大限に引き出すことを狙いとしています。

ICT環境整備の現状

文部科学省では、毎年1回、学校におけるICT環境整備の状況と教師のICT指導力を調査し、結果をまとめて公表しています。全国の最新状況や動向がわかる資料です。

- 調査名：学校における教育の情報化の実態等に関する調査結果

https://www.mext.go.jp/a_menu/shotou/zyouhou/1287351.htm

OECD生徒の学習到達度調査（PISA）

OECDが進めているPISA（Programme for International Student Assessment）と呼ばれる国際的な学習到達度に関する調査。15歳児を対象に読解力、数学的リテラシー、科学的リテラシーの3分野について、3年ごとに調査を実施しています。日本でも本調査に参加をしており、国立教育政策研究所が調査を実施しています。

充実したICT環境が急速に整備されているのは、政府が進めるGIGAスクール構想の実現によるものです。この政策の背景と目的をしっかり押さえることで、各校に導入されたGoogle for Educationをブレずに使うことができるようになります。
GIGAスクール構想によって、1人1台の端末整備と高速ネットワークが一体的に整備されたのには、いくつかの理由があります。

ICT環境の地域間格差

まず、それまでの学校のICT環境整備が思うように進まず、2019年3月には地域間格差の拡大が話題になったことです。
教育用コンピュータの整備率トップの佐賀県では1台あたりの児童生徒数が1.9人でしたが、最下位の愛知県では1台あたりの児童生徒数が7.5人になっていて、4倍近い差が生じていました。

オンライン上の課題文における読解力低位

次に、高校1年生を対象にしたPISA2018（OECD生徒の学習到達度調査）で、読解力分野の出題がオンライン上のさまざまな形式を用いた課題文（ブログやニュースなど）になり、テスト形式への戸惑いもあったのか日本の読解力が低位に落ち込みました。また、PISA2018の別の質問調査では、1週間のうち教室の授業でデジタル機器を利用する時間が、国語・算数・理科の各教科ともOECD平均を下回っています。加えて、学校外での平日のデジタル機器の利用状況では「ネットでチャットをする」「1人でゲームをする」といった回答がOECD平均を上回ったことで、ICT機器の活用用途がエンターテイメントに偏りすぎではないかという指摘も出ました。
以上の理由から、これからの社会（Society 5.0）に必要な読解力を身につけるためにも、ICT環境の整備は非常に重要な意味を持っています。そのため、新しい学習指導要領（20ページ参照）にもICTに関わる記述が盛り込まれており、この解決に向けた文部科学省の強い意思を感じることができます。

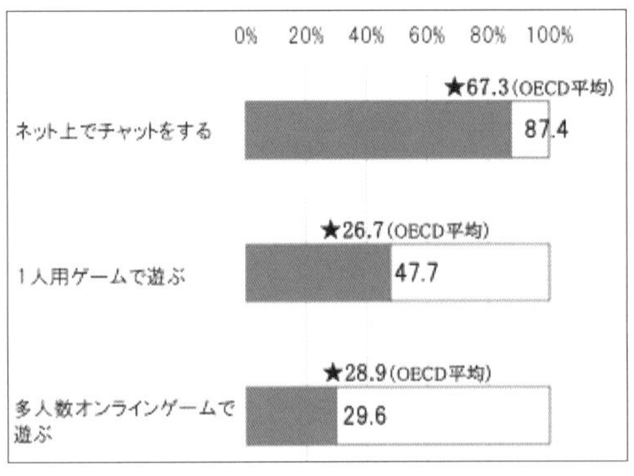

PISA2018調査結果（文部科学省作成資料より抜粋）

④ 社会の変化とICT活用の必要性

重要用語

Society 5.0

サイバー空間(仮想空間)とフィジカル空間(現実空間)を高度に融合させたシステムにより、経済発展と社会的課題の解決を両立する、人間中心の社会(Society)。狩猟社会(Society 1.0)、農耕社会(Society 2.0)、工業社会(Society 3.0)、情報社会(Society 4.0)に続く、新たな社会を指すもので、第5期科学技術基本計画において我が国が目指すべき未来社会の姿として初めて提唱されました。

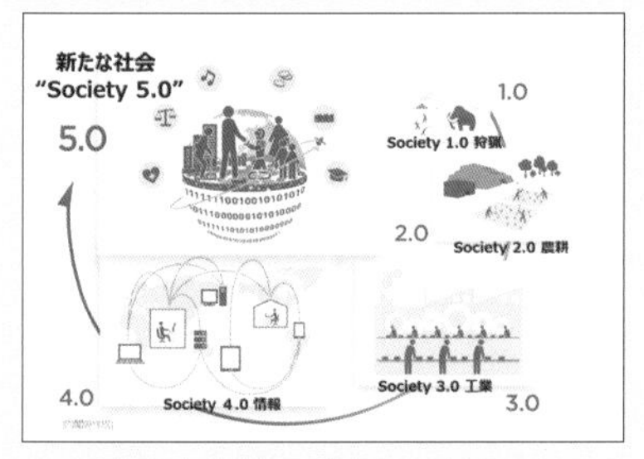

Society 5.0(内閣府ホームページ(https://www8.cao.go.jp/cstp/society5_0/)より抜粋)

重要用語

IoT

Internet of Thingsの略で、車や電子機器、家電用品といったさまざまなモノがインターネットにつながって、情報交換することにより相互に制御するしくみを指します。インターネットに接続することで、より高い価値やサービスを生み出すことが可能になると期待されています。

今、世の中の変化のスピードはとてつもなく速くなっています。
政府が我が国の目指すべき未来の姿を示した「Society 5.0」では、今後、IoT(Internet of Things)ですべての人とモノがつながり、さまざまな知識や情報が共有され、今までにない新たな価値を生み出す社会の創造が提唱されています。
例えば、自動運転の技術はあらゆる車に搭載されるようになり、キャッシュレス決済を利用できる場面は爆発的に増え、自分が学びたいときにオンラインですぐに講座を受けたりできるようになりました。
このように社会があらゆる場面でデジタルシフトする中にあって、学校教育もその対応が迫られていることに異論の余地はないでしょう。そこで、16ページで述べたような課題を解決するための方策として、GIGAスクール構想が提唱されたのです。
この構想が目指しているのは、多様な子供たちを誰一人取り残すことなく、子供たち1人1人に個別最適化され、資質・能力を一層確実に育成できる教育ICT環境を実現することです。そして、これまでの教育実践の蓄積にICT活用のよさをかけ合わせることで、学習活動を一層充実させたり、主体的・対話的で深い学びの視点からの授業改善を行うことです。
新型コロナウイルスの感染拡大によって、当初の計画が前倒しになったために、環境整備が急拡大した印象が強いかもしれません。
ただ、思い返してみれば、2020年の全国一斉休校期間中に、子供たちの学びを止めることなく支援できた地域・学校ではICTをフル活用していました。Google for Education のソリューションは、それを下支えするツールとして大いに力を発揮しました。
有事を乗り越え、いつもの日常の中でも、当たり前のようにICTを活用する──政府が掲げる教室の未来図には、そうした姿が描き出されているのです。

社会の変化

学校教育におけるICT環境実現

Section
02 Google for Education とクラウド

ここで学ぶこと

・クラウド
・クラウド活用のメリット
・クラウドサービス

Google for Education の大きな特徴が、クラウドをベースにしているということです。インターネットにアクセスするだけで、いつでも、どこからでも、どの端末からでもさまざまなアプリを使いこなすことができます。

1 クラウドの基礎・基本

重要用語

クラウド・バイ・デフォルトの原則

クラウド・バイ・デフォルトの原則とは、政府情報システムの構築を実施する際に、クラウドサービスの利用を第一候補として考える方針のことです。2018年 6月に政府が発表した「政府情報システムにおけるクラウドサービスの利用に係る基本方針」にその内容が掲載されています。
当初より、「デジタル技術は社会構造の変革の強力なツールとなっており、これまでの延長線上での改善ではなく、デジタル技術が国民生活やビジネスモデルを根底から変える、新しい社会が到来している。」と指摘されています。クラウド・バイ・デフォルトの原則もそうした背景を受けて方針が制定されています。

「クラウド」と聞いて、どういった内容かをうまく説明することができる人はどれぐらいいるでしょうか。もはや何気なく使っているものがクラウドで提供されているなんてことは、普通に起きていることでしょう。

クラウド

クラウドとは「利用者がサーバーやソフトウェアがなくても、インターネットにつながることで、必要なサービスを利用できる考え方」のことです。利用者側で最低限の環境を用意すれば、どの端末からでも、さまざまなサービスを利用できます。また、システムの構築、管理の手間を削減し、業務の効率化やコストダウンを図れるというメリットがあります。
政府が「クラウド・バイ・デフォルトの原則」を打ち出したことで、社会全体に一気に広がりを見せ、現在、民間企業でシステム構築などを行う際には、クラウドを優先的に利用する「クラウドファースト」という考え方が広まっています。
教育現場もこうした社会の変遷に歩調を合わせるように、クラウドの導入が進められていると理解しておきましょう。

② クラウドを学校現場で活用するメリット

補足

クラウドサービスの種類

クラウドサービスには以下の3つの種類があります。

①ソフトウェアを提供するクラウドサービスSaaS（Software as a Service）

②開発環境を提供するクラウドサービスPaaS（Platform as a Service）

③サーバー（インフラ）を提供するクラウドサービスIaaS（Infrastructure as a Service）

Gmail やYahoo!メールなどはソフトウェアを提供するので、SaaSに分類されます。

補足

クラウドサービス選びのポイント

クラウドサービスを利用する場合には、データがクラウドサービス事業者側のサーバに保管されているということ、インターネットを介してデータなどがやり取りされることなどを踏まえ、十分な情報セキュリティ対策が施されたクラウドサービスの選択が重要であるということを理解したうえで利用することが大切です。

クラウドのメリットは時間・空間・端末の機種を問わず、提供されているサービスを利用できることにあります。
Google for Education の各種サービスは、すべてクラウドをベースにしています。インターネットにつながることで、いつでも、どこからでも、どの端末からでも、学び続けることができます。

クラウドを学校現場で活用するメリット

メリット	利用場面	効果
時間	・すぐに意見を共有できる ・即座にテストの採点結果を返却できる	・意見の可視化 ・業務の効率化
空間	・学校外（自宅など）からでも学べる ・病院や、修学旅行先などでも学べる	・学びのオンライン化 ・学びの継続性の担保
端末	・パソコンでもスマートフォンでも利用できる	・TPOに応じた学び方の選択

学校で Google for Education の各種サービスを利用すれば、さまざまな恩恵を受けることができます。
例えば、教師目線から見ると、ペーパーレス化による働き方改革がもっとも高い効果を期待できます。職員会議の議事録作成は共同編集や音声認識技術に置き換わり、小テストのデジタル化は採点業務の負担を大きく軽減します。とくに、Google Classroom を使えば、教師はいつでも手軽に独自のクラスを作成でき、課題の作成や配付、回収、採点を行うことができるので、上手に使うことで授業のプラットフォームとして機能するでしょう。
一方、生徒側に立てば、友だちに意見をすばやく共有できたり、共同作業による学び合いもスムーズになります。また、教師からのフィードバックの即時性が上がることによって、学びの質的な向上も期待できます。

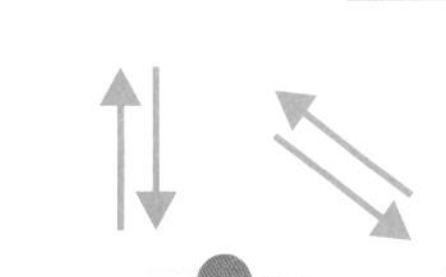

Section

03 新しい学習指導要領と期待される学びの姿

ここで学ぶこと

- 新学習指導要領
- 令和の日本型学校教育
- 個別最適な学び・協働的な学び

GIGAスクール構想による環境整備は、付け焼き刃で実施された施策では断じてありません。長い年月をかけて検討された学習指導要領の改訂に関わった人々の総意なのです。

1 学習指導要領とICTの関係

重要用語

学習指導要領

全国どこの学校でも一定の水準が保てるよう、文部科学省が定めている教育課程の基準です。およそ10年に1度、改訂しています。今回の改訂では、子供たちに育成したい資質・能力の3つの柱に沿って、各教科等の学習指導要領の書きぶりが変わっています。

重要用語

情報活用能力

「情報活用能力」は、情報や情報技術を適切かつ効果的に活用して、問題を発見・解決していくために必要な資質・能力です。学習活動で必要に応じてコンピュータ等の情報手段を適切に用いて情報を得たり、情報を整理・比較したり、情報をわかりやすく発信・伝達したり、保存・共有したりできる力です。さらに、こうした学習活動を実行するため情報手段の基本的な操作の習得や、プログラミング的思考、情報モラル等に関する資質・能力等も含みます。

2020年度から段階移行されている新しい学習指導要領では、急激な時代の変化に対応できる人材育成の必要性が明確に訴えられています。

> これからの学校には、こうした教育の目的及び目標の達成を目指しつつ、一人一人の生徒が、自分のよさや可能性を認識するとともに、あらゆる他者を価値のある存在として尊重し、多様な人々と協働しながら様々な社会的変化を乗り越え、豊かな人生を切り拓き、持続可能な社会の創り手となることができるようにすることが求められる。

文部科学省・中学校学習指導要領（平成29年告示）解説 前文より一部抜粋

まずは、この前提をしっかりと踏まえる必要があります。
次に、ICT活用に目を向けてみると、もっとも大きな点として、情報活用能力が言語能力と並んで学習の基盤となる必要不可欠な能力として規定されたことです。考えてみれば当たり前のことなのですが、学習には情報活用能力なしでは語ることができないと明記されたのです。
また、主体的・対話的で深い学びを実現するためには、ICTを活用した学習活動を充実させることで工夫するよう求めていて、道具としてICT活用への言及があります。
さらに、情報手段を活用した学習活動を充実するためには、

> 国において示す整備指針等を踏まえつつ、校内のICT環境の整備に努め、生徒も教師もいつでも使えるようにしておくことが重要である。

文部科学省・中学校学習指導要領（平成29年告示）解説 総則編 第3章第3節（3）より一部抜粋

のように、これまでにはなかったICT環境整備についての記述も盛り込まれました。

② 学習指導要領とGIGAスクール構想を整理する

重要用語

主体的・対話的で深い学び（アクティブ・ラーニング）

学習指導要領改訂の方向性の1つとして「どのように学ぶか」ということが取り上げられました。その中に「主体的・対話的で深い学び（アクティブ・ラーニング）」が含まれています。

新しい学習指導要領は2017年3月31日の年度末ギリギリのタイミングで告示されました。諮問から答申は2年という長い年月が費やされ、深い議論が展開されました。「アクティブ・ラーニング」という一世を風靡した言葉が「主体的・対話的で深い学び」に置き換わったり、「資質・能力」といった新しいキーワードが提唱されたのはちょうど答申から告示に至るまでの間のことでした。一方、GIGAスクール構想が最初に打ち出されたのは、2019年12月13日です。学習指導要領の本格実施を間際に控えた年末のことでした。

2014年11月20日	中央教育審議会・諮問（その後に審議）
2016年12月21日	中央教育審議会・答申
2017年3月31日	新学習指導要領・告示
2019年12月13日	2019年度補正予算案を閣議決定。「GIGAスクール構想の実現」に2,318億円
2020年4月1日	新学習指導要領・施行（小学校）
2020年4月7日	2020年度補正予算案を閣議決定。「GIGAスクール構想」に2,292億円
2020年12月15日	2020年度第3次補正予算案を閣議決定。「GIGAスクール構想の拡充」に209億円
2021年4月1日	新学習指導要領・施行（中学校）
2021年11月26日	2021年度補正予算案を閣議決定。「GIGAスクール構想の加速による学びの保障」に215億円
2022年4月1日	新学習指導要領・年次進行で施行（高等学校）

時系列を整理すると、GIGAスクール構想は学習指導要領の実施を環境面から後押しするための施策として理解することができます。しかし、新型コロナウイルスの急速な蔓延や新しい生活様式の確立、学習形態への期待が高まったこともあり、当初は2023年度までだった目標設定を、急遽、前倒しすることになったのです。

もちろん、世界にも類を見ないほど急速に行われた環境整備によって、学校現場で多くの混乱が生じていることは事実です。ただ、今、教室に多くの情報機器が溢れていたり、今後環境整備が進んでいったりすることは、未来の教育の姿を考える中で発案されたもので、学習指導要領の改訂に関わる多くの人の総意であるということを、改めて理解する必要があるのです。新型コロナウイルスについては、学習指導要領を告示した当時は想定できるはずもなく、正に予測不可能な出来事に対して、我が国を始め世界中の人々が対応し、解決していかなければならない局面がやってきたととらえるしかないでしょう。そして、今後もそうした事態は予想されます。だからこそ、学習指導要領は問うているのだと思います。

1人1人の子供たちが、自ら豊かな人生を切り拓き、持続可能な社会の創り手となることができるようにすることを──。

③ 令和の日本型学校教育のポイント

重要用語

令和の日本型学校教育

2021年の中教審答申で示された「令和の日本型学校教育」について、これまでの議論の経緯や各種資料が文部科学省のホームページで公開されています。

• 文部科学省ホームページ
https://www.mext.go.jp/b_menu/shingi/chukyo/chukyo3/079/sonota/1412985_00002.htm

補足

令和の日本型学校教育の解説動画

「令和の日本型学校教育」の答申は総論と各論で構成されています。総論については、荒瀬克己 初等中等教育分科会長・新しい時代の初等中等教育の在り方特別部会長（第10期中央教育審議会委員）による答申の基本的な考え方についての解説動画も公開されています。

• 独立行政法人教職員支援機構
https://www.nits.go.jp/materials/intramural/094.html

Google for Education が多くの学校で利用されているのは、GIGAスクール構想が目指す新しい学びの姿を実現するのに相応しいソリューションだからです。
2021年1月26日、中央教育審議会が「「令和の日本型学校教育」の構築を目指して～全ての子供たちの可能性を引き出す、個別最適な学びと、協働的な学びの実現～」という答申を出しました。現在、学校が直面している課題に対するアプローチとして、この答申には3つのポイントがあります。

学習指導要領の着実な実施

まず1つ目は、急激に変化する時代の中で育むべき資質・能力を育成するには、学習指導要領の着実な実施とICTの活用をかけ合わせることが肝心だと明示されたことです。

GIGAスクール構想の実現

2つ目は、ICT環境の整備です。学習指導要領と合わせて、ICTの活用を本格的に進めるためにも、学習場面におけるデジタルデバイスの使用を増やし、今までできなかった学習活動や家庭のような学校外での学びも充実させていくことを目指しています。

教師の働き方改革

3つ目は、教師の長時間勤務による疲弊や教員採用倍率の低下などに対する改革です。これまで日本で行われてきた知・徳・体の一体的な教育や安心安全な居場所・セーフティーネットとしての学校の機能は海外からも高く評価されているものの、子供の多様化や学習意欲の低下、教師不足の深刻化といった諸問題には、改革の手を緩めることなく邁進する必要があるとされました。

「令和の日本型学校教育」のポイント

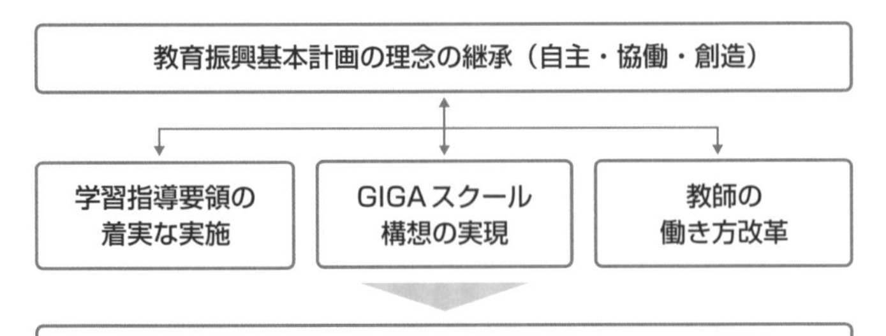

令和の日本型学校教育の実現

4 個別最適な学び・協働的な学びと Google for Education

令和の日本型学校教育とICTとの関係

2021年の中教審答申で示された「令和の日本型学校教育」には、その構築に向けたICTの活用に関する基本的な考え方も整理して紹介されています。ここでは一部抜粋して紹介します。

> 「令和の日本型学校教育」を構築し、全ての子供たちの可能性を引き出す、個別最適な学びと、協働的な学びを実現するためには、ICTは必要不可欠なものである。

> これまでの実践とICTとを最適に組み合わせることで、様々な課題を解決し、教育の質の向上につなげていくことが必要である。その際、PDCAサイクルを意識し、効果検証・分析を適切に行うことが重要である。

> ICTを活用すること自体が目的化しないよう十分に留意することが必要である。(中略)また、児童生徒の健康面への影響にも留意する必要がある。

> 学校におけるICT環境の整備とその全面的な活用は、長年培われてきた学校の組織文化にも大きな影響を与え得るものである。(中略)その中で、Society5.0時代にふさわしい学校を実現していくことが求められる。

- 「令和の日本型学校教育」の構築を目指して(答申)【本文】
https://www.mext.go.jp/b_menu/shingi/chukyo/chukyo3/079/sonota/1412985_00002.htm

では、「個別最適な学び」と「協働的な学び」とは、いったいどのようなことなのでしょうか。

個別最適な学び

「個別最適な学び」とは、特性や学習進度等に応じて指導方法・教材の柔軟な提供・設定を行う「指導の個別化」と、子供の興味・関心に対応した学習課題に取り組む機会を提供する「学習の個性化」で構成され、ICTの活用やきめ細やかな指導体制の確立によって、その充実が求められています。具体的には、子供の成長やつまずきを理解し、個々の興味・関心を踏まえてきめ細かく指導・支援することや、子供が自ら主体的に学習を調整することができるよう促していくことです。例えば、子供の健康状況を毎日 Google フォームで入力・提出させ、それを担任と養護教諭が共有しながら、子供に小さな変化が起こった際に見逃すことのないよう努めるといった活用があります。

協働的な学び

「協働的な学び」とは、探究的な学習や体験活動を通じて、子供同士あるいは他者と協働しながら必要な資質・能力を育成することです。1人1人のよい点や可能性を生かすことで、よりよい学びを生み出す取り組みです。遠方に住む専門家を招いたオンライン授業をビデオ会議ツールである Google Meet で行い、そこで得た考え方を友だちといっしょに協働しながら Google スライドにまとめて地域向けの学習会で発表するといった活動は、ICTの活用なくしては成立し得ない協働的な学びの典型例です。

Google for Education のソリューションを使うと、新しい時代に求められる2つの学びを手軽に、しかもすばやく実現するのを手助けしてくれます。クラウドですばやく共有できるよさと加工や再利用しやすいICTの特性をかけ合わせることで、実行するのが難しかったことが容易に実現できたり、見えなかった学びのプロセスが明らかになることで教師が子供の支援をしやすくなったりなど、ICT活用の可能性が大きく広がります。
便利だから使う。考え方の基本は至ってシンプルで、便利だからこそ毎日普段着のように使うことで、教師も子供ももっと Google for Education がもたらす効果に気がついていくでしょう。

Section

04 Chromebook の特長

ここで学ぶこと

- 起動の速さ
- 低コスト
- セキュリティ機能

Chromebook は Google が開発した教育機関向けの端末で、Chrome OS を搭載しています。Chromebook がなぜ学校現場での1人1台という環境整備を進める際にもっとも厚い支持を受けたのか、その特長から見ていきましょう。

1 圧倒的な起動の速さ

Chromebook の起動

Chrome OS であれば、わずか7秒程度で起動します。電源オンからCPUやメモリの初期化、ハードウェアの初期化、ログイン、ブラウザの起動などもあっという間に完了します。

クラウドとの親和性

Chromebook には、Google 製の Chrome OS が搭載されています。そのため、Gmail や Google Workspace のような Google サービスとの親和性が高く、Google アカウントにログインするだけでメールやデータにアクセスできます。

まずは、下のイラストをご覧ください。

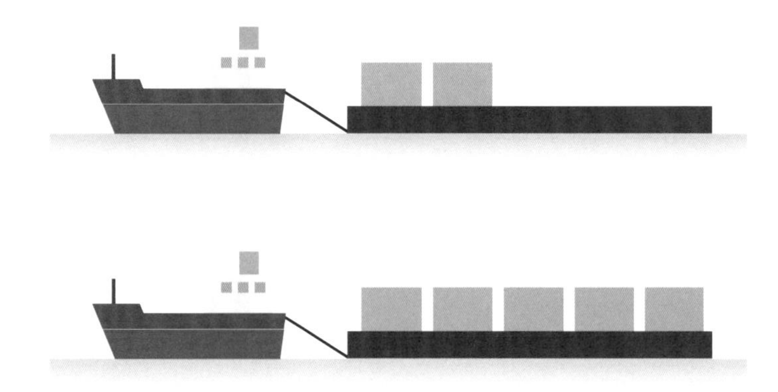

スペックがまったく同じだったら、どちらの船が速く進むでしょうか？　答えは簡単で、上のほうが積んでいる荷物が少ないので、速く進みます。
「パソコン本体のスペック」を船、「OS」を荷物と考えると、上が Chromebook、下が Windows になります。
Chromebook はクラウドベースで利用される端末として設計されているため、余分なシステムがありません。簡単に言うと、ブラウザだけが動くような軽量のOS（Chrome OS）です。そのため、電源を入れてから起動するまで7秒程度しかかからないのです。これは他のOSにはない特長です。
授業中、子供たちに調べてもらったほうがよいと思っていても、端末の起動に時間がかかるからと躊躇していたことはないでしょうか？
Chromebook を利用していれば、起動がスムーズなので授業の邪魔をすることがありません。

② その他の特長

Chromebook のセキュリティ機能

①
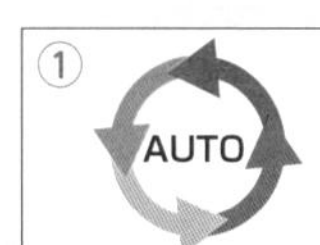

自動更新
（OS ／マルウェア対策）

マルウェアに対して効果的に保護を行います。Chrome OS やその他ソフトウェアを自動的に最新の状態に管理します。

②
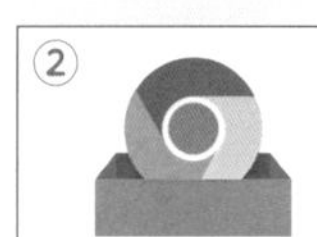

サンドボックス

それぞれのWebページやアプリケーションは制限された領域で動作します。デバイス、他のタブ、アプリへの脅威の制御を行います。

③

起動時の検証
（Verified Boot）

Chrome デバイスを起動する際にセルフチェックを実施します。不正な書き換えや改変の場合はOSを初期状態へ戻します。

④

データストレージの
暗号化

Chrome デバイス上にダウンロードしたファイル、Cookie情報、ブラウザのキャッシュファイルなどは暗号化することで安全に保護します。

⑤

セーフブラウジング

Chrome ブラウザにより、個人情報盗難の恐れがあるWebサイトへのアクセス、ソフトウェアのインストール時は警告を表示します。

低コストの運用

学校での端末導入にあたっては、端末コストはもちろん運用コストも考慮に入れておかなければ、数年後、肝心な時に端末が使えないといった事態に陥ってしまいます。Chromebook は教育機関向けに設計されているものがあり、元々の端末コストが低価格で抑えられているのが特長です。高等学校などでは保護者負担で端末導入を整備する学校も少なくないため、そのような場合にはメリットになります。

万全なセキュリティ

Chrome OS 独特のセキュリティ対策を搭載しているため、セキュリティソフトも不要です。自動更新・サンドボックス・データストレージの暗号化など多層的なセキュリティ構造を標準で搭載しており、いつでも安心して使えます。

Google アプリを便利に活用

普段スマートフォンで使っているように Google マップや Gmail といった Google が提供しているアプリケーションは無料で利用できるので、他のアプリを導入するコストがかかりません。また、Chrome ウェブストアで提供されている拡張機能はその多くが無料で提供されているので、より便利に Chromebook を使うことができます。

クラウドで端末管理

Chromebook 専用の「MDM（Mobile Device Management）」を利用することで、管理画面にはブラウザ経由でアクセスでき、同じドメインすべての端末を管理設定することができます。何千台規模に上る Chromebook でも、数回のクリックだけで簡単に管理できるので、端末管理の手間を省くことができます。

長持ちするバッテリー

余分なシステムがないため、バッテリーが長持ちするのも特長です。初期購入時で12時間程度持つため、1回の充電で1日すごすことができる快適さがあります。

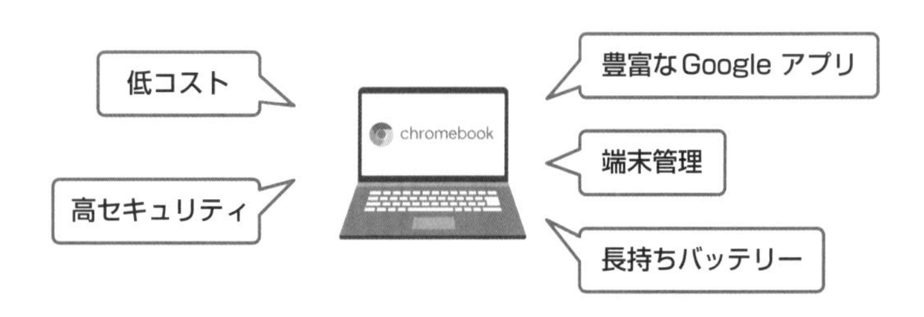

Section

05 Google Workspace for Education の特長

ここで学ぶこと

・クラウド
・共有
・共同編集機能

Google Workspace for Education は全国の学校の60%以上で導入されています。iOSを導入している学校でも活用されるのは、このクラウドソリューションが圧倒的に共有・共同編集で便利だからです。改めて、その特長を見ていきましょう。

1 すべてがクラウドで行われる

.newの衝撃

Google Workspace for Education は、一見しただけではクラウドソリューションであることを理解しにくいでしょう。そのようなとき、初めて触れる人にはこの「.new」の挙動をいっしょに体験してもらうことをおすすめします。ファイルが保管される場所や自動生成されたURLがあれば、クラウドのイメージを掴んでもらう手助けになるでしょう。

Google Workspace for Education は学校現場での共有・共同作業に最適という理解が広がっています。それはこのソリューションの出発点がクラウドにあるからにほかなりません。
例えば、普通はファイルを新規作成する場合には、パソコンでアプリを立ち上げてから新規作成を行うのが一般的です。もちろん Google Workspace for Education の各種アプリもそのような手順でファイルを作ることができます。
しかし、Google アプリが一味違うところは、ドキュメントであればブラウザのURLバーに「doc.new」と入力するだけで、ファイルが新規作成できることです。そしてこのファイルをよく見ると、保存先のURLが自動生成されています。これぞクラウド、ということを感じる瞬間です。

doc.new
無題のドキュメント - Google ドキュメント - doc.new
doc.new - Google 検索
doc new plymouth
doc new car street outlaws
doc.net

同様にスプレッドシートであれば「sheet.new」、スライドであれば「slide.new」と入力することで、新規スプレッドシートや新規スライドを作成することが可能です。
そして、作成されたファイルは Google ドライブに自動的に保管されるので、作成したファイルを探す手間がかからず、ファイルがあちこちに散在してしまうといった苦労がありません。

②すばやく共有できる

補足

複数の人と共有する方法

クラウドの共有は、ファイルやフォルダのリンクをシェアすることで完了します。複数の人とリンクをシェアする方法としては、学年や分掌などに対応したメーリングリストを作成し登録をしておくと、共有先の候補として表示されるようになるため、一度の作業で複数の人と共有しやすくなります。

作成したファイルを共有しやすいのも Google Workspace for Education の特長です。共有機能を使いこなすことで、生徒同士のつながりを生み出して協働的に学ぶことはもちろん、教師間の共有をスムーズに行うことで業務を効率的に進めることができます。
以前であれば、1つのファイルを共有するには、メールを送りあったり、作成したファイルをアップロードしたりといった手間がかかっていたかと思います。クラウドの共有のしくみは、下図のようになっています（詳しくは、18ページ参照）。

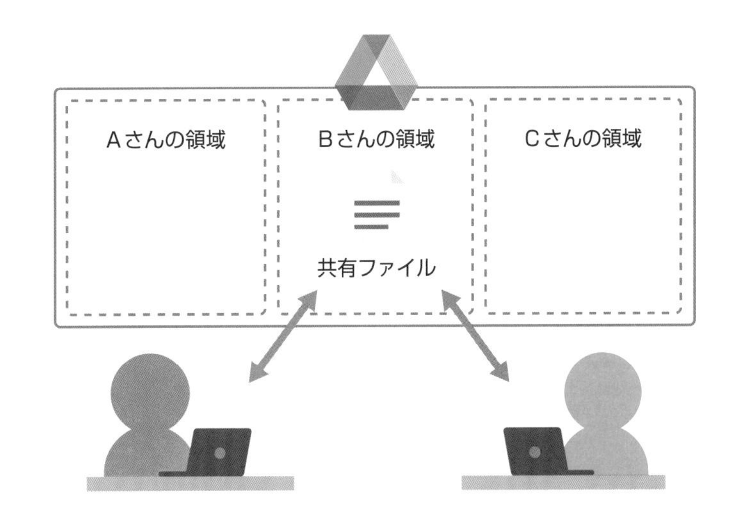

作成したファイルが保管されているクラウド（ドライブ）の領域を、複数人で共有するイメージになります。共有する際には、ファイルやフォルダに対して権限を設定することができます。いっしょに編集できるようにしたり、コメントできるようにしたりするほか、閲覧しかできないように設定することも可能です。

ファイルやフォルダを共有する方法
アクセスできるユーザーを追加し、URL のリンクを共有する
ファイルやフォルダを共有できるユーザー
共有できるユーザーのレベルは「特定のユーザー」「特定のユーザーグループ」「ドメイン内のユーザー全員」「リンクを知っている全員」の4段階です。 ※セキュリティポリシーにより、共有ができない設定が含まれる場合があります。

この設定は用途に合わせて変更できます。「このファイルは授業の補足説明資料だから教師と生徒で共有する際には閲覧だけにする」といった運用が可能です。
この共有はほぼリアルタイムに反映されるので、共有してほしいという要求があった際に即座に対応することができますし、いつでも・どこにいても・どの端末からでも、同じように学習を進めたり、業務を進めたりすることができます。

補足

共有権限の種類

共有したファイルやフォルダを閲覧のみできる「閲覧権限」、内容について提案のみ受けたい時に利用できる「コメント権限」、データを直接修正したり置き換えたりできる「編集権限」の3つがあります。なお、共有するデータがファイルかフォルダかによって、設定できる権限が異なります。

権限の種類	内容
閲覧権限	ファイルやフォルダの閲覧のみ
コメント権限	ファイルやフォルダの閲覧・コメント
編集権限	ファイルの編集

③ 便利な共同編集機能

最大100人で共同編集できる

1つのファイルを100人を超えるユーザーと共有して共同編集するドキュメント、スプレッドシート、スライドでは、権限を与えられたユーザーが、最大で100人まで同時に閲覧、編集、コメントできます。

共同編集を一時的に停止する

便利な共同編集も慣れないうちは、消してほしくないところを誰かが勝手に消してしまったり、上書きしてしまったりといったことがよく起こります。共同編集の権限は一度設定しても、その後変更できるので、進捗や状況をよく見ながら運用を検討するとよいでしょう。

「共有」の権限のうち、「編集者」の設定を行うことで、他のユーザーと同時にファイル変更したり、他のユーザーが行っている変更をリアルタイムで確認したりすることができます。
この共同編集機能は、即時変更が反映されるクラウドの特徴的な機能なので、初めのうちは慣れが必要かもしれませんが、使い始めるとこれなしでは考えられないほど、業務効率のスピード感に違いを感じるようになるから不思議なものです。
コメント機能も使うことができ、ファイルにテキストを追加したり、コメントに宛先を入れて特定の人に向けたメッセージとして発信することもできます。

例えば、国語の教材を読んだ感想を生徒が同時編集でドキュメントにまとめて意見交流をし合ったり、調べ学習の成果を複数人で共同しながらスライドにまとめたりする作業などは、リアルタイム編集が実現する協働的な学びの活用例です。
その際、友だちが書き込んでいる内容に気になるところがあればコメントを入れて確認することで、友だちの意見から学びを深めることができます。
また、教師が職員会議の議事録作成で同時編集を利用すれば、ペーパーレス会議の実現もすぐ目の前です。
設定によっては、外部の人との共同編集もできるので、プロジェクトを進行する際には有効活用できます。
このように便利な共同編集機能を使うことで、Google Workspace for Education の価値を最大限に高めることができるのです。

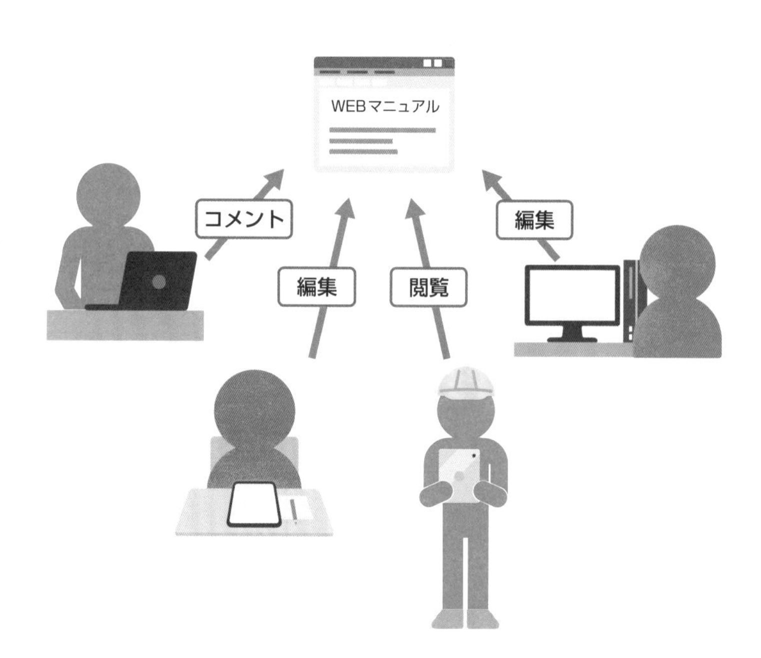

④ Google Workspace for Education のエディション

補足
各エディションの紹介動画

Google Workspace for Education には4つのエディションがあります。電算システムとどこがくのコラボレーションで、有償版についての解説動画を作成して公開しています。

・もっと使える！有償版
https://youtube.com/playlist?list=PLeglowl5n0_t9cKTm_XQYjQ8hqiq3gueh

有償版の無料トライアル

現在は無料版の Fundamentals を利用していて、有償版を試してみたいという方には、無料トライアルをおすすめしています。トライアル後にはもとの環境に戻すことができるので、気に入ったときだけ購入することができます。ぜひお気軽に試していただければと思います。

・有償版の無料トライアル

便利に使える Google Workspace for Education では、ドキュメント、スプレッドシート、スライドなど多様なアプリケーションを使うことができます。

もちろん本セクションでご紹介してきたように、すべてのアプリケーションがクラウドベースで動き、共有と共同編集ができるようになっています。現在、Google では、これらをすべて無料で使えるエディションを Google Workspace for Education Fundamentals として提供しています。それ以外に、より便利な機能を使えるようにした有償版のエディションを3つ提供しています。ぜひ有償版もお試しいただき、さらに便利に学習や校務に、Google Workspace for Education を利用してみてください。

3種類の有償版のエディション

エディション	特長	主な機能	料金（税別）
Google Workspace for Education Standard	Education Fundamentals の全機能をベースに、セキュリティツールと分析ツールの高度な機能をプラス	モバイルの詳細管理機能で学校のモバイルデータを安全に保護、BigQuery での Gmail ログ検索	生徒1アカウント360円／年 ※必要契約数全生徒 ※生徒4人につき教師1人分の無償アカウントを付与
Teaching and Learning Upgrade	Education Fundamentals の全機能をベースに Google Meet 、Classroom 、アサインメントの高度な機能をプラス	Google Meet の録画、ブレイクアウトセッション、アンケート、出席レポートなどを利用可能、Classroom で生徒の課題を盗用チェックする機能（回数無制限）	教師1アカウント5,760円／年
Google Workspace for Education Plus	最上位エディションとして、Education Fundamentals 、Education Standard 、Teaching and Learning Upgrade の全機能を搭載	モバイルの詳細管理機能で学校のモバイルデータを安全に保護、Google Meet の各種上位機能、Classroom で生徒の課題を盗用チェックする機能（回数無制限）	生徒1アカウント600円／年 ※必要契約数全生徒 ※生徒4人につき教師1人分の無償アカウントを付与

Section

06 Google Classroom の特長

ここで学ぶこと

・クラウド型クラスルーム
・課題の一元管理
・プラットフォーム化

Google for Education のツールの中でも、とくに人気を誇るのが教師の課題作成・配付・管理・採点を支援し、生産性を向上させるツール「Google Classroom」です。ここでは主な特長を紹介しています。

1 Google Classroom とは

解説

Classroom のアイコン

Classroom のアイコンをよく見ると、黒板のような背景が設定されているのがわかります。黒板消しを思わせるアイテムも置かれていて、教室を想起させます。真ん中には3人の人物が並んでいて、中央の人物だけが色が濃くなっていますが、大きさはいっしょなので教師と生徒の区別はつきません。むしろ、大きさを変えないことで、教室の誰もが共に学ぶ存在だということを示しているのかもしれません。

Google Classroom はそのネーミングのとおり、オンライン上に「Classroom」=「クラス」を作成することで、教師と生徒との間のコミュニケーションを便利にできるアプリです。
これまでのクラス運営は対面が前提だったわけですが、Classroom を利用することで、時間や場所の制約をいとも簡単に乗り超え、教師も生徒も自分のタイミングでクラスを利用することが可能になります。
例えば、教師は作成したクラス上から、課題の作成・配付・回収・採点・フィードバックまでを一元的に行うことができます。
生徒は参加しているクラスにアクセスして、課題を把握し、学習を済ませて提出し、採点された返却物を確認しながら復習したり、さらに学習を進めることができます。
これらはすべてクラウド上で完結しているため、教師も生徒もいつでもどこでもデータにアクセスして作業をできます。
今まで対面で行っていることをオンラインに置き換え、さまざまなタスクをオンラインの利点を生かして圧倒的なスピード感で処理することで、生産性を向上させて校務の効率化につなげることもできます。

オンライン上にクラスを作成

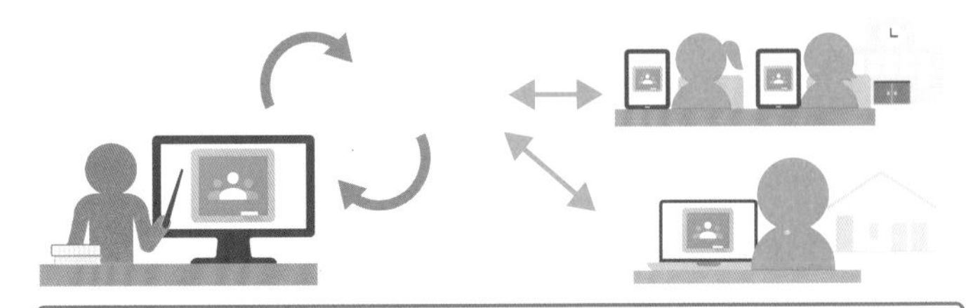

Classroom を使って、オンライン上にクラスを作成することで、時間や場所を問わず、教師側は課題を作成・配付したり、生徒側は課題を確認して学習に取り組んだりできます。

② クラスを運営するときのポイント

作成したクラス

- 教科や校務分掌などに応じて作成されたクラス

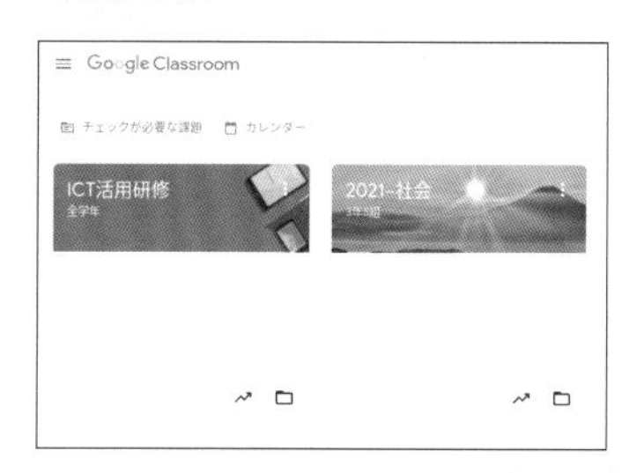

- クラス運営に必要な資料やデータを手軽に共有できる

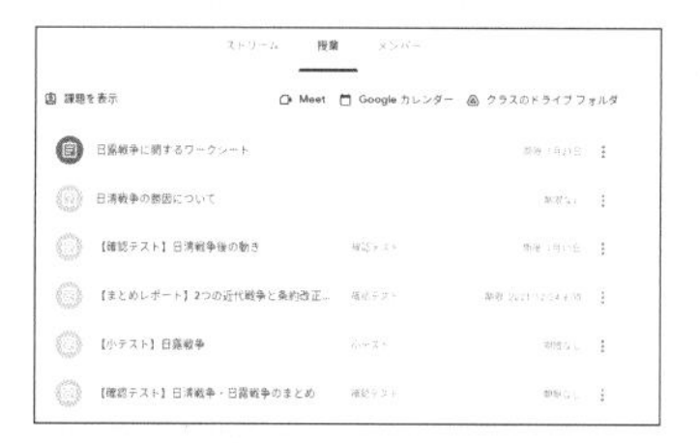

- 採点結果も一目で確認できる

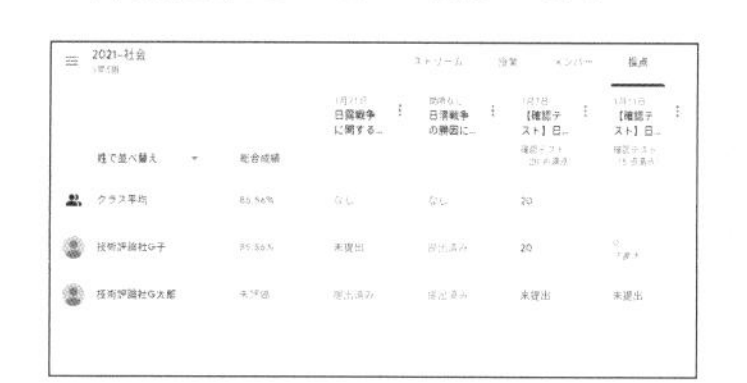

Classroom でオンライン上のクラスを運営するポイントは5つです。留意すべき点は対面のときと大きく変わりませんので、これまでの経験や知見を生かしてオンラインでの学級運営を進めましょう。

①クラス編成

教師役と生徒役を割り振る必要があります。1つのクラスには教師が最大20名、メンバー（教師と生徒を合わせて）が最大250名という上限があります。ホームルームであればクラス担任・副担任とクラスに所属している全生徒を入れたり、学年全体を入れたクラスを作成したりする学校もあるでしょう。

②情報伝達

連絡帳やプリントを使って生徒や保護者に伝達していた連絡事項をオンラインに置き換えることができます。忘れないように予約投稿したり、一度連絡した内容を加工したりできる点も便利です。

③授業の実施

活用の一番の肝となるのが、授業で生徒に課題を配付したり、生徒からの提出物を受け取ったりすることです。さまざまな形式で課題を配付できるので、目的に応じて使い分けられるようになると便利です。

④評価

提出した課題は採点を行ったうえで返却したり、自動採点を組み込んだりするほか、個別にコメントを入れてフィードバックすることもできます。

⑤引き継ぎ

生徒が卒業したり進級したり、あるいは教師が異動したりすれば、各種の引き継ぎが必要になります。次年度のクラス編成を見据えて、Classroom の活用サイクルを回していきましょう。

解説　これまでの授業の問題点

これまでは課題を配付する際、生徒人数分を授業開始前までに印刷し、配付・回収、そして採点から返却までを教師自ら行っていました。しかし、印刷機の数が限られていることで時間がかかったり、印刷ミスで授業中に印刷し直したりしなければならないことがありました。さらに、放課後に採点しようと思っても部活動や急な会議のため対応できず、翌日に早出して、提出状況の確認や採点をすることになるなど、時間がかかるばかりでした。Classroom では手間を軽減し、業務の効率化につなげることで、こうした課題を一気に、しかも簡単に解決できるのです。

③ Classroom を活用するメリット

企業の研修でも活用

Classroom の活用は何も学校現場に留まるものではありません。電算システムでも新人研修に活用しており、メンターが教師役で新入社員が生徒役でクラスを作成し、運用しました。とくにコロナ入社だった2020年のときには、大活躍でした。

Classroom が実現できることは、とてもシンプルです。そのシンプルさゆえに、教師のワークフローに大きな変化をもたらしてくれます。

①すばやい情報伝達

連絡をすばやく行えるので、情報共有が格段にスピーディーになります。印刷物の配付にかける手間も大幅に削減され、大量の紙を扱わなくてもよくなります。さらに、確認漏れなどといった人為的なミスも軽減でき、業務を効率的に進めることができます。

②課題を簡単に配付

授業中でも簡単に課題を作成・配付できるほか、授業開始時に配付したい場合は時刻を指定して予約投稿することも可能です。生徒は Classroom にアクセスすれば、配付された課題を確認でき、オンライン上で提出を行います。

③その場で提出状況を確認

教師は Classroom 上で生徒による課題の提出状況を確認します。何名の生徒が提出したか、誰が提出していないかなどはデータ表示されるので、すぐに確認できます。提出された課題に対して個別にコメントも入れることができるので、シームレスに生徒の学びを支援することができます。

④自動採点で校務を軽減

テスト付きの課題を利用することで、Google フォームのテスト付きモードを利用できます。また、自動採点を行うことができ、校務の負担も軽減します。

情報共有
課題配付

一元管理
自動採点

このように Classroom を活用することで、クラス運営に関わる一連の作業を圧倒的にスピーディーに進めることができます。生み出された時間は、教師の本来業務である生徒と向き合う時間に費やすことができます。
業務を効率化し、教師と生徒とのコミュニケーションを活性化する。Classroom が世界中の多くの教師たちの熱い支持を受けている理由はそこにあります。

第 2 章

Chromebookを利用しよう

この章で学ぶこと

Chromebook でできること

Chromebook のデスクトップ構成

❶ランチャー	アプリの起動やインターネット検索などを行う
❷シェルフ	よく使うアプリを固定しておく場所
❸ステータストレイ	Chromebook の各種設定やWi-Fiとの接続などを行う
❹ウィンドウ	Webページやアプリを表示する
❺タブ	開いたWebサイトを切り替える
❻ウィンドウサイズの変更	ウィンドウサイズを変更する
❼閉じる	ウィンドウを閉じる
❽壁紙	起動後、最初に表示される画面

Chrome ブラウザを使う感覚で操作できる

●起動も終了もサクサク動く

Chromebook は、クラウド環境で利用することを前提にして作られた端末です。システムがとてもシンプルなため、起動にかかる時間が短く、電源もすばやく落とせるなど、ストレスなく利用できます。

●タブを切り替えて複数のアプリを利用できる

Chromebook でアプリを開くと、Chrome ブラウザのタブが開きます。各アプリはタブごとに表示されることになります。このため1つのウィンドウでたくさんのタブを開くことになります。

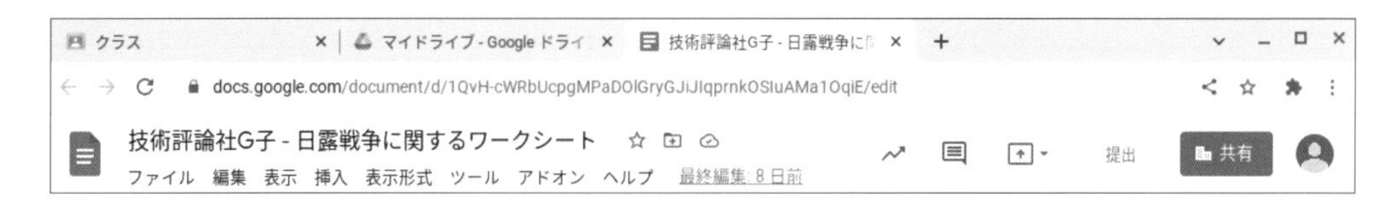

●ウィンドウをまたいで効率的に作業できる

ウィンドウごとに作業の用途をはっきりさせることで、複数のウィンドウを行き来しながら効率的に作業を進めることができます。

●オフラインでもアプリを利用できる

Chromebook はインターネットに接続しているときに最大の価値を発揮しますが、オフラインでも利用できるようになっています。例えば、Gmail 内の検索を行ったり、返信の下書きを書いたりすることができます。また、Google ドライブ内に保存されたファイルの編集も可能です。オフラインで作業したものは、オンラインになったときにクラウドに反映されるしくみになっています。

Section

07 基本操作を学ぼう

ここで学ぶこと

- ログイン/ログアウト
- ステータストレイ
- 便利な設定

Chromebook を扱う際に必要な操作として「ログイン」「ログアウト」「シャットダウン」などがあります。まずは基本的な操作方法を押さえましょう。また、ステータストレイを利用すると、最適な作業環境を作ることが可能です。

1 ログインする

解説

Chromebook の起動方法

Chromebook の場合、ディスプレイパネルを開けると電源が自動的にオンになって、ログイン画面になります。

重要用語

Google アカウント

管理者より発行されたアカウントは極めて重要です。とくにパスワードは流出することがないよう留意しましょう。なお、Google アカウントと Gmail のメールアドレスは同じものになります。

補足

初期設定

初めて Chromebook の電源を入れた場合、そのまま初期設定がスタートします。初期設定に必要な項目や手順は管理者によって異なりますが、作業の目安としては15分程度で終了します。

1 Google アカウントのメールアドレスを入力し、

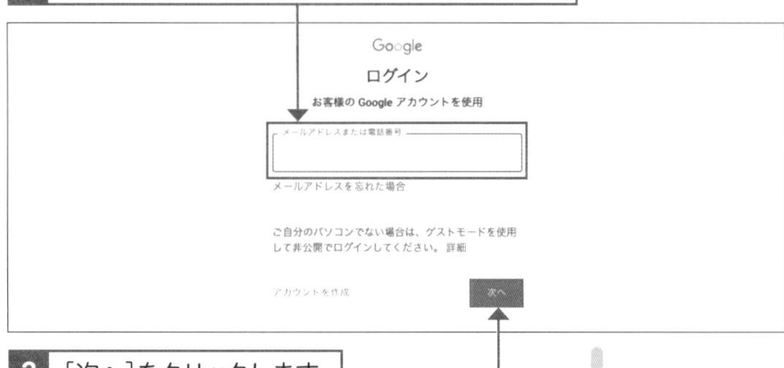

2 [次へ]をクリックします。

3 パスワードを入力し、

4 [次へ]をクリックします。

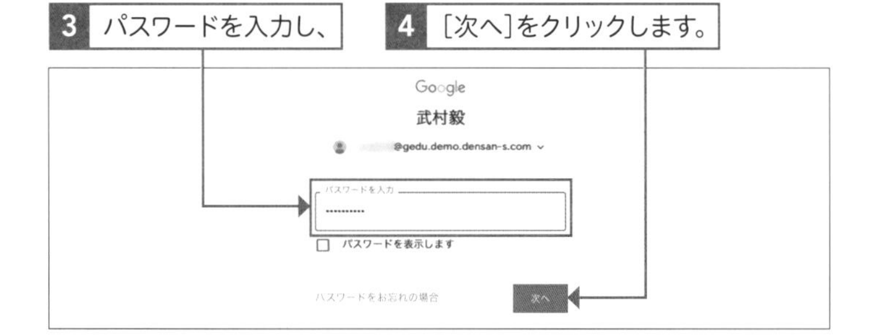

5 ログインが完了しました。

② ログアウトする

解説

ログアウト

他のユーザーが利用する場合やアカウントを切り替える場合にはログアウトします。

補足

アカウントを切り替える

アカウントを切り替える場合は、一度ログアウトしてから、ログイン画面で別のアカウントのメールアドレスとパスワードを入力し､改めてログインを行います。

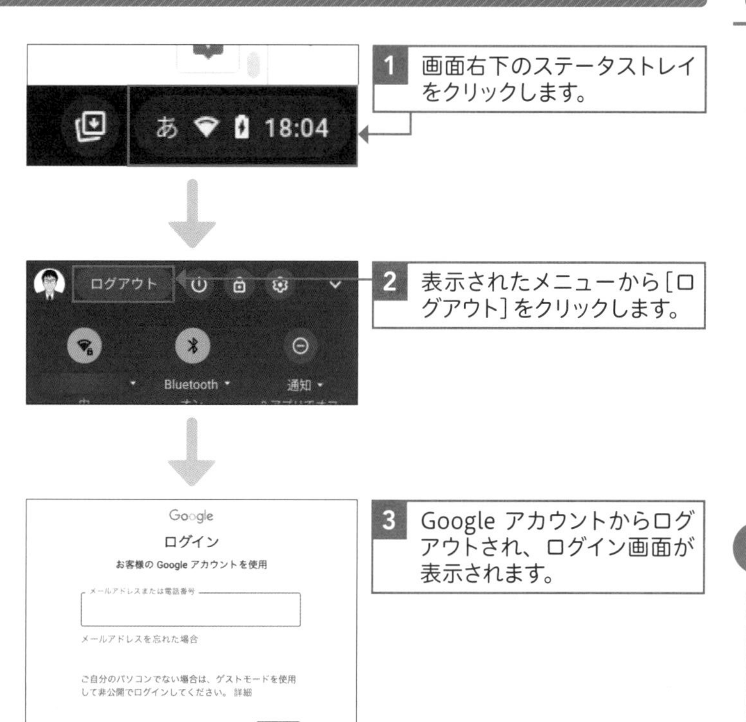

1 画面右下のステータストレイをクリックします。

2 表示されたメニューから［ログアウト］をクリックします。

3 Google アカウントからログアウトされ、ログイン画面が表示されます。

③ シャットダウン／スリープ状態にする

補足

アプリの復元設定

Chromebook の電源を落としたり、ログアウトしたり、シャットダウンをしたあとに、再びログインしたとき、前回ログインしていた状態にアプリを復元することができます。手順2の画面で⚙をクリックして「設定」画面を開き、［起動時］をクリックします。「アプリとページの復元」で「常時復元する」「毎回確認」「復元しない」のいずれかにチェックを入れて選択することができます。

シャットダウン

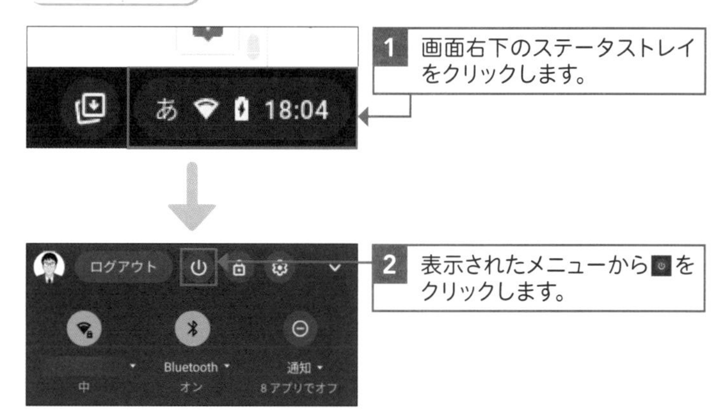

1 画面右下のステータストレイをクリックします。

2 表示されたメニューから⏻をクリックします。

スリープ状態にする

Chromebook の電源を入れたまま電力消費を抑えるには、ディスプレイを閉じてスリープ状態にします。スリープ状態は、Chromebook のディスプレイパネルを開くか、任意のキーボードを押すか、タッチパッドを操作すると解除できます。

④ ステータストレイで設定できること

ステータストレイの画面表示

ステータストレイには2段階の画面表示があります。オンとオフの切り替えなどワンクリックでできる操作は下記の簡易画面で実行できます。より詳細な設定を行いたいときには、右図の「詳細設定」画面を起動しましょう。^をクリックすることで画面切り替えができます。

Wi-Fiを設定する

ステータストレイの「詳細設定」画面を表示し、[未接続ネットワークが見つかりません]をクリックします。初めてアクセスポイントに接続する場合は、検出されるWi-Fiのアクセスポイント一覧から、目的のWi-Fiをクリックし、パスワードを入力後、[接続]をクリックします。

ステータストレイのそのほかの設定

• 夜間モード
夜間は赤の色調を強くすると見やすくなり、入眠の邪魔にもなりません。

• VPN への接続
VPN (バーチャル・プライベート・ネットワーク) への接続ができます。

画面右下の「ステータストレイ」を利用すると、さまざまな設定を行うことができます。ここではステータストレイの「詳細設定」画面 (左上の補足参照) について解説します。

❶シャットダウン	クリックすることで、シャットダウンできます
❷画面ロック	クリックすることで、画面ロックができます
❸Wi-Fiの接続	クリックすることで、Wi-Fiへの接続や設定ができます
❹Bluetoothの接続	クリックすることで、Bluetoothへの接続や設定ができます
❺通知	チャットなどアプリの通知をオン/オフにできます
❻スクリーンキャプチャ	Chromebook の画面をキャプチャできます
❼キーボード	キーボード入力方法の切り替えができます
❽音量	出力される音量を調整できます
❾輝度	画面の輝度を調整できます

⑤ 便利な設定① ～画面ロック

画面ロックはクリック1つですぐに画面をオフにできるので、気分転換のために席を立ったり、職員室を訪問してきた生徒にちょっと対応するときなどに使うと便利です。キーボードの 🔒 キーを長押しすることでも同様のコマンドを行うことができます。

1 ステータストレイから🔒をクリックします。

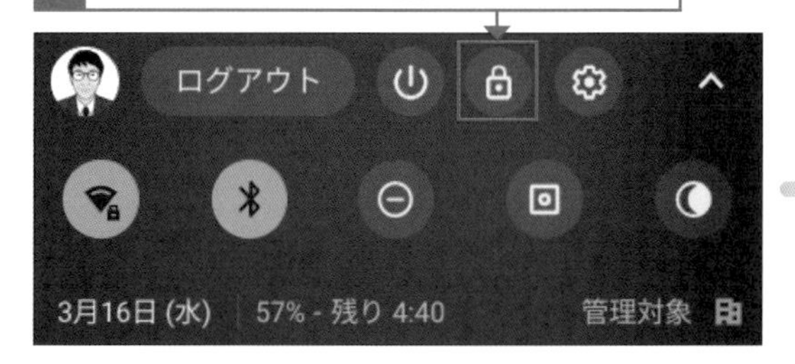

2 ログイン画面に切り替わります。

⑥ 便利な設定② ～通知の切り替え

オンライン授業中に教師の端末からアプリの通知音がすると、生徒の集中力が持続しません。また、集中して作業したいときなどにも、本来は便利なアプリの通知が煩わしく感じてしまうことがあるでしょう。そうしたときは通知を切り替えることで、集中力を保って授業や校務に勤しむことができます。

通知のオン・オフのみ切り替えたいとき

1 ステータストレイから⊖をクリックします。

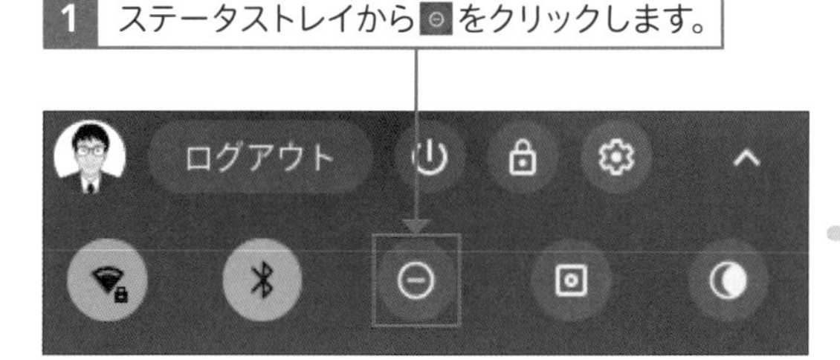

2 青色になっていれば、サイレントモードがオンとなり、通知がオフになります。

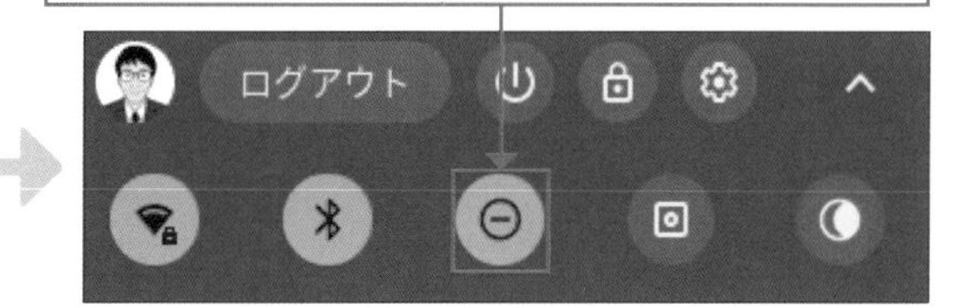

アプリごとに通知のオン・オフを切り替えたいとき

1 ステータストレイの「詳細設定」画面を立ち上げ、「通知」ボタン横の▾をクリックします。

2 アプリごとに通知を許可するかどうか、チェックボックスをクリックして設定します。

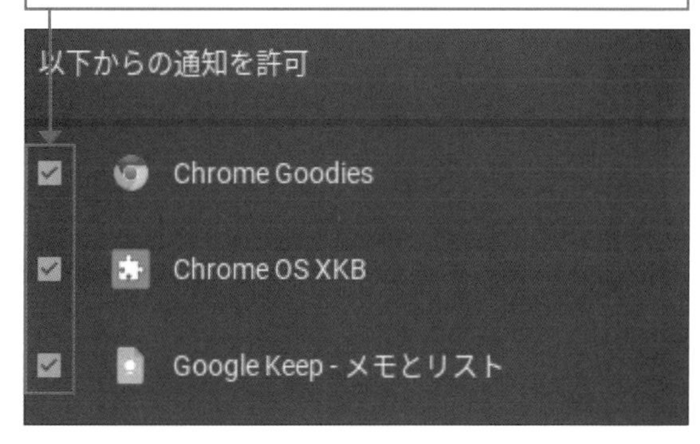

Section

08 タッチパッドの操作を学ぼう

ここで学ぶこと

- タッチパッド操作
- ジェスチャー操作
- コマンド

Chromebook には「タッチパッド」が搭載されています。タッチパッドを使えば、カーソルを移動したり、クリックやダブルクリックしたりといった操作も手軽にできます。ここでは基本的なタッチパッド操作の方法を紹介します。

1 タッチパッドの操作方法を知る① ～基本編

ヒント

タッチパッドの操作を変更する

タッチパッドの操作では、クリックを有効／無効にしたり、スクロールの方向を変えたりできます。ステータストレイの ⚙→［デバイス］→［タッチパッド］の順にクリックすると変更を設定できます。

キーボードの手前に装備されているのが「タッチパッド」です。

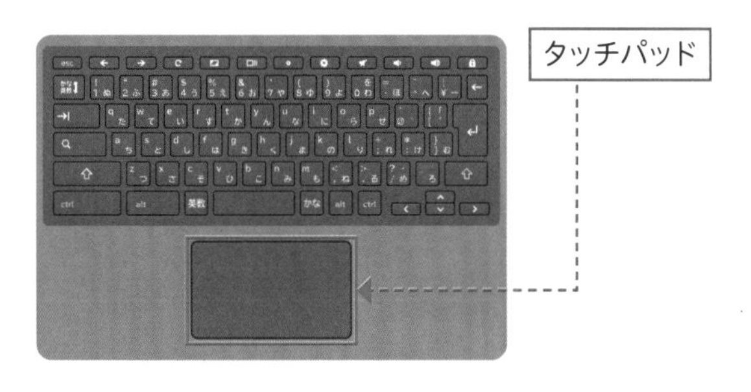

クリック

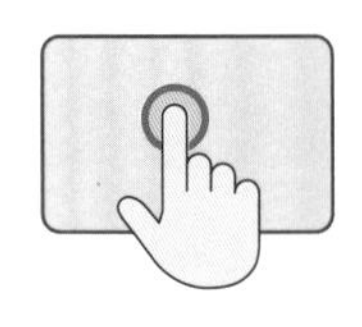

タッチパッド上、または左側を1回押す。

ダブルクリック

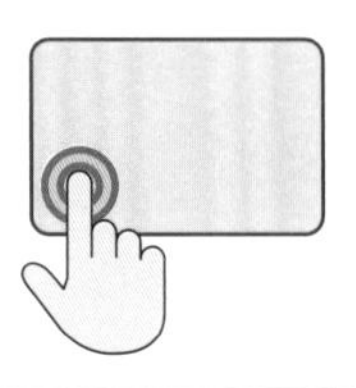

タッチパッド上、または左側を短い間隔で2回押す。

右クリック

タッチパッド上を2本の指で1回押す。

カーソル移動

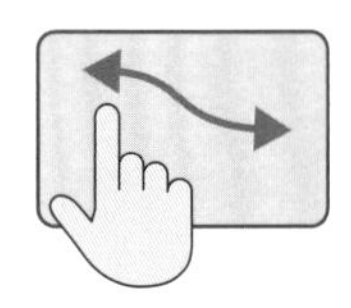

タッチパッド上で指をスライドさせる。

ドラッグ＆ドロップ

クリックした状態で、指をスライドさせて移動したら指を離す。

スクロール

2本の指を置いて上下に移動させる。

② タッチパッドの操作方法を知る② ～応用編

マウスと使い分ける

タッチパッドでできることは、マウスでも操作できます。使い慣れたほうで操作するのがよいでしょう。生徒に操作させる際にも同様です。ただし、教室の机の上はスペースも限られているため、タッチパッドの操作を覚えておくと、スペースも確保できて便利になります。

複数の指を使ったタッチパッド操作を「ジェスチャー操作」といいます。Chromebook では、2本指では移動に関する操作、3本指ではタブやウィンドウに関する操作が主に行えます。ジェスチャー操作をマスターすれば、より便利に Chromebook を使うことができるようになります。
ここでは、タブやウィンドウを開いているときに使えるジェスチャー操作を紹介します。

ページ間を移動する

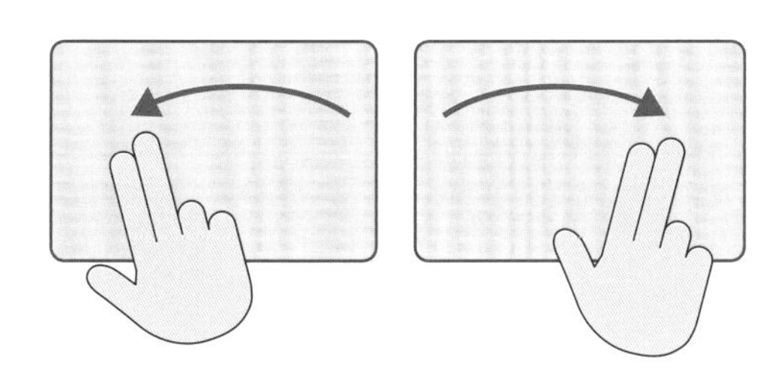

ホームページなどの閲覧時に履歴の前のページに戻るには、2本の指で左にすばやく動かす。
ホームページなどの閲覧時に履歴の次のページに移動するには、2本の指で右にすばやく動かす。

新しいタブを開く／タブを閉じる

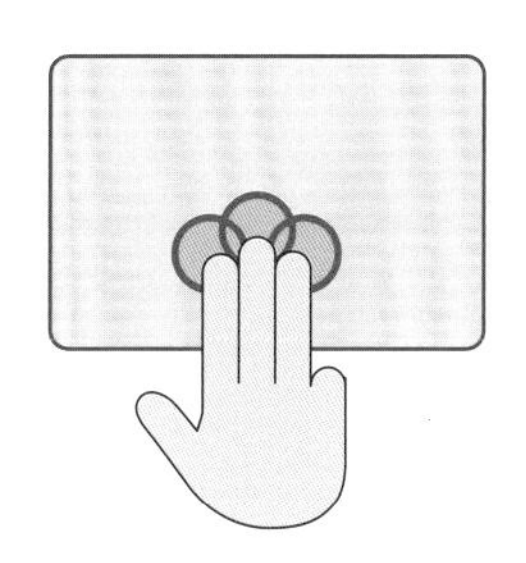

目的のリンクにカーソルを合わせてから、タッチパッドを3本の指でタップまたはクリックするとタブが開く。
目的のタブにカーソルを合わせてから、タッチパッドを3本の指でタップまたはクリックするとタブが閉じる。

開いているウィンドウをすべて表示する

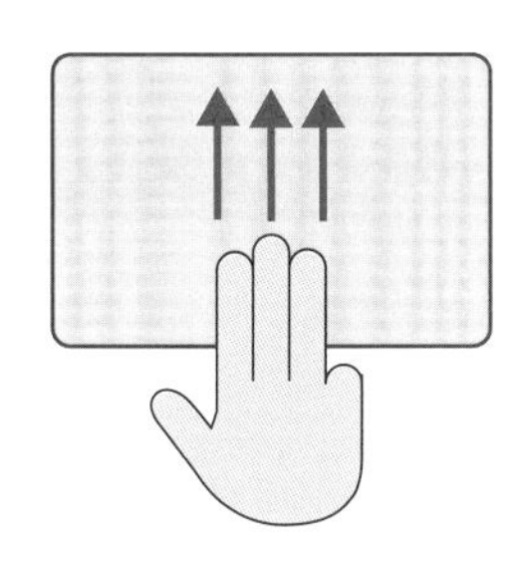

3本の指で上にすばやく動かす。また、3本の指で下にすばやく動かすとすべてのウィンドウを開いた状態を解除する。

タブを切り替える

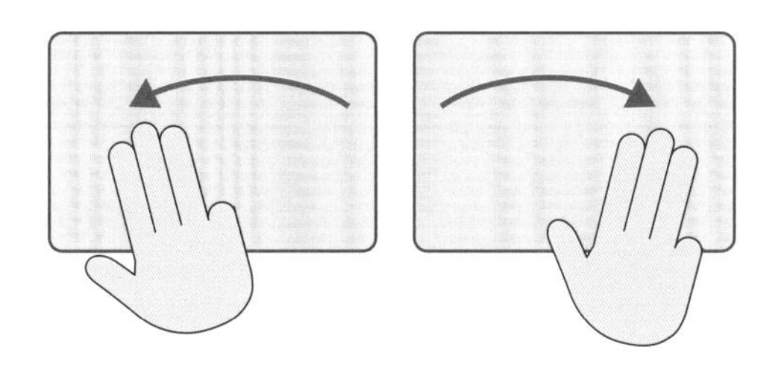

ブラウザで複数のタブを開いている場合は、3本の指で左または右にすばやく動かす。

Section

09 アプリを利用しよう

ここで学ぶこと

・ランチャー
・インストール/アンインストール
・シェルフ

Chromebook ではアプリを使って、さまざまなことを実現することができます。ここでは、アプリの起動方法やアプリの追加・削除、便利なシェルフの使い方を紹介します。

1 アプリをランチャーから起動する

アプリを並び替える

ランチャーに表示されるアプリは自由に並び替えることができます。使いやすい便利な位置に配置するようにしましょう。

ランチャーを整理する

ランチャーに表示されたアプリはカテゴリごとに整理することができます。表示されているアプリのアイコンをドラッグし、別のアプリのアイコンに近づけてドラッグすると、フォルダが作成されます。また、生成されたフォルダの名前は変更することも可能です。

1 画面左下の○をクリックしてランチャーを起動します。

2 ランチャーが起動したら、^をクリックします。

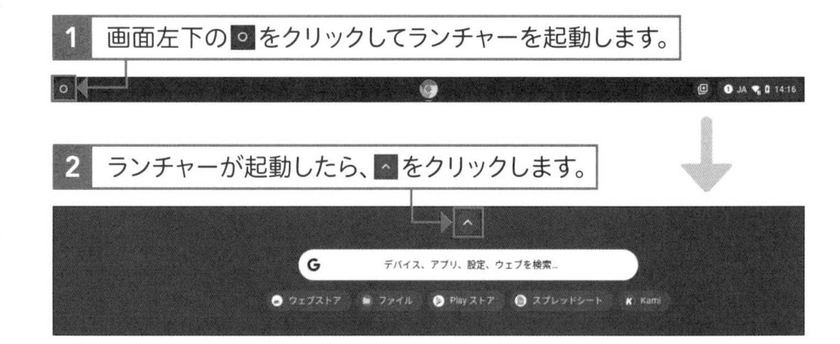

3 アプリの一覧が表示されるので、このうち1つ（ここでは［スプレッドシート］）をクリックして選択します。

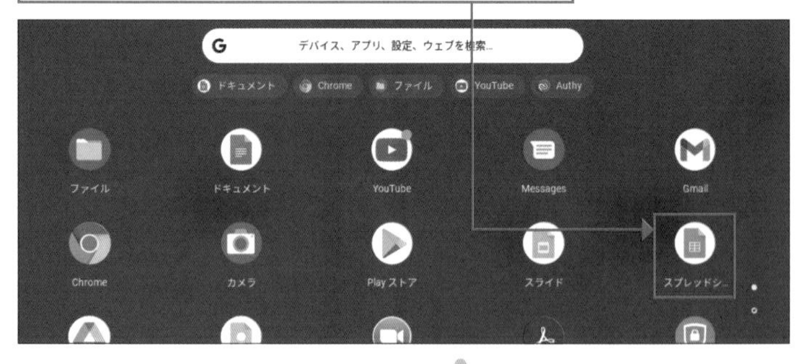

4 アプリが起動しました。

2 アプリをインストールする

解説

アプリの種類

Chrome ウェブストアには、Chromebook で使えるたくさんのアプリが提供されています。教育、仕事効率化、検索ツールなどジャンルもさまざまです。お好みのアプリで便利に使える環境を作ることができます。

ランチャーへの表示

インストールされたアプリはランチャーに表示されます。よく使うアプリなどはシェルフ（45ページ参照）に追加して利用すると便利です。

アプリを検索する

手順3の画面で［ストアを検索］をクリックし、任意のキーワードを入力して enter を押すことでもストア内を検索できます。アプリをよりダイレクトに探すことができ、すでにアプリを使っている人の評価なども参考にできるようになります。また、42ページ手順2の画面に表示される検索スペースに、アプリ名を入力することで探すことも可能です。

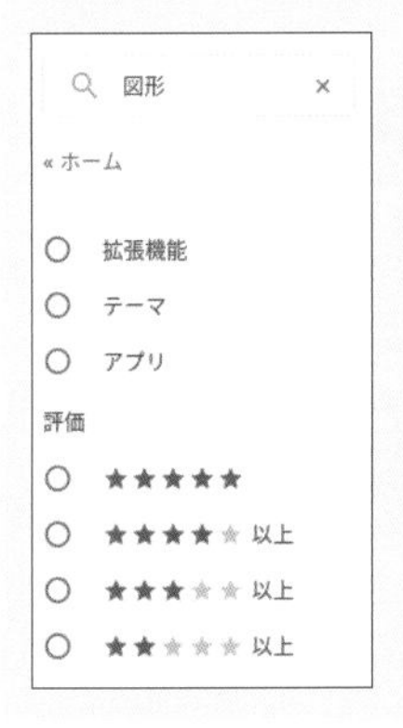

1 42ページ手順1～2を参考に、アプリの一覧を表示します。

2 表示されたメニューから［ウェブストア］をクリックして選択します。

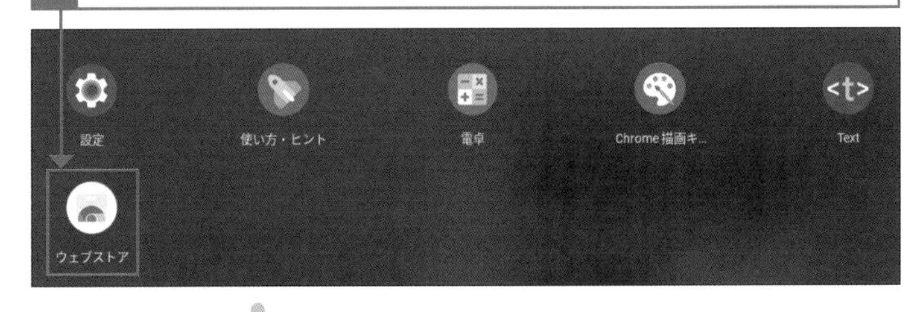

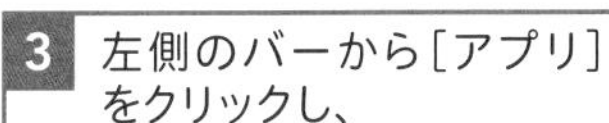

3 左側のバーから［アプリ］をクリックし、

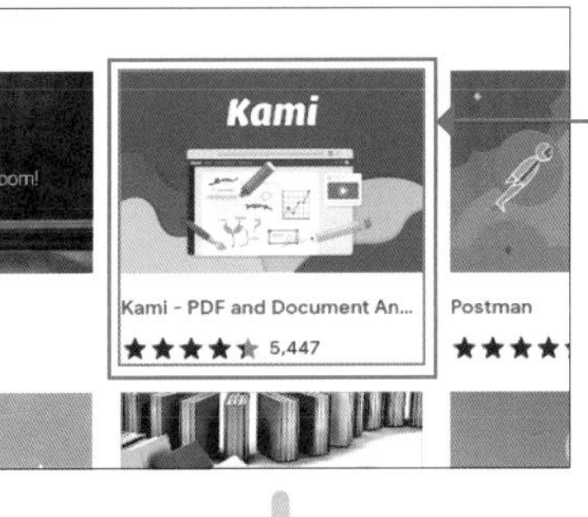

4 表示されたアプリから1つを選択します。今回は［Kami - PDF and Document Annotation］をクリックして選択します。

5 画面が切り替わったら、［Chrome に追加］をクリックするとアプリがインストールされます。

③ アプリをアンインストールする

アンインストールできないアプリ

ランチャーに表示されているアプリの中には、アンインストールできないアプリもあります。

重要用語

拡張機能

Chrome ウェブストアからインストールできるものに、拡張機能もあります。拡張機能とは、Chrome ブラウザに機能を追加するプログラムファイルのことで、ほとんどの拡張機能は無料で提供されています。手軽にインストールできるので、拡張機能を使うことで、Chrome ブラウザをより便利に使うことができます。

ショートカットキー

アプリの削除

shift + Q (または ◉) + 🔊

1 42ページ手順 1 ～ 2 を参考に、アプリの一覧を表示します。

2 表示されたメニューからアンインストールしたいアプリ（ここでは[Kami - PDF and Document Annotation]）をクリックして選択します。

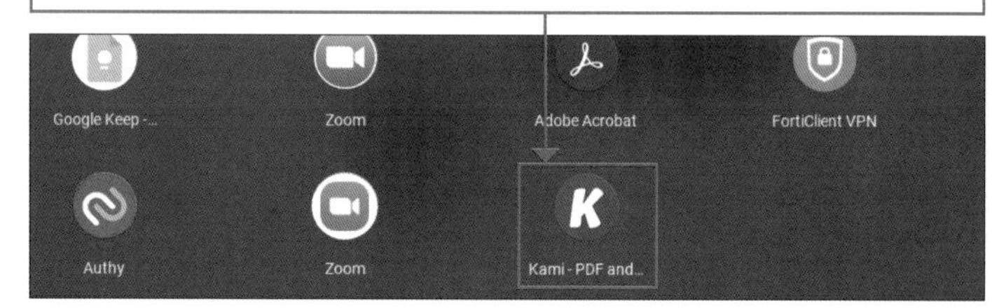

3 右クリックするとメニューが表示されるので、[アンインストール]をクリックします。

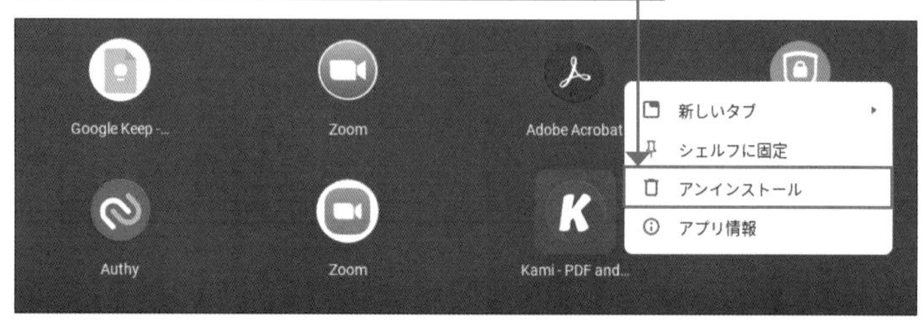

4 アプリのアンインストールが完了しました。

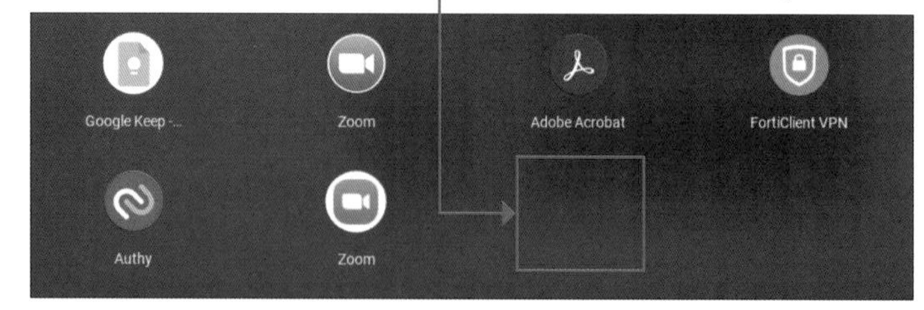

応用技　こえもじ（Google Meet の日本語字幕拡張機能）

電算システムが開発して無償提供している Google Meet の音声認識の拡張機能が「こえもじ」です。「こえもじ」を利用すると、話した内容を文字に起こし、日本語の字幕を画面上に表示することができます。また、同時にチャットへ字幕内容の送信も行います。さらに、チャットコメントを画面上に流す新着チャットコメントを画面上に右から左へのテキストスクロールで表示します。チャットコメントを画面上に表示するため、チャット欄を閉じていてもチャットコメントを読むことができます。

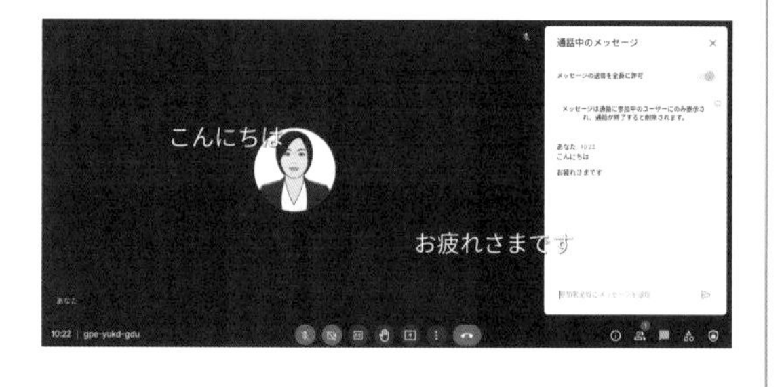

4 アプリをシェルフに固定し利用する

シェルフ

よく使うアプリやWebページがある場合は、画面下部（もしくは左右）にあるシェルフに固定すれば、すばやくアクセスできます。

アプリの並びを替える

移動するアプリを選択して長押しし、移動先にドラッグ＆ドロップします。

補足

Webページをシェルフに固定する

アプリだけなく、よく閲覧するWebページもシェルフに固定できます。該当のWebページを開き、画面右上の ⋮ →[その他のツール]の順にクリックし、表示されたメニューの中から[ショートカットを作成]をクリックします。以降の操作は本ページの手順と同様です。

1 42ページ手順1～2を参考に、アプリの一覧を表示します。

2 表示されたメニューからシェルフに固定したいアプリ（ここでは[YouTube]）をクリックして選択します。

3 右クリックするとメニューが表示されるので、[シェルフに固定]をクリックします。

4 シェルフへのアプリの追加が完了しました。シェルフのアプリをクリックするとすぐにアプリが起動します。

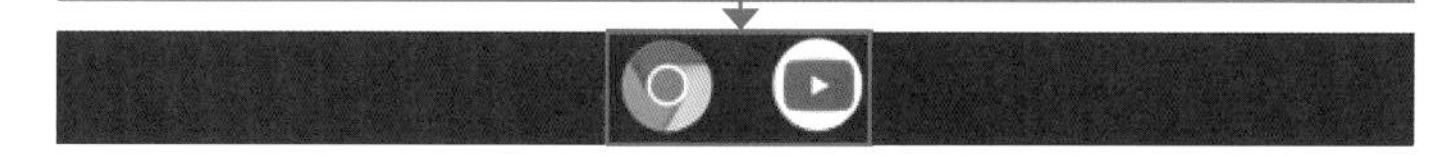

応用技 シェルフの位置を変更する

シェルフの位置は、画面下の「左」「下」「右」から選択することができます。デフォルトでは下になっていますが、好みに合わせて調整できます。なお、アクティブなアプリがある場合にはアイコンの外側に線が1本入る仕様になっています。

1 シェルフを右クリックし、[シェルフの位置]をクリックします。

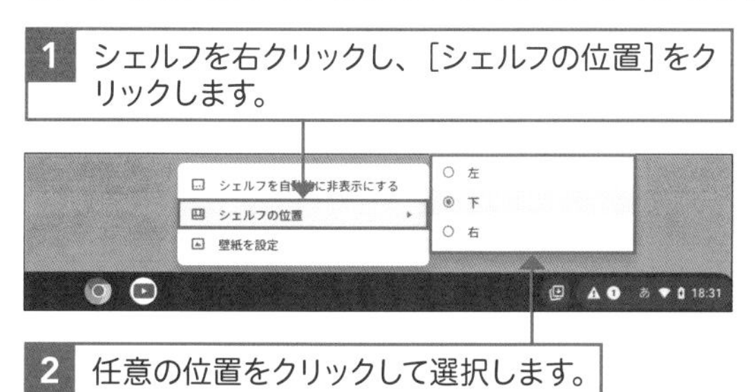

2 任意の位置をクリックして選択します。

● シェルフを右に固定

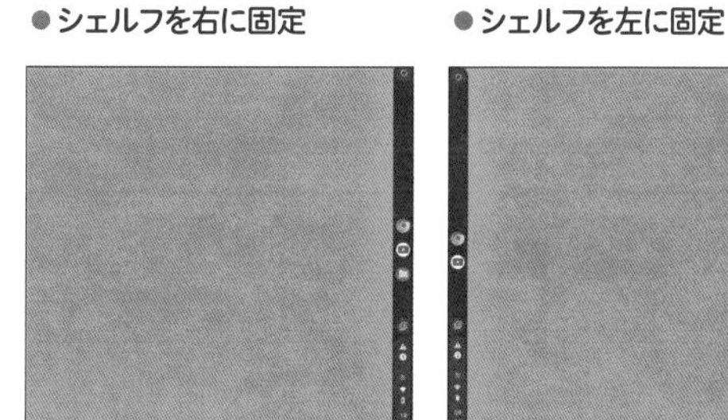

● シェルフを左に固定

Section

10 キーボードを利用しよう

ここで学ぶこと

・キーボード配列
・画面キーボード
・キーボードショートカット

Chromebook のキーボードは一般のパソコンのキーボードと同じように操作できますが、いくつか異なる点があるので、押さえておきましょう。また、キーボードショートカットなども覚えておくと便利です。

1 キーボードの配列を確認する

こちらは一般的な Chromebook のキーボードです。Chromebook 特有のキーは、通常、キーボードの上部にあります。基本的な操作は始めのうちに覚えて、便利に使いましょう。

❶検索／ランチャー	検索、アプリの表示、Google アシスタントの操作を行います
❷前のページ／次のページ	前のページ／次のページに移動します
❸更新	現在のページを更新します
❹全画面表示	ページを全画面表示にします
❺ウィンドウを表示	開いているウインドウをすべて表示し、切り替えることができます。また、デスクを追加して複数のデスクトップを設定できます

❻明るさを下げる	画面の明るさを下げます
❼明るさを上げる	画面の明るさを上げます
❽ミュート	音声をオフにします
❾音量を下げる／上げる	音量を下げ／上げます
❿画面ロック	ロック画面を表示します

② 画面キーボードを利用する

解説

画面キーボード

Chromebook では、物理キーボードのほか、画面キーボードを利用することも可能です。テキストの入力や手書き入力のほか、ファイル、ドキュメント、メールへの画像の追加などの操作を画面のタップで行うことができます。

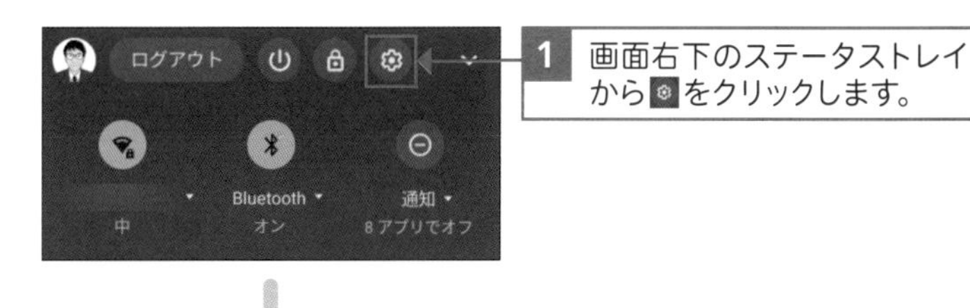

1 画面右下のステータストレイから をクリックします。

2 表示されたメニューから［詳細設定］→［ユーザー補助機能］→［ユーザー補助機能の管理］の順にクリックします。

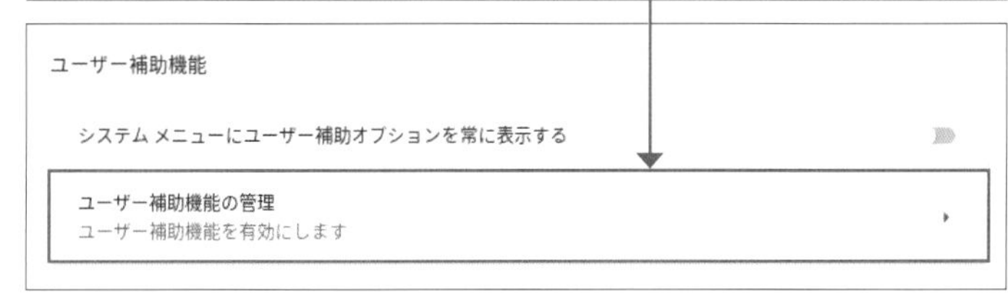

3 「キーボードとテキスト入力」のカテゴリから「画面キーボードを有効にする」の をクリックしてオンにします。

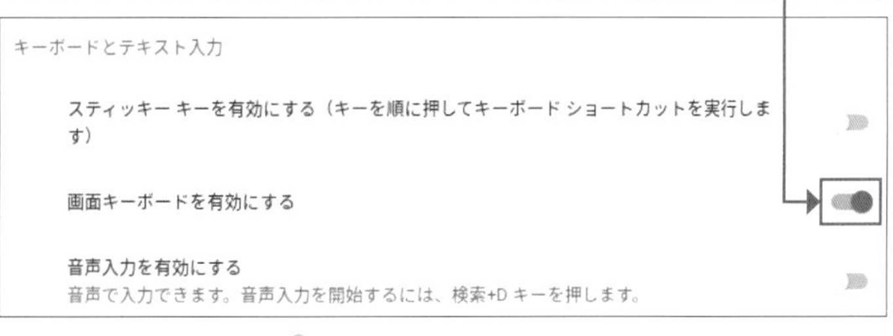

4 画面下部に画面キーボードのアイコンが追加されます。

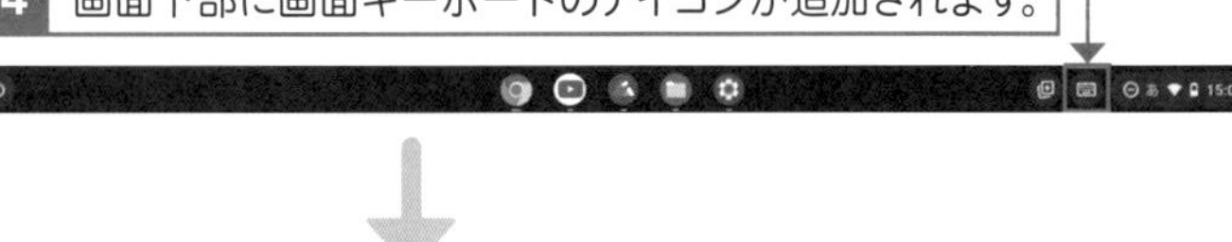

5 テキスト入力時に画面キーボードを利用できるようになります。

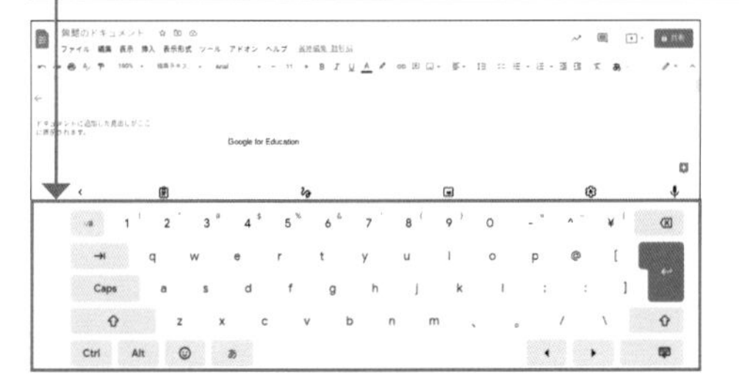

ヒント

利用しやすい入力方法を選択する

文字の入力は物理キーボードを使うのが一般的ですが、フィールドワークで学校外に出かけたり、校内でも体育館で使う際には、画面キーボードを使う方法もあります。生徒の使いやすさを考慮に入れて選択させるとよいでしょう。

③ キーボードの入力方法を変更する

デフォルトではローマ字入力による日本語のひらがな表示になっていますが、ステータストレイや詳細設定から変更することができます。

1 37ページ手順 1 を参考に、ステータストレイを表示します。

2 表示されたメニューから［キーボード］をクリックします。

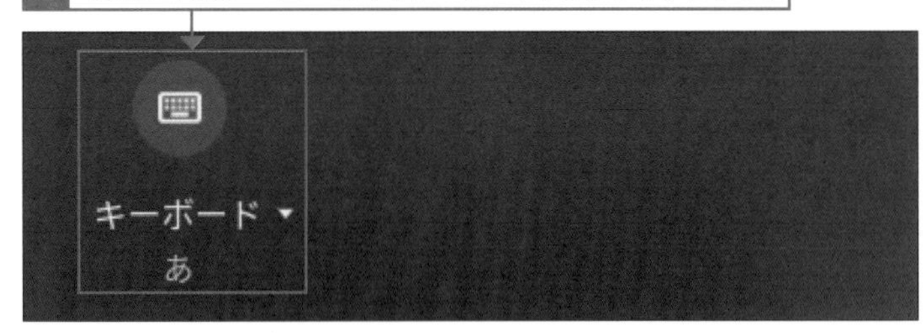

3 任意の入力方法をクリックして選択し、入力方法の切り替えを行います。

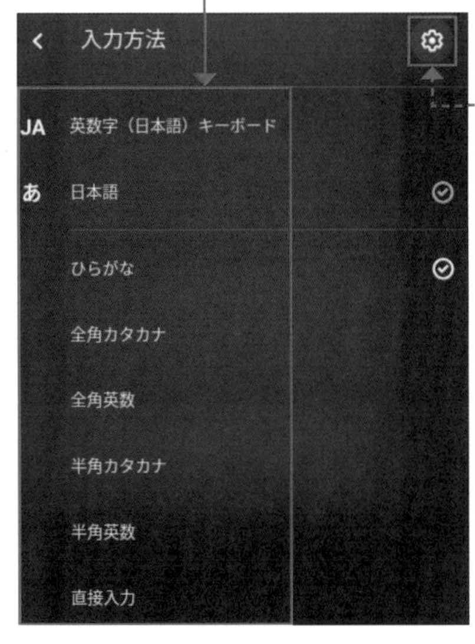

入力方法についてのさらに詳細設定を行いたい場合には、⚙をクリックして設定します。

英数字を入力する

キーボード上で かな↔英数、または 英数 を押します。

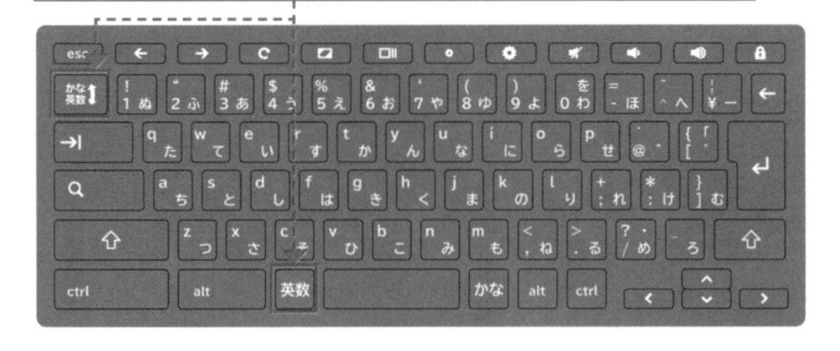

ローマ字入力とかな入力

手順 4 の画面で ↗ をクリックして、表示されたメニューにある「ローマ字入力・かな入力」から任意の入力方法に変更することができます。

日本語入力の設定

基本設定

ローマ字入力・かな入力: ローマ字入力 ▾

ショートカットキー

キーボード言語を切り替える

- キーボード言語の切り替え
  ctrl + shift + space
- 直前のキーボード言語に戻す
  ctrl + space

④ キーボードショートカットを利用する

キーボードショートカットを使うと、一部の操作をすばやく行うことができます。操作に慣れていけば自然と使いこなせるようになります。ただし、たくさんのキーボードショートカットがあるため、最初のうちは、「迷ったら検索」「確かめて使う」というサイクルを意識しましょう。

覚えておくと便利なショートカット	
キーボードショートカットを表示する	ctrl + alt + /

キーボード ショートカットを検索

定番のショートカット
タブとウィンドウ
ページとウェブブラウザ
システムと表示の設定
テキスト編集
ユーザー補助機能

1〜8 番目のタブに移動する　Ctrl + 1〜8 キーを押す
CapsLock 機能のオンとオフを切り替える　Alt + 検索 キーを押す
Google アシスタントを開く　検索 + a キーを押す
アドレスバーにフォーカスを移す　Ctrl + l キーまたは Alt + d キーを押す
ウィンドウを切り替える　Alt キーを押したまま、目的のウィンドウが表示されるまで Tab キーを押し、表示されたらキーを放す
キーボード ショートカットのヘルプを表示する　Ctrl + Alt + / キーを押す
クリップボードの内容を貼り付ける　Ctrl + v キーを押す

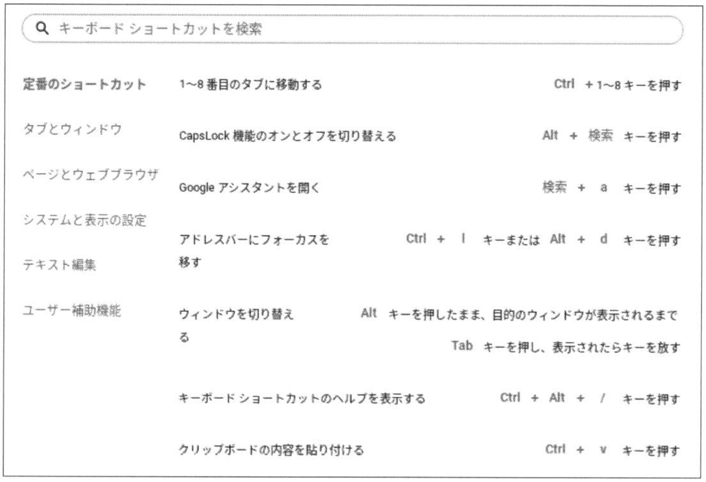

定番のショートカットやカテゴリごとにショートカットを表示します。検索もできるのでとても便利です。

資料作成時によく使うショートカット	
ページ上のすべてを選択する	ctrl + a
クリップボードを開く	🔍 + v
直前の操作を取り消す	ctrl + z
クリップボードに選択範囲のテキストや画像をコピーする	ctrl + c
選択範囲のテキストや画像を切り取る	ctrl + x
クリップボードに最新の内容を貼り付ける	ctrl + v
リンクを挿入する	ctrl + k
スクリーンショットを撮影する	ctrl + ⧉
画面の一部のスクリーンショットを撮影する	shift + ctrl + ⧉ を押してから、クリック＆ドラッグで範囲を指定する

Chrome ブラウザのタブとウィンドウに関するショートカット	
新しいウィンドウを開く	ctrl + n
現在のウィンドウを閉じる	shift + ctrl + w
新しいタブを開く	ctrl + t
現在のタブを閉じる	ctrl + w
ウィンドウを切り替える	alt を押しながら、目的のウィンドウが表示されるまで tab を押し、表示されたらキーを離す。または、alt を押したまま tab を押し、左右の矢印、マウス、またはタップ操作でウィンドウを選択する

Section

11 タブとウィンドウを使いこなそう

ここで学ぶこと

・タブの固定
・タブの復元
・新しいウィンドウ

Chromebook ではアプリを起動したり、Webページにアクセスしたりすると、タブが開きます。たくさんのファイルを開きながら作業をすると、たくさんのタブが開かれることになります。

1 タブを固定する

解説

よく使うアプリのタブを固定する

タブを固定することで、複数のタブを見やすく整理できます。メールやチャット、カレンダー、ドライブなどよく使うアプリは、タブを固定しておくと、使い勝手が格段に上がります。

タブをグループ化する

タブの数が多くなってしまったときにはグループを作成します。例えば、メールやチャットなどは「連絡」といったグループにまとめることで、操作性も向上します。タブをグループ化するには、グループ化したいタブを右クリックし、[タブを新しいグループに追加]をクリックします。グループの名称と色を設定すると「新しいグループ」が作成されます。作成したグループにタブを追加するには、上記の手順をくり返すか、追加したいタブをドラッグ＆ドロップする方法があります。

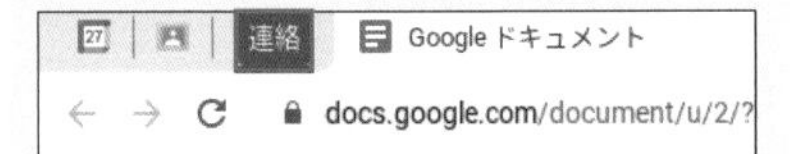

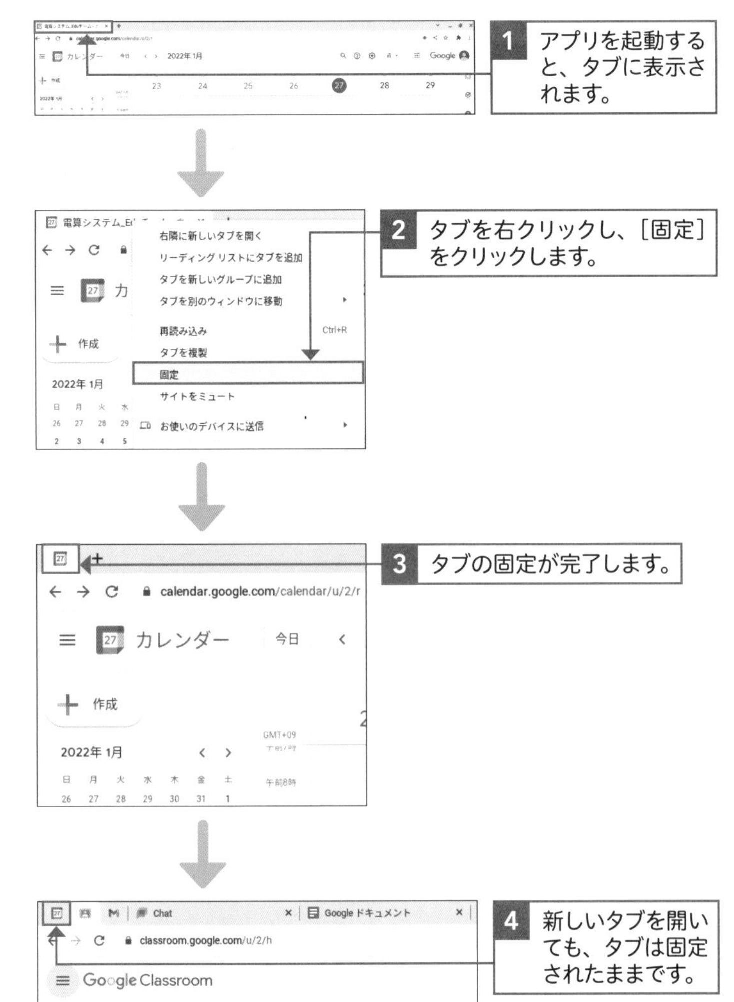

② タブに通知を表示させる

解説

通知の設定

アプリの設定を変更することで、タブに通知を表示させることができます。例えば、Gmail の設定を変更することで、タブに未読のメールの数を表示させることができます。確認すべきメールの件数を知ることで、効率的に作業を進めることができます。

タブを並び替える

タブは好みの位置に移動することができます。タブをドラッグして、移動したい位置にドロップすると、移動することができます。

応用技

Gmail の拡張機能を利用する

Gmail の未読数を表示してくれる Chrome の拡張機能「Google Mail Checker」を用いることで、拡張機能に追加されたアイコンに未読メールの数を表示させることができます。アイコンをクリックすると、Gmail の受信トレイを開くことができます。

- 拡張機能の紹介画面

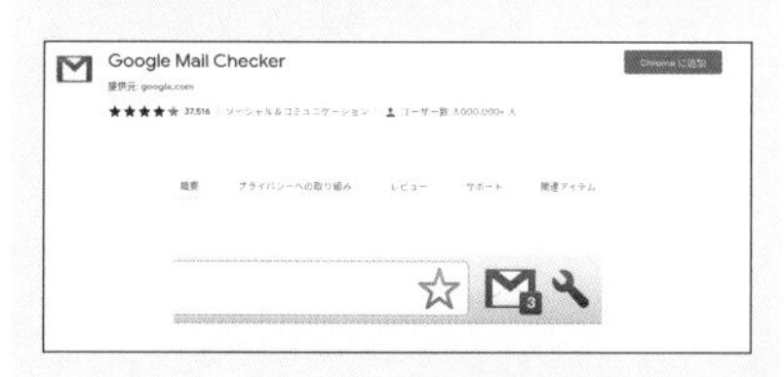

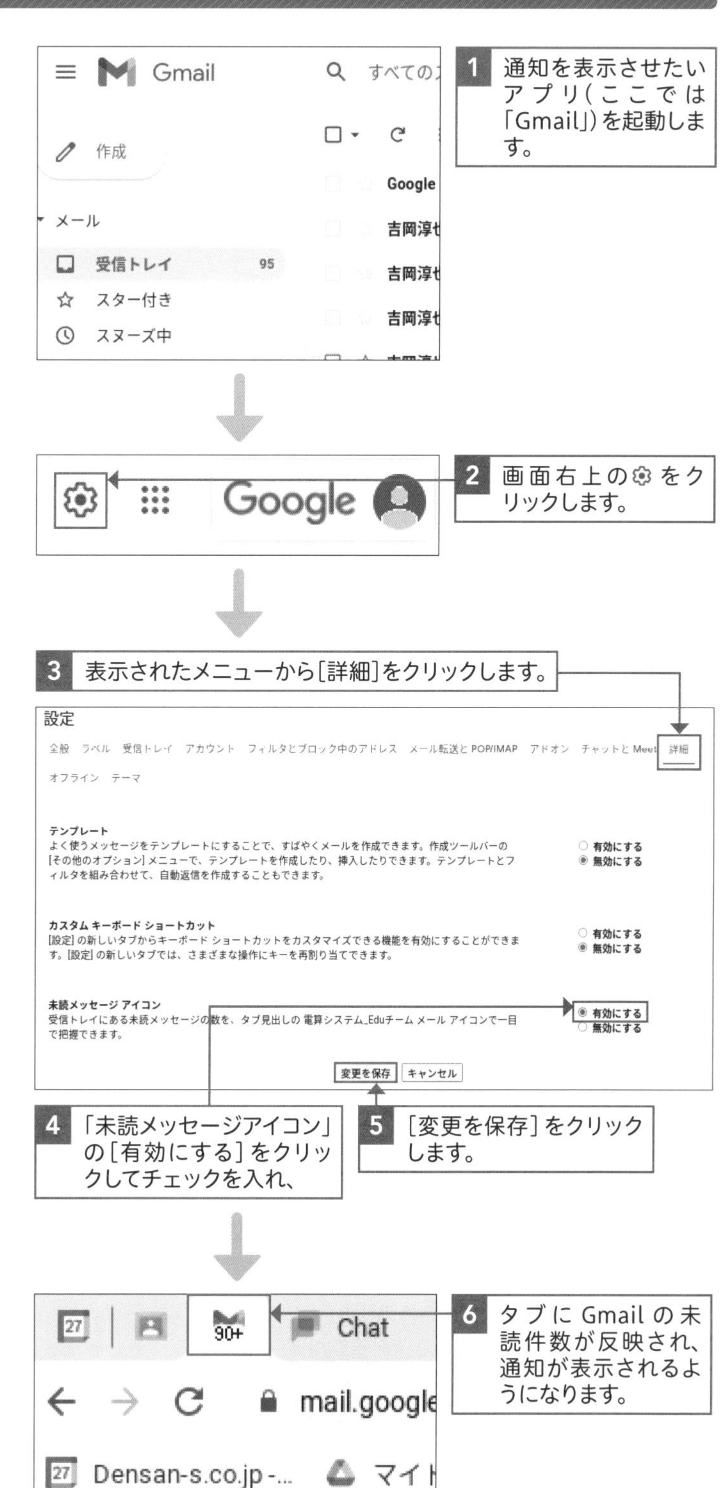

③ 閉じたタブを復元する

解説

誤ってタブを閉じてしまった場合は？

タブを開いて操作していると、誤ってタブを閉じてしまうことがあります。せっかく辿り着いたページやファイルであっても嘆くことはありません。タブを復元する方法を習得しましょう。

1 画面右上の ⋮ をクリックし、

2 ［履歴］をクリックします。

3 過去に閲覧したページやアプリの一覧が表示されるので、復元したいもの（ここでは［Google ドキュメント］）をクリックして選択します。

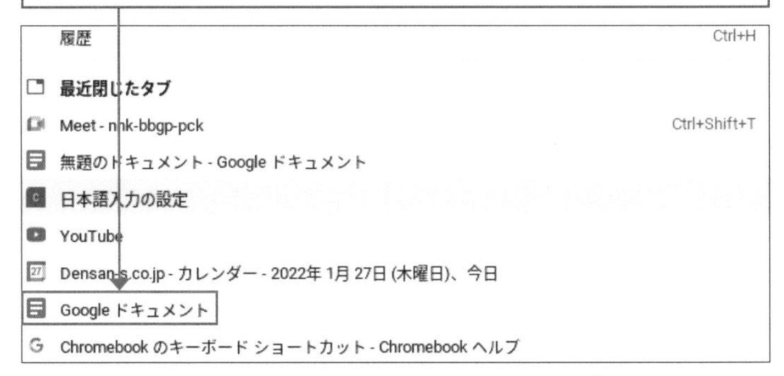

4 履歴からタブの復元が完了します。

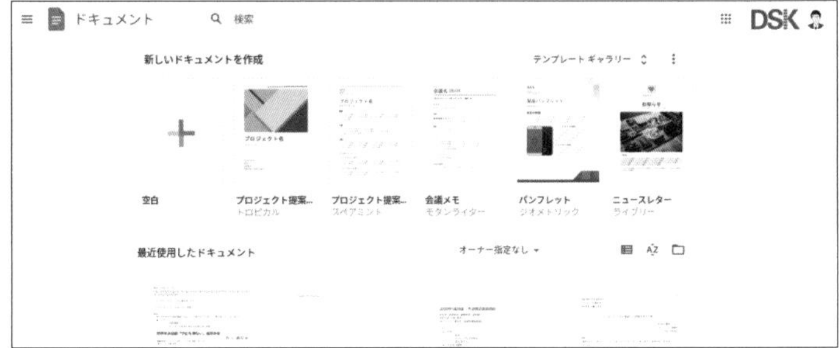

直前に閉じたタブを復元する

ctrl + shift + t

4 別のウィンドウで作業する

解説

別ウィンドウを開く

開いたタブ間の行き来が多いときなどは、別のウィンドウを開いて作業をするとより効率的です。また ▭Ⅱ を押すと、開いているウィンドウをすべて表示することができます。さらに、デスクを追加することで、複数のデスクトップを行き来しながら、効率的に作業を進めることができます。

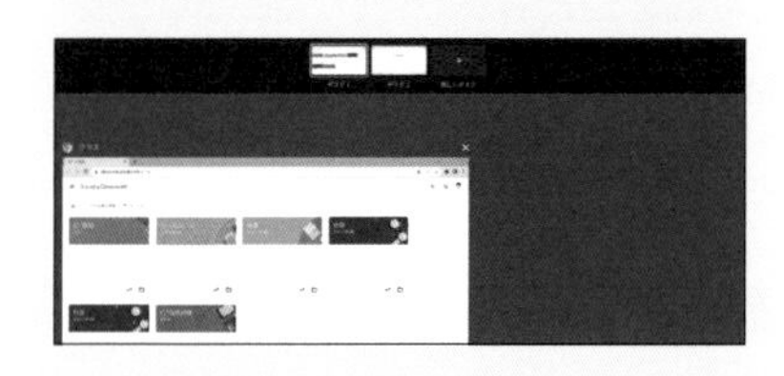

ショートカットキー

ウィンドウを行き来する

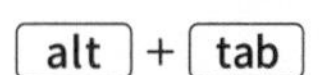

alt + tab

ヒント

ウィンドウを切り替える

シェルフの Chrome ブラウザをクリックすると、現在開いているウィンドウ一覧が表示されます。そこからウィンドウを切り替えることも可能です。

ショートカットキー

ウィンドウの分割表示

- 画面を2つに分割してウィンドウを左に寄せる
  alt + @
- 画面を2つに分割してウィンドウを右に寄せる
  alt +]

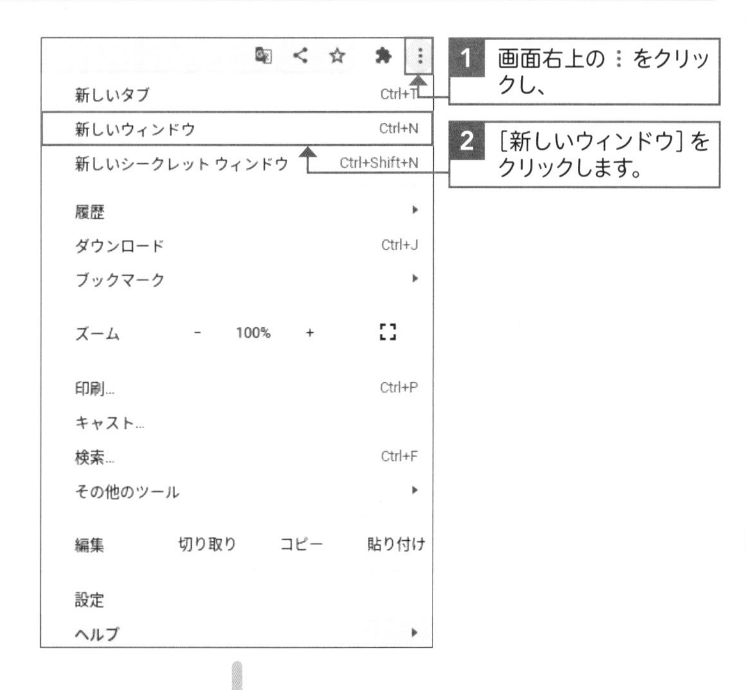

1 画面右上の ⋮ をクリックし、

2 ［新しいウィンドウ］をクリックします。

3 新しいウィンドウが表示されます。

4 画面右側で調べものをしながら、画面左側のドキュメントにまとめていくといった使い方ができます。

Section

12 その他の便利な使い方

ここで学ぶこと

・カメラ機能
・単語登録
・外部ディスプレイとの接続

Chromebook にはまだまだ便利な使い方がたくさんあります。このうち学校現場において、授業準備や授業中、校務などをスムーズに進めていく際によく使う機能をピックアップしてご紹介します。

1 カメラで撮影する

解説

Chromebook のカメラ機能

多くの Chromebook にはカメラが2つ搭載されています。カメラ機能を用いることで記録や観察などで便利に使うことができます。カメラを起動すると、メニューとして「動画」「写真」「スクエア」「スキャン」などの表示があります。写真撮影はもとより、動画も撮影できるほか、スキャンを使用するとドキュメントを取り込んだり、QRコードを取り込んだりすることも可能です。

カメラを切り替える

手順4の画面で、をクリックすることで、Chromebook 本体に搭載されているカメラの切り替えが可能です。

撮影データの保存先

カメラで撮影したデータは、ファイル内の「マイファイル」に保存されます。

1 画面左下の をクリックしてランチャーを起動します。

2 ランチャーが起動したら、をクリックします。

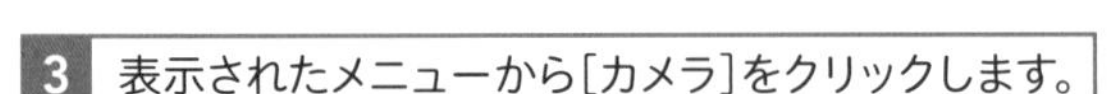

3 表示されたメニューから[カメラ]をクリックします。

4 カメラが起動しました。

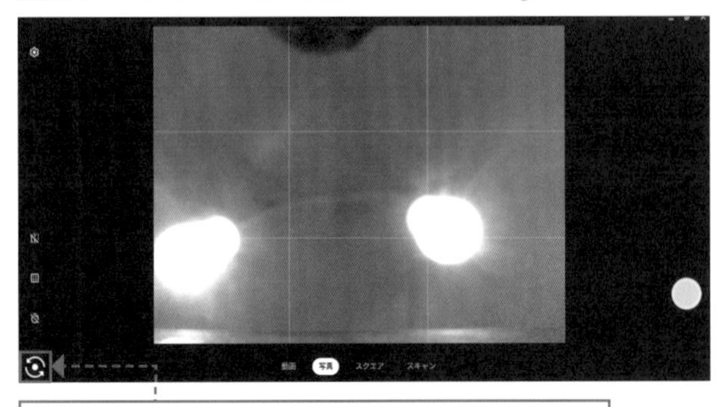

カメラの切り替えができます(左中央の補足参照)。

② 辞書に単語を追加する

解説

辞書機能

辞書に単語を追加することで、入力にかかる手間を削減し、快適に作業を行うことができます。

1 画面右下のステータストレイから ⚙ をクリックします。

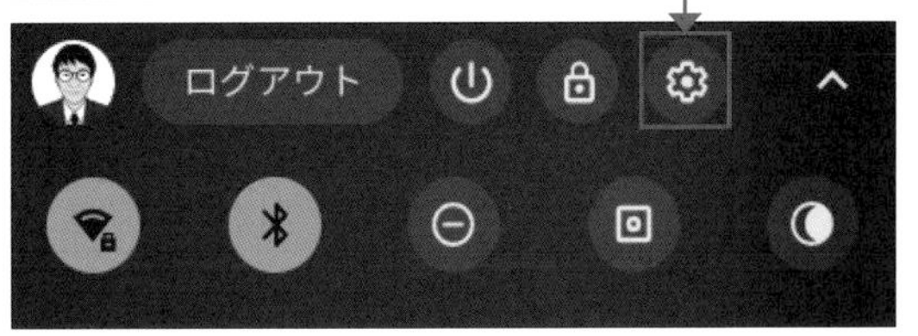

2 表示されたメニューの［詳細設定］→［言語と入力方法］の順にクリックし、入力方法で有効にしているキーボード（ここでは「日本語」）の横にある ☑ をクリックします。

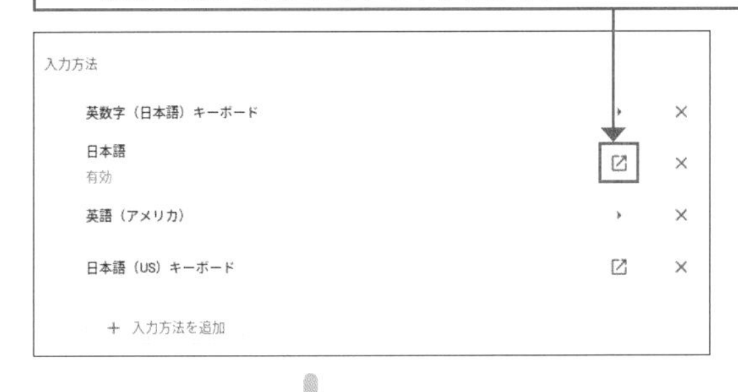

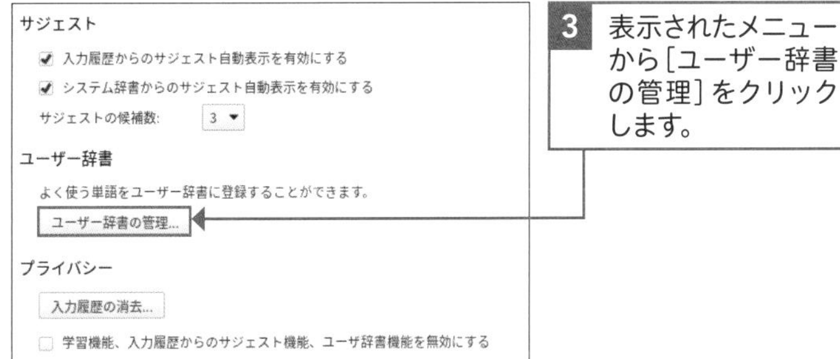

3 表示されたメニューから［ユーザー辞書の管理］をクリックします。

時短

登録したい単語

学校名や難しい人名などの固有名詞は単語登録しておくと便利です、また、メールの書き出しなどによく使う「お世話になります。〇〇学校の△△です。」なども短い語句で表示されるようにしておくと時間短縮できます。

4 「よみ」や「単語」などを入力し、

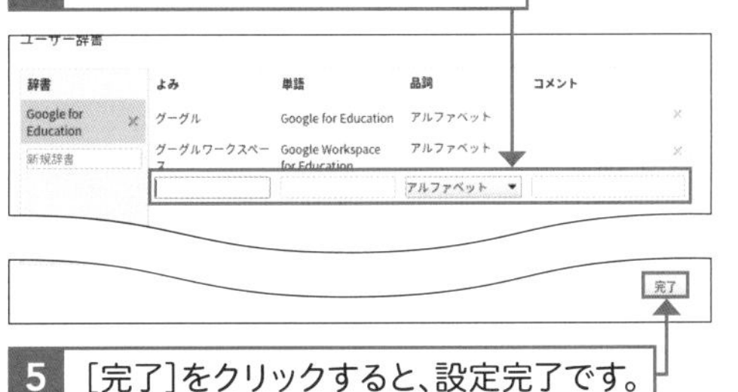

5 ［完了］をクリックすると、設定完了です。

③ Chromebook の画面を外部ディスプレイなどに表示する

解説

外部ディスプレイを利用する

教師が説明したり、生徒が発表したりする場面で、Chromebook の画面を外部ディスプレイやプロジェクターに大映しにすることがあります。事前に、Chromebook とディスプレイをHDMIケーブルで接続し、ディスプレイの設定を変更しておきましょう。

ヒント

「設定」画面でできること

手順 2 の画面では、以下のメニューが表示されます。

- ネットワーク
- Bluetooth
- 接続済みのデバイス
- アカウント
- デバイス
- カスタマイズ
- 検索エンジン
- セキュリティとプライバシー
- アプリ
- 詳細設定

各項目から壁紙を変えたり、アプリを管理したりするなど、自分が使いやすい環境設定を行うことができます。

1 画面右下のステータストレイから ⚙ をクリックします。

2 表示されたメニューから［デバイス］をクリックします。

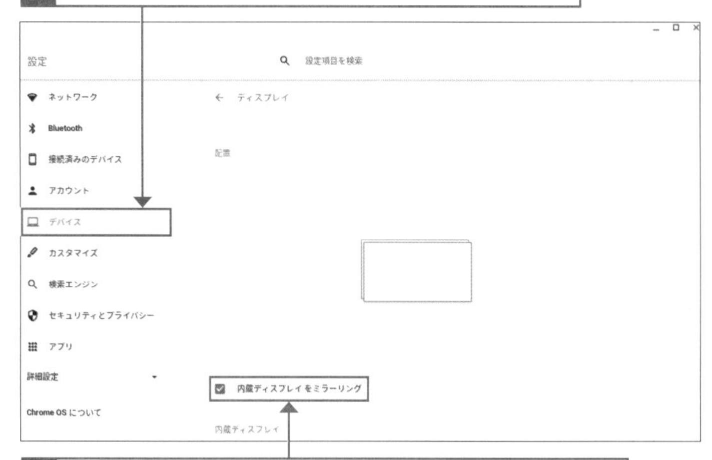

3 デバイスの一覧から［ディスプレイ］をクリックして選択し、［内蔵ディスプレイをミラーリング］をクリックしてチェックを入れます。

4 ディスプレイへの投映が完了します。

第 3 章

Google Workspace for Education を知ろう

この章で学ぶこと

Google Workspace for Education でできること

クラウド共有がもたらす効果

変革の大きな機動力に

Google Workspace for Education は、クラウドをベースにしたソリューションです。すばやい情報共有と、どこからでもどの端末からでもアクセスできる便利さで、利用し始めると教師も生徒も、そして保護者をも変えていく力を持っています。提供されているさまざまなアプリを上手に使うことで、変化の大きい時代に柔軟に対応することができます。

三者三様のメリットを提供

教師側は今までのワークフローを見直すことになり、大幅な業務効率化が実現可能です。またコミュニケーションの質も向上し、例えば空いた時間を使って、より生徒と向き合うことができるようになるでしょう。生徒側では生徒同士や教師とのコミュニケーションが密になり、協働的な学びを実現できます。さらに、保護者にとっても学校からの諸連絡がデジタル化することで、さまざまなメリットを享受できます。
学校さえも変えていく力になる Google Workspace for Education の可能性を、教師・生徒・保護者の視点から押さえておきましょう。

Google Workspace for Education を利用するメリット

教師	生徒	保護者
・すばやく情報共有できる ・資料の共有も瞬時にできる ・課題の配付を簡単に行うことができる ・紙の資料を印刷する手間が軽減する ・生徒に配付する資料をリッチにできる ・生徒へのフィードバックに時間がかからない ・生徒への個別支援がしやすい	・友だちの意見をすぐに確認できる ・友だちと意見を交流しやすい ・教師とのコミュニケーションが取りやすい ・授業の課題が見つけやすい ・学校からの紙の配付物が減る ・集会でわざわざ移動して集まる必要がなくなる	・学校からの紙の配付物が減る ・デジタルでアンケート回答ができ、時間が節約できる ・授業参観にオンラインで参加できる ・保護者面談をオンラインで実施できる

Google だからこその便利さ

Google Workspace for Education を学校で利用し始めると、いろいろな変化が起こってきますが、その一例として、こんなシーンがあります。
ある授業で、本時のまとめを生徒に Google ドキュメントに書いてもらいました。ペア学習で進めていたので、生徒同士で気が付いたことをコメントし合っています。

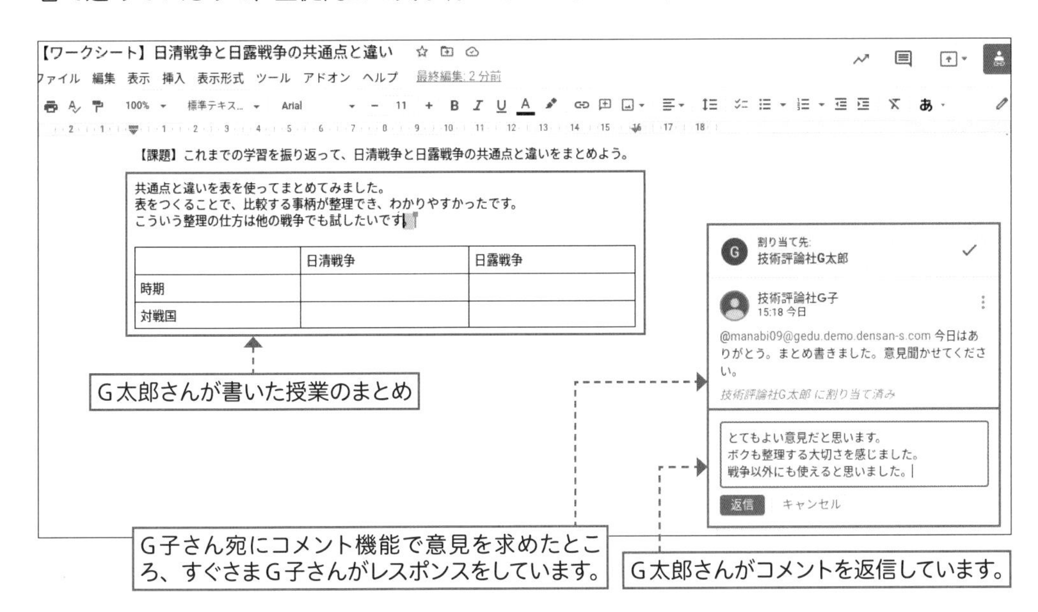

授業のまとめを書いたり、それを交流したりするという行為は以前と変わらないものの、その実現スピードやフィードバックの速さは Google Workspace for Education のアプリならではを実感する瞬間です。
さらに、Google Workspace for Education が優れているのは、1つのアプリだけでもこうした効果が圧倒的なことに加え、複数のアプリを連携させて使うことで、その効果が無限大に広がる点です。

この章では、Google Workspace for Education の主な機能を、操作方法も含めて紹介します。各アプリについては、実際に学校現場で使える例を中心に取り上げて解説を加えていきます。

Section

13 基本的な機能を知ろう① ～共有

ここで学ぶこと

- ファイルやフォルダの共有
- 共有権限の設定
- 共有権限の種類

共有機能を利用すると、Google ドキュメントで作成した資料や、Google ドライブ内のファイルなどを他のユーザーへ共有することができます。共有されたユーザーは情報の共有だけではなく、権限によっては編集作業をすることも可能です。

1 ファイルやフォルダを共有する

解説

共有

共同作業がしやすいように作成したファイルやフォルダのリンクをシェアすることを共有といいます。各種アプリに共通して搭載されている機能で、目的や用途に応じて、誰とシェアするのかという共有範囲と、どのようにシェアするのかという編集権限を決めます。

1 Google ドライブを開き、共有したいファイル（またはフォルダ）上で右クリックし、［共有］をクリックします。

2 共有したいユーザーの「ユーザー名」または「メールアドレス」を入力します。

グループに共有する

手順2の画面で、Google グループ（86ページ参照）のグループメールのアドレスを入力すると、グループに所属しているメンバーのみに共有されます。

ファイルを直接共有する

ファイルを開いた状態で、右上にある[共有]をクリックすると、ファイルからも同様の手順で共有することができます。

[共有]をクリックします。

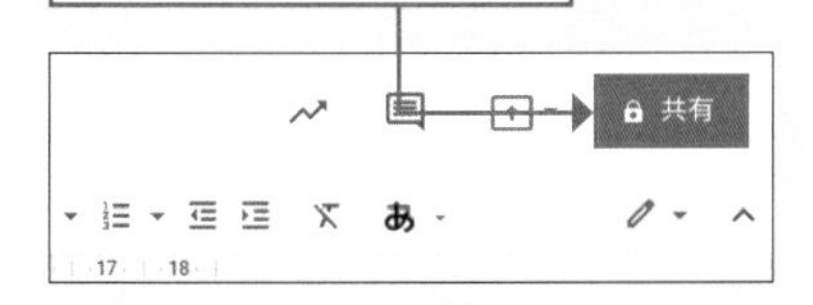

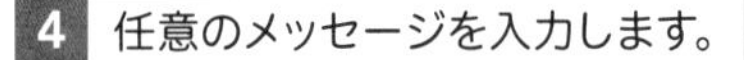

注意

不用意に不特定多数への公開をしない

Google ドライブでファイルやフォルダを共有する際、誰もが閲覧・利用できる状態のまま共有してしまうと、大切なデータが思わぬところにまで流れていく恐れがあります。また、公開していないファイルをすでに公開設定しているフォルダに移動すると、移動先フォルダの共有設定が上書きされてしまうため、注意しなくてはなりません。ファイルやフォルダを共有する際には、大切なデータをどこまで公開すべきなのか、共有前によく考えてから共有しましょう。

3 現在の共有権限をクリックし、共有するユーザーの権限(ここでは[編集者])をクリックして選択します。

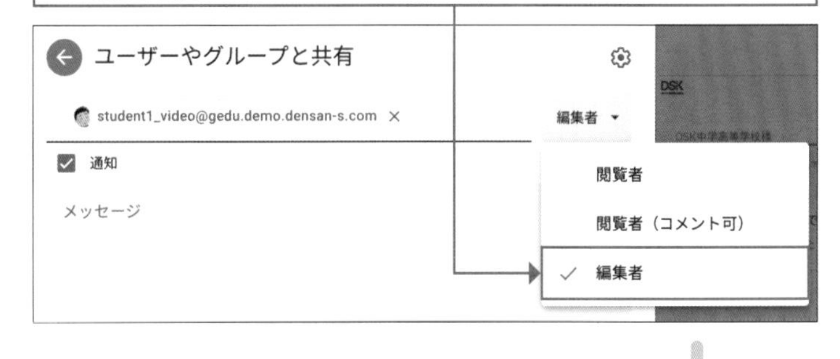

4 任意のメッセージを入力します。

チェックを付けると共有するユーザーへ Gmail で通知が届きます。

5 [送信]をクリックすると、共有が完了します。

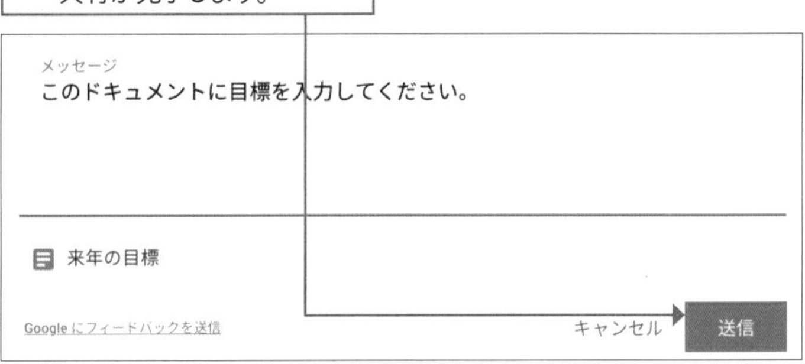

共有権限の種類

共有権限には、共有したファイルやフォルダを閲覧のみできる「閲覧権限」(閲覧者)、内容について提案のみ受けたいときに利用できる「コメント権限」(閲覧者(コメント可))、データを直接修正したり置き換えたりできる「編集権限」(編集者)の3つがあります。なお、共有するデータがファイルかフォルダかによって、設定できる権限が異なります。

共有権限の種類	ファイルの場合	フォルダの場合
閲覧権限(閲覧者)	○	○
コメント権限(閲覧者(コメント可))	○	×
編集権限(編集者)	○	○

Section
14 基本的な機能を知ろう② ～変更履歴

ここで学ぶこと

- 変更履歴
- 変更履歴の確認
- 変更履歴の復元

ファイルを共同編集する場合、複数の編集者が作業するため、変更箇所がわからなくなる場合があります。変更履歴の機能を利用することで、もとの文章とともに変更箇所を表示したり、もとの文書に戻したりすることも可能です。

1 変更履歴を確認する

1 画面上部の変更履歴（ここでは［最終編集：数秒前］）をクリックします。

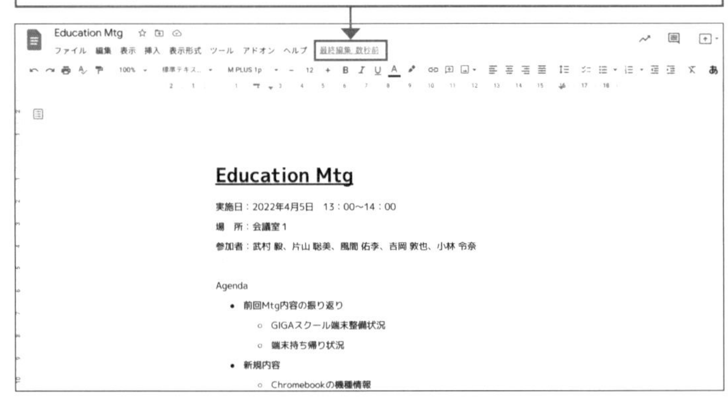

2 画面右側に変更履歴が表示されます。確認したい変更履歴の版をクリックします。

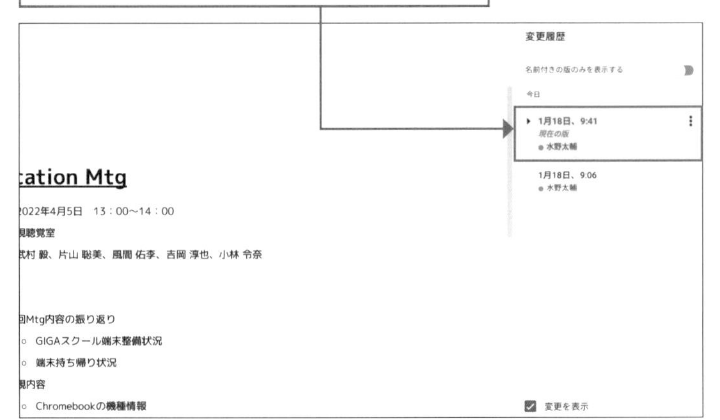

補足

変更履歴を表示する別の方法

手順1の画面で画面上部のメニューバーにある［ファイル］→［変更履歴］→［変更履歴を表示］の順にクリックすることでも、変更履歴を表示させることができます。

変更履歴 ▸ 最新の版に名前を付ける
名前を変更 変更履歴を表示 Ctrl+Alt+Shift+H
移動

補足

ユーザーごとに色分けされる

共有によって、他のユーザーと共同編集をした場合、誰がどの部分を編集したかが色別で表示されます。「復元」（63ページ参照）のログも変更履歴に残るため、正確な版の管理ができます。

版に名前を付ける

選択した版の右側にある［⋮］→［この版に名前を付ける］の順にクリックすると、版に名前を付けることができます。具体的な名前を付けておくことで、いつ、どのような変更をしたのかを一目で確認することができるようになります。

3 その版で変更した箇所がハイライトで表示されます。

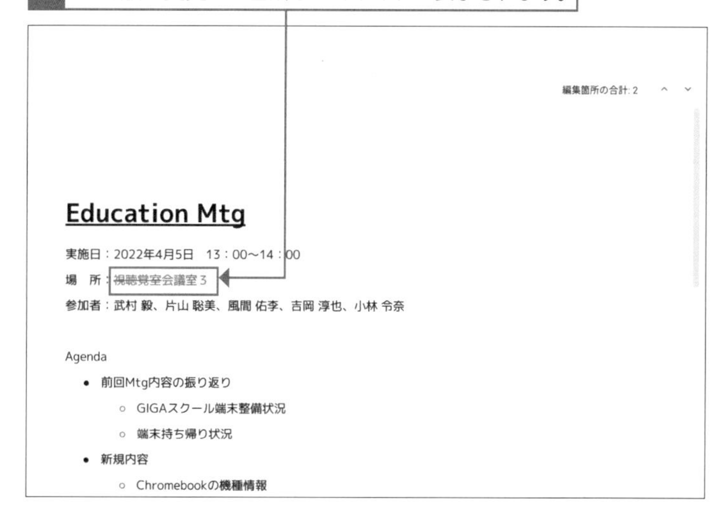

2 変更履歴を復元する

復元した日時を表示する

復元させたい版を復元すると、変更履歴にも表示されます。

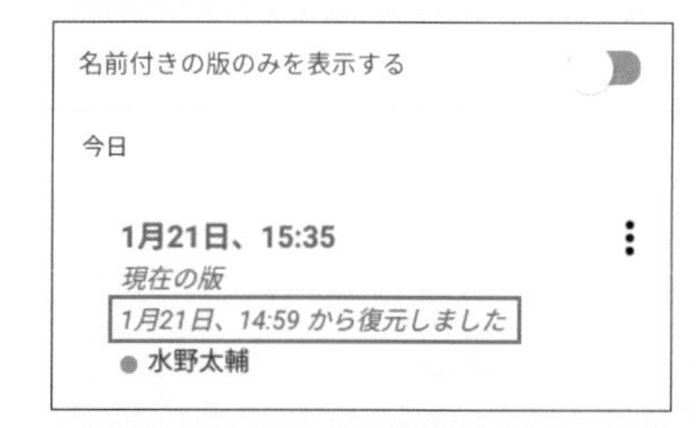

1 変更履歴から復元させたい版を選択し、［この版を復元］をクリックします。

2 ［復元］をクリックすると、復元が完了します。

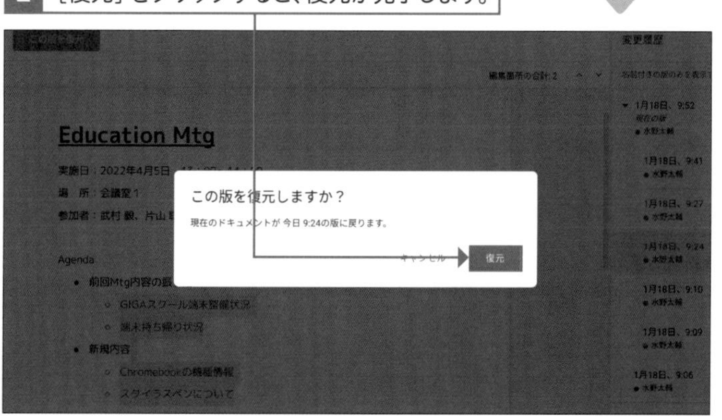

重要用語

版

版とはバージョンとも言い換えることができ、作成しているファイルやフォルダの更新履歴を確認するためのものです。くり返し更新が必要となるファイルやフォルダであれば、版（バージョン）管理をしっかり行うことで作業の進捗が管理しやすくなります。

Section 15

基本的な機能を知ろう③ ～コメント

ここで学ぶこと

・コメント機能
・コメントの挿入
・割り当て機能

ファイルを共同編集する場合、意思疎通が取れないことが原因で、文章や資料が上手に作成できないときがあります。コメント機能を利用すると、特定の箇所にコメントを付加でき、ファイル上でコミュニケーションを取ることが可能です。

1 コメントを挿入する

解説

コメント

ドキュメント、スプレッドシート、スライドに搭載されているコメント機能を使うと、共同編集者にメモや提案、質問を手軽に行うことができます。記入したコメントへの返信もできるので、意見交換もスムーズになります。コメント内で「@」を入力することで、誰にコメントするかを特定することもできます。コメント機能を利用するには、「編集者」か「閲覧者（コメント可）」のいずれかの権限が付与されている必要があります。

補足

コメントの削除・編集・リンクの共有

コメント挿入後、コメントを削除・編集したり、コメントへのリンクを送信したりしたい場合は、コメント欄右側にある ⋮ をクリックし、表示されたメニューから選択します。

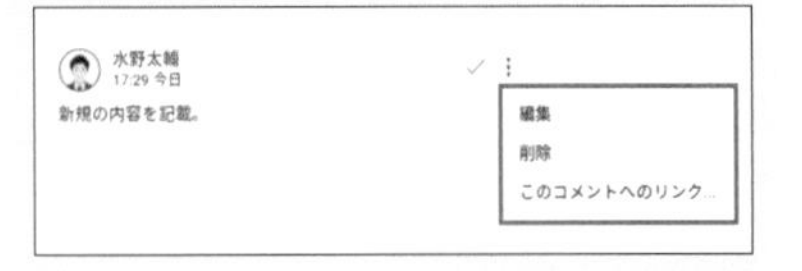

1 コメントしたい箇所（ここでは「新規内容」）をドラッグして選択します。

Education Mtg
実施日：2022年4月5日　13：00～14：00
場　所：会議室３
参加者：武村 毅、片山 聡美、風間 佑李、吉岡 淳也、小林 令奈
Agenda
- 前回Mtg内容の振り返り
  - GIGAスクール端末整備状況
  - 端末持ち帰り状況
- 新規内容

2 ⊞ をクリックします。

3 コメントの内容を入力します。

水野太輔
新規の内容を記載。
コメント　キャンセル

4 ［コメント］をクリックして、コメントを挿入します。

② 編集作業を他のユーザーに割り当てる

解説

割り当て機能

割り当て機能は、他のユーザーに編集作業のようなタスクを割り当てるときに利用します。割り当て機能を利用すると、タスクが割り当てられたことを通知するメールが相手に送信され、コメントでは割り当てられたタスクが表示されます。

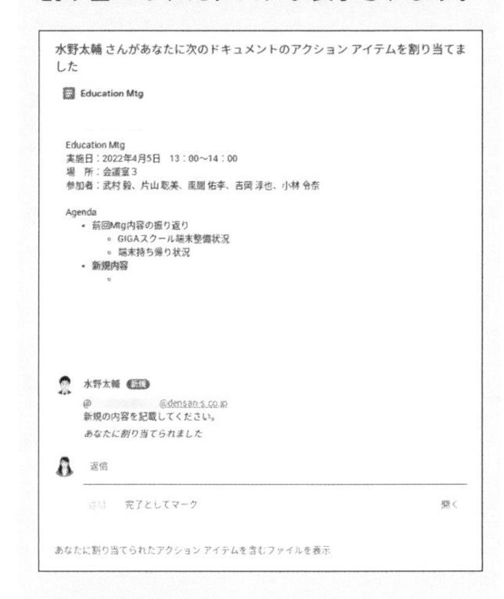

補足

コメントの再開

✓ をクリックしてチェックを付けたタスクが非表示になっていても、ファイル右上の ▤ をクリックすることで、コメント履歴の閲覧・コメントを再開し、ドキュメントの右側に再度表示させることができます。

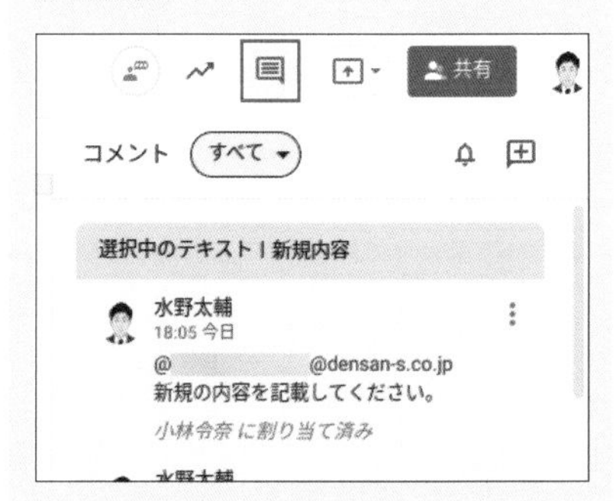

1 64ページ手順1～2を参考に、コメント機能を表示します。

2 コメント欄に「@（ユーザー名またはメールアドレス）」を入力し、

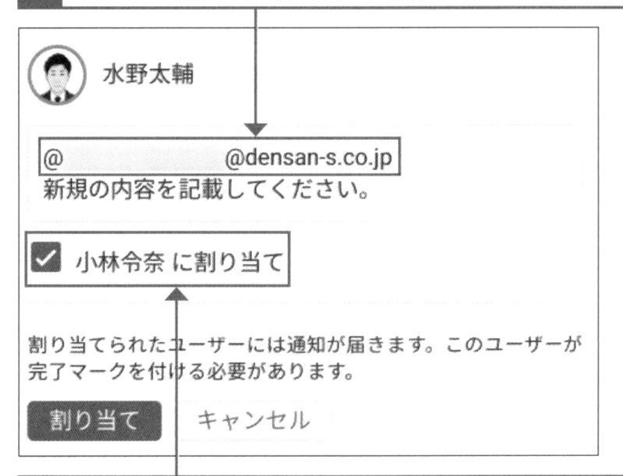

3 [○○に割り当て]（ここでは[小林令奈に割り当て]）をクリックしてチェックを付けます。

4 [割り当て]をクリックすると、割り当てたユーザーへ通知が送信されます。

5 依頼した編集作業が完了したら、右上の ✓ をクリックすることで、コメントを非表示にすることができます。

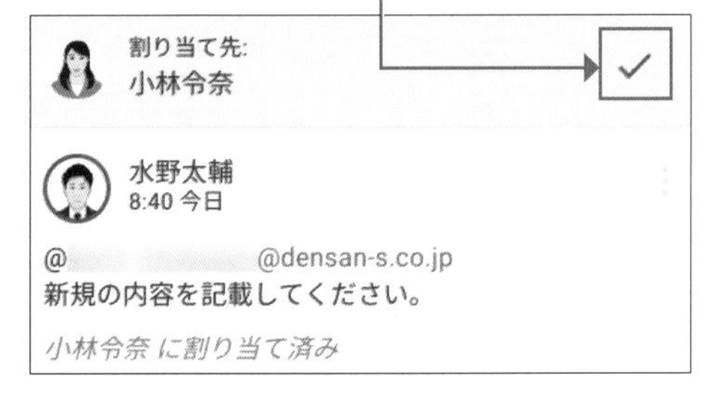

Section

16 Google ドキュメントについて知ろう

ここで学ぶこと

- Google ドキュメント
- 文書の作成
- 共同編集

Google ドキュメントは、文書を作成するツールです。共有機能を使うことで、1つのファイル上で効率的に共同編集を行うことができます。また、画像やリンクを貼り付けることで、必要な情報を集約できます。

1 授業の活用例：グループごとに意見をまとめる（MMTSの作成）

熱中症予防をテーマに、水・緑茶・スポーツドリンクの成分の違いをグループごとに調べ、意見をまとめます。グループ学習の際に、教師がペンや用紙を用意したり、生徒全員が1枚の用紙に書き込まなくても、1つのドキュメントをグループ数分作成し、共有をすることで、グループ全員が見たり書き込んだりできる協働学習が可能になります。これにより、多様な意見やアイディアを吸収しながら深い学びを実現することができます。

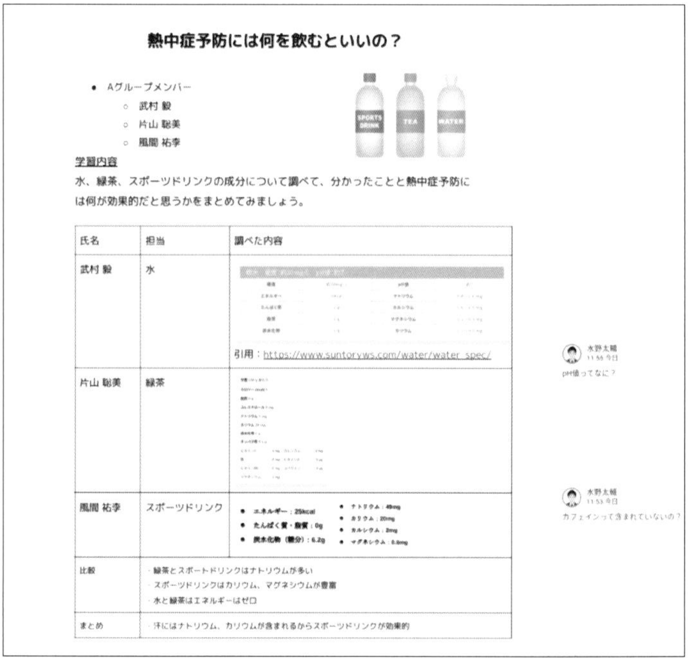

熱中症予防には何を飲むといいの？

- Aグループメンバー
  - 武村 毅
  - 片山 聡美
  - 風間 祐李

学習内容

水、緑茶、スポーツドリンクの成分について調べて、分かったことと熱中症予防には何が効果的だと思うかをまとめてみましょう。

氏名	担当	調べた内容
武村 毅	水	引用：https://www.suntoryws.com/water/water_spec/
片山 聡美	緑茶	
風間 祐李	スポーツドリンク	・エネルギー：25kcal ・たんぱく質・脂質：0g ・炭水化物（糖分）：6.2g ・ナトリウム：49mg ・カリウム：20mg ・カルシウム：2mg ・マグネシウム：0.6mg
比較	・緑茶とスポートドリンクはナトリウムが多い ・スポーツドリンクはカリウム、マグネシウムが豊富 ・水と緑茶はエネルギーはゼロ	
まとめ	・汗にはナトリウム、カリウムが含まれるからスポーツドリンクが効果的	

水野太翔 11:55 今日
pH値ってなに？

水野太翔 11:53 今日
カフェインって含まれていないの？

重要用語

MMTS

MMTS（マルチメディア・テキスト・セット）とは、1つのテーマ、トピックにおいて、Webサイトや画像、動画、PDFなどを文字とリンクして作成する教材のことです。生徒が課題として作成することもできます。課題として提示する場合は、「考える力」「探求していく力」「自分の考えを伝える力」など、生徒に身につけさせたい要素を課題に取り入れると効果的です。

ヒント

文字にリンクを設定する

Chromebook では、文字にリンクを設定したい場合、挿入したい文字の範囲をドラッグして選択し、右クリック→［リンク］をクリック、もしくは ctrl を押しながら k を押すことで、リンク先のURLを挿入することができます。

水の成分表
S 天然水成分表、ボックスサ…
suntoryws.com

② 校務の活用例：学習指導案の作成

提案モード

Google ドキュメントでは、複数のメンバーで共同編集する際に他のユーザーへ編集内容を提案する「提案モード」を利用できます。「提案モード」では編集箇所が緑色になり、提案事項としてコメントを残すことができます。共同で編集している他のメンバーが、提案内容を承諾すると、編集内容が文書に反映されます。「提案モード」は、画面右上にある ✎ ▾ →［提案］の順にクリックします。

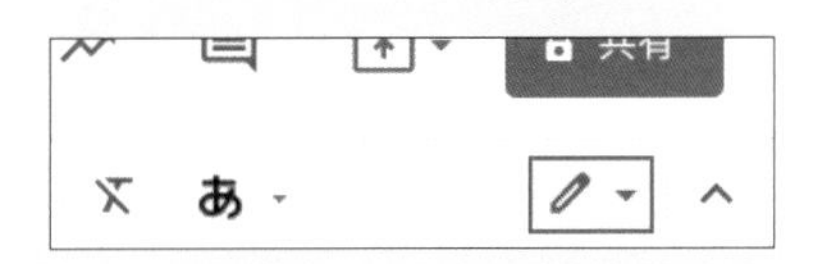

文字の配置

文書における文字の配置（文字揃え）は、画面上部のツールバーから「左揃え」「中央揃え」「右揃え」「両端揃え」を設定できます。なお、文字揃えは段落の先頭から改行まで適用されるので、改行すればその前後の段落とは異なる文字揃えを設定することも可能です。

研究授業や公開授業時に作成する学習指導案（略案）を、Google ドキュメントを使って作成します。

第3学年4組　数学科　学習指導略案

授業者：水野太輔
場　所：3年4組教室
生徒数：34名
実施日時：令和4年4月12日(火)2校時

単元名：第１章　式の計算

小単元名：因数分解①

1　生徒の実態

本学級は全体的に明るく、活気のあるクラスである。学習活動においても積極的に発言し、また疑問に思うことは互いに相談して解答を導くということが自然にできるクラスである。学力や 学習に対するモチベーションについては個人間にやや開きはあるものの、全体的に授業に前向き に取り組むような雰囲気がある。ただ、教材の内容を理解することはできても、積極的に文章題へ取り組み、 より深く内容を理解しようとするところまではまだ至っていないのが現状である。

2　教材について

第３学年では、単項式と多項式の乗法、多項式を単項式 で割る除法及び簡単な一次式の乗法の計算ができるようにする。さらに、公式を 用いる簡単な式の展開と因数分解を取り扱い、これによって、目的に応じて式を 変形したり、見通しをもって式を一層能率的に処理したりできるようにする。

3　本時の目標

ア　因数、因数分解の意味が理解できる （知識・理解）
イ　共通因数をくくり出して式を因数分解することができる （表現・処理）

4　単元の評価基準

ア. 数学への意欲・関心態度	イ. 数学的な見方や考え方	ウ. 数学的な表現・処理	エ. 数量・図形についての 知識・理解
単項式と多項式の乗法・除法、式の展開や因数分解に関心を持ち、それらの計算をしようとする。式の展開や因数分解を利用して、問題を解決しようとする。	単項式と多項式の乗法・除法、式の展開や因数分解の仕方を考察することができる。具体的な場面で、式を目的に合うように変形し、数量の関係などを考察することができる。	単項式と多項式の乗法・除法の計算、式を展開することや因数分解することができる。具体的な場面で、数量やその関係を文字式で表したり、目的に合うように変形したり、よみとったりすること ができる。	単項式と多項式の乗法・除法の仕方、式の展開や因数分解の意味を理解している。文字式に表現することにより、形式的に処理することができることを理解している。

応用技　音声入力で議事録を作成する

画面上部のメニューバーにある［ツール］→［音声入力］の順にクリックすると、音声入力機能を利用できます。職員会議・学年会議・教科会議など、さまざまな会議がある中で、音声入力機能を会議中に活用することで、会議での会話を文字に起こすことができます。また、会議だけではなく面談時などのメモとしてこの機能を活用すると、生徒または保護者との対話に集中することも可能です。

Section

17 Google スプレッドシートについて知ろう

ここで学ぶこと

- Google スプレッドシート
- データの管理
- 関数

Google スプレッドシートは、表計算ツールです。表やグラフの作成、関数を使った集計などが可能です。また、条件付き書式で特定のセルに色を付けたり、フィルタ機能を使って必要な情報をすばやく抽出したりすることもできます。

1 授業の活用例：データの整理

好きなオリンピック競技について、学年の生徒からアンケートをとります。アンケート結果から読み取れることについてまとめ、グラフで可視化します。

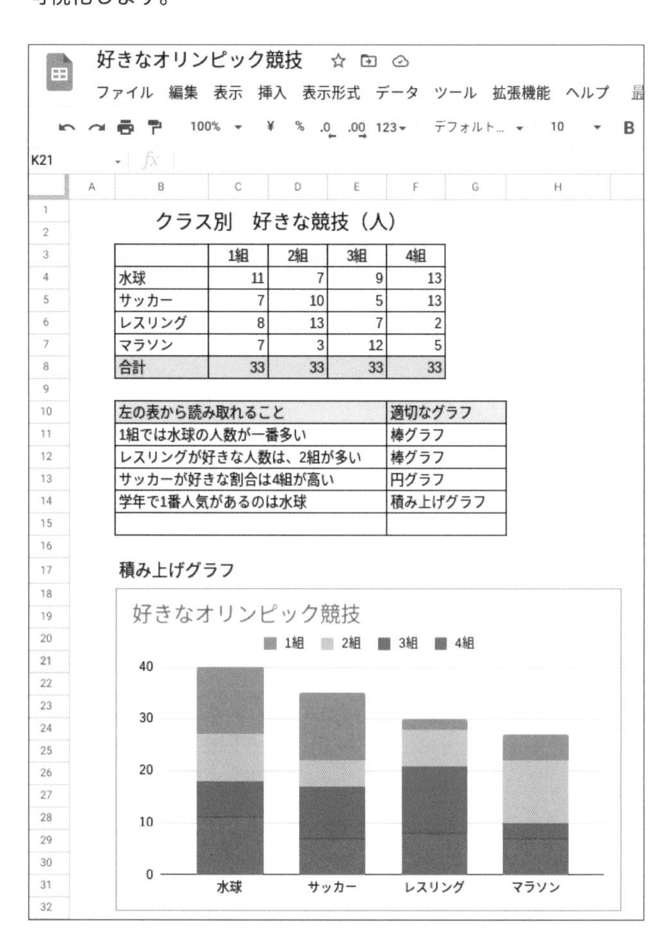

補足
シート名を変更する

シート名を変更する場合は、シートのタブ上で右クリックして[名前を変更]をクリックするか、シート名をダブルクリックします。

ヒント
プルダウンを表示する

画面上部のメニューバーにある[データ]→[データの入力規則]の順にクリックすると、セル内に任意のプルダウンを設定できます。

応用技
条件付き書式で書式ルールを設定する

条件付き書式とは、事前に設定した条件を満たすセル・行・列に、自動で書式を適用することができる機能です。例えば、クラスごとの色を設定することで、そのクラスを選択した場合、自動で色が適用されます。他にも、終了した箇所をグレーアウトすることも可能です。

② 校務の活用例：成績データの管理

行や列を固定する

特定の列や行を常に表示させたい場合は、画面上部にあるメニューバーの［表示］→［固定］の順にクリックし、任意の列や行を選択します。

関数を使う

関数を利用することで、１つのセルでより複雑な計算を実行することができます。関数を利用するには、セルで「=」に続けて関数名と処理内容を入力します。

総得点\配点	50	50

=SUM(D7:F7,J7:L7,P7:R7)4

背景色を交互にして表を見やすくする

セルの背景色を、1行おきで交互に設定することで、表がより見やすくなります。画面上部のメニューバー［表示形式］→［交互の背景色］の順にクリックすると、背景色のスタイルや色を選択してデザインを設定できます。

フィルタ機能

フィルタ機能を使うと、任意のデータのみを抽出できます。フィルタを設定したいセルを選択し、画面上部のメニューバー［データ］→［フィルタの作成］の順にクリックすると、見出し項目にフィルタを示すアイコンが表示され、絞り込みの条件を設定できるようになります。

各教科で観点ごとの成績データを管理します。管理は各教科担任となり、観点ごとの比重は教科内でしたものを数値で反映させます。

3年4組			知識・技能						思考・判断・表現						主体的に学習に取り組む態度					
			素点 1学期			評価			素点 1学期			評価			素点 1学期			評価		
			5月	6月	7月				5月	6月	7月				5月	6月	7月			
			定期テスト	単元テスト	定期テスト	定期テスト	単元テスト	定期テスト	定期テスト	単元テスト	定期テスト	定期テスト	単元テスト	定期テスト	定期テスト	単元テスト	定期テスト	定期テスト	単元テスト	定期テスト
No	名前	総得点\配点	50	50	50	—	—	—	30	30	30	—	—	—	20	20	20	—	—	—
1	武村 毅	80	35	44	40	B	A	A	23	25	20	B	A	B	18	19	15	A	A	B
2	片山 聡美	62	13	23	34	C	B	B	21	27	21	B	A	B	13	16	18	B	A	A
3	風間 祐李	59	22	25	26	B	B	B	23	13	19	B	B	B	15	18	16	B	A	A
4	吉岡 淳也	80	45	44	36	A	A	B	21	29	21	B	A	B	12	17	14	B	A	B
5	水野太輔	71	40	36	41	A	B	A	12	24	21	B	A	B	11	16	13	B	A	B
6	小林 令奈	76	45	43	24	A	A	B	23	26	20	B	A	B	17	19	12	A	A	B
7	田中 英幸	81	41	49	31	A	A	B	28	29	20	A	A	B	19	11	14	A	B	B
8	尾形 耕平	81	49	41	38	A	A	B	22	25	19	B	A	B	17	16	15	A	A	B
9	小川 陽祐	99	35	44	40	B	A	A	23	25	20	B	A	B	18	19	15	A	B	B
10	吉田 淳	77	13	23	34	C	B	B	21	27	21	B	A	B	13	16	18	B	B	B
11	唐木 慎太郎	73	22	25	26	B	B	B	23	13	19	B	B	B	15	18	16	B	B	B
12	石井 俊行	99	45	44	36	A	A	B	12	24	21	B	A	B	19	11	14	A	C	B
13	安松 優衣	68	40	36	41	A	B	A	23	26	20	B	A	B	17	16	15	A	B	B
14	渡辺 裕介	85	45	43	24	A	A	B	28	29	20	A	A	B	18	19	15	A	B	B
15	松本 真紀子	81	41	49	31	A	A	B	22	25	19	B	A	B	13	16	18	B	B	B
16	山脇 秀一	92	49	41	38	A	A	B	23	25	20	B	A	B	15	18	16	B	B	B
17						C	C	C				C	C	C				C	C	C
18						C	C	C				C	C	C				C	C	C
19						C	C	C				C	C	C				C	C	C
20						C	C	C				C	C	C				C	C	C

各教科で管理していた成績データを集約した管理表です。個人成績表として活用できます。

個人成績表

ファイル　編集　表示　挿入　表示形式　データ　ツール　拡張機能　ヘルプ

教科	科目	単位数	観点別評価	1学期 観点	1学期 評価	1学期 評定	1学期 欠時	2学期 観点	2学期 評価	2学期 評定	2学期 欠時	3学期 観点	3学期 評価	3学期 評定
国語	現代文	3	知識・技能	B	B	3	1							
			思考・判断・表現	B										
			主体的に学習に取り組む態度	A										
	古典	2	知識・技能	A	A	4	0							
			思考・判断・表現	A										
			主体的に学習に取り組む態度	B										
公民	現代社会	2	知識・技能	B	B	3	2							
			思考・判断・表現	B										
			主体的に学習に取り組む態度	A										
数学	数学Ⅰ	4	知識・技能	A	A	4	1							
			思考・判断・表現	B										
			主体的に学習に取り組む態度	A										
	数学A	3	知識・技能	B	B	3	1							
			思考・判断・表現	B										
			主体的に学習に取り組む態度	B										
理科	化学基礎	2	知識・技能	A	A	5	0							
			思考・判断・表現	A										
			主体的に学習に取り組む態度	A										
	物理基礎	2	知識・技能	A	B	3	0							
			思考・判断・表現	B										
			主体的に学習に取り組む態度	B										
英語	リーディング	4	知識・技能	B	A	4	2							
			思考・判断・表現	A										
			主体的に学習に取り組む態度	A										
	オーラル	4	知識・技能	A	A	4	0							
			思考・判断・表現	A										
			主体的に学習に取り組む態度	B										
体育	体育Ⅰ	3	知識・技能	A	A	5	1							
			思考・判断・表現	A										
			主体的に学習に取り組む態度	A										

校務に役立つスプレッドシートの基本関数

SUM関数	=SUM	指定した範囲全ての値の合計を算出する
AVERAGE関数	=AVERAGE	指定した範囲の数値の平均を算出する
COUNT関数	=COUNT	指定した範囲の数値の個数を算出する
MAX関数	=MAX	指定した範囲の最大値を出力する
IF関数	=IF	指定した条件によって結果を変化させる
VLOOKUP関数	=VLOOKUP	指定範囲で条件に合う値を表示させる
ROW関数	=ROW()	指定したセルの行番号を算出する
UNIQUE関数	=UNIQUE	指定範囲の重複を除いたデータを返す

※Excelで使用されている多くの関数が、Google スプレッドシートでも同様に使用できます

Section

18 Google スライドについて知ろう

ここで学ぶこと

- Google スライド
- 動画ファイルの挿入
- 音声ファイルの挿入

Google スライドは、プレゼンテーションの作成・編集をするツールです。協働学習として活用する際に、動画や音声ファイルを挿入して資料を作成するほか、校務においても案内チラシなどの作成も可能であり、さまざまな場面で活用できます。

① 授業の活用例：動画・音声ファイルを使った学習

体育の授業で自分自身のフォームを撮影し、スライドに貼り付けます。動画でフォームを確認し、達成度や振り返りを行うシートとして活用します。

2022年 4月 12日（火）
体育：側転の練習

❏ 今日の目標

身体がさかさまになっているときに、膝が曲がらないようにする。

❏ 今日の達成度　★★

★★★：十分に達成できた
★★：概ね達成できた
★：達成できなかった

❏ 今日の振り返り

膝が曲がらないように、ウォーミングアップで倒立の練習をしました。感覚が掴めたので身体がさかさまになっていても曲がらないようにできました。

教師が録音した音声データを貼り付け、シャドーイングの練習をします。わからなかった単語はスライド下部にまとめ、意味調べをします。

音声を聴きながら、スピーキングの練習をしましょう。

Tim is an ALT from Australia. On his first visit to Kyoto, his friends said that he should see Kinkaku-ji, the Golden Temple, and Ginkaku-ji, the Silver Temple. So he first visited Kinkaku-ji and found that the temple was covered with gold. He was very impressed with the beautiful golden color of the temple.

この音声マークをクリックしてください

>> 分からなかった単語の意味を調べましょう

visit	訪問する	impressed	・・・に感動する
temple	お寺		
cover	蓋		

補足

ファイルを挿入する

・動画ファイル
動画ファイルは YouTube 、もしくは Google ドライブへアップロードした動画を挿入できます。メニューバーにある[挿入]→[動画]の順にクリックしてファイルを挿入します。

・音声ファイル
音声ファイルを挿入するためには、Google ドライブへのアップロードが必要です。アップロードが完了したら、Google スライドのメニューバーにある[挿入]→[音声]の順にクリックして任意の音声ファイルを挿入します。

ヒント

再生の音量を設定する

動画や音声ファイルを挿入すると、画面右側に「書式設定オプション」が表示され、再生や音量の設定ができます。動画であれば再生の開始時間と終了時間などを設定し、授業で使用したい部分のみを切り取って見せることが可能です。

② 校務の活用例：学校説明会の資料作成

スライドを縦向きに変更する

スライドの向きを変更したいときは、メニューバーにある［ファイル］→［ページ設定］の順にクリックし、［カスタム］をクリックします。任意のページサイズを入力し、［適用］をクリックすると変更できます。サイズは一般的な印刷用紙サイズを入力するとよいでしょう。

A3	29.7cm × 42cm
A4	21cm × 29.7cm
B4	25.7cm × 36.4cm

レイアウトを決めてから スライドを追加するには

レイアウトを設定せず、新しいスライドを追加する場合、前ページのスライドレイアウトが自動的に適用されます。新しいスライドの追加は、メニューバー左の ＋ をクリック、または画面左側の「サムネイル」画面で右クリック→［新しいスライド］の順にクリック、ctrl を押しながら m を押します。別のレイアウトで追加したい場合は、＋ 横の ▼ をクリックして任意のレイアウトを選択します。

学校説明会の案内ポスターを作成します。Google スライドは操作の柔軟性が高く、画面右下にある「データ探索」（ ）から著作権フリーの画像を挿入でき、魅力的なデザインで作成することができます。

応用技 スピーカーノートで原稿を作成する

授業やプレゼンなどの発表をイメージしながら、スピーカーノートに音声で原稿を入力することができます。メニューバーにある［ツール］→［スピーカーノートを音声入力］の順にクリックし、画面左側の「サムネイル」画面に表示された 🎤 をクリックして、マイクの使用を許可すると、発表原稿を音声入力で作成することができます。音声で入力した文章は、スライドの下のスピーカーノートに表示されます。

Section

19 Google フォームについて知ろう

ここで学ぶこと

- Google フォーム
- テストモード
- スプレッドシートとの連携

Google フォームは、アンケートや問い合わせフォームを作成できる、フォーム作成ツールです。スプレッドシートとの連携により、生徒からの意見を集約･集計し、可視化したり、テストモードで単元の理解度を確認したりもできます。

1 授業の活用例：確認テストの作成

補足

フォームを送信する

フォームの送信方法は3種類あります。

- Gmail で送付
- URLを共有
- HTMLを挿入

任意の方法を選択して活用します。なお、Google Classroom の「テスト付きの課題」では、デフォルトでテストモードのGoogle フォームが添付されています。

Google フォーム（テストモード）での作成手順イメージ

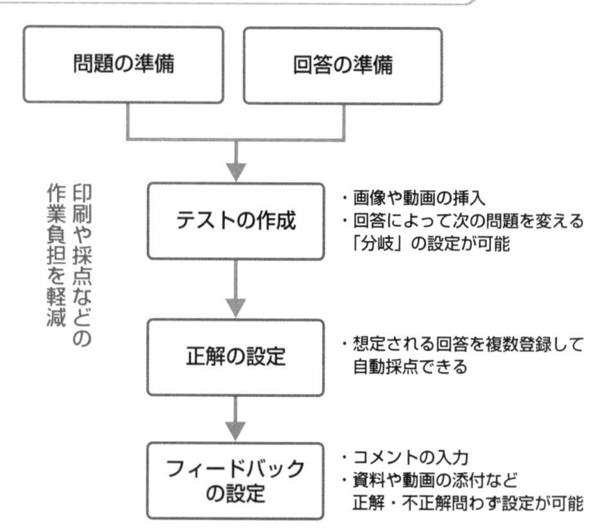

授業の振り返りや単元ごとの復習を実施します。テストモードで行うことによって、配点や自動採点の設定をすることができます。

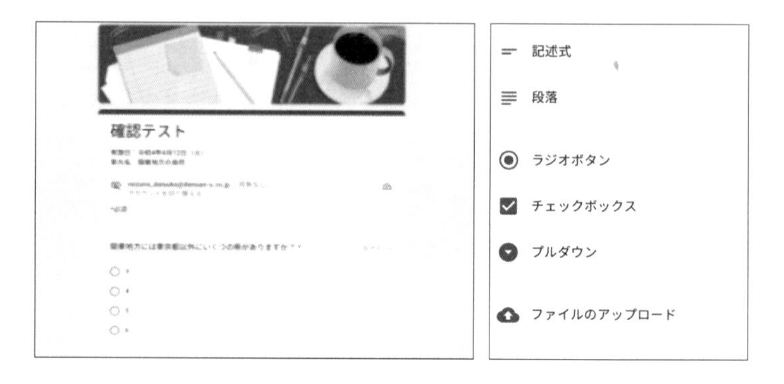

解説

誤答の多い質問

回答画面では、「誤答の多い質問」が表示されるので、クラス全体の傾向が把握できると同時に、ピンポイントで指導を行うことができます。

誤答の多い質問

質問	正しい回答
Googleフォームの設問作成は、文字入力のみである	0/2

② 校務の活用例：健康観察のデータ収集

**回答結果を
スプレッドシートへ出力する**

作成画面上部の［回答］をクリックし、田をクリックすると、スプレッドシートへ回答データを出力できます。

データを集計する

出力したデータに対して69ページで紹介した関数を使い、管理しやすいように集計します。当日、体調が優れない生徒の氏名のみを表示することも可能です。

毎日の健康状態を Google フォームで集計します。体温だけではなく、メンタルヘルスも確認しておくことで、フォローが必要な生徒を事前に把握することができます。

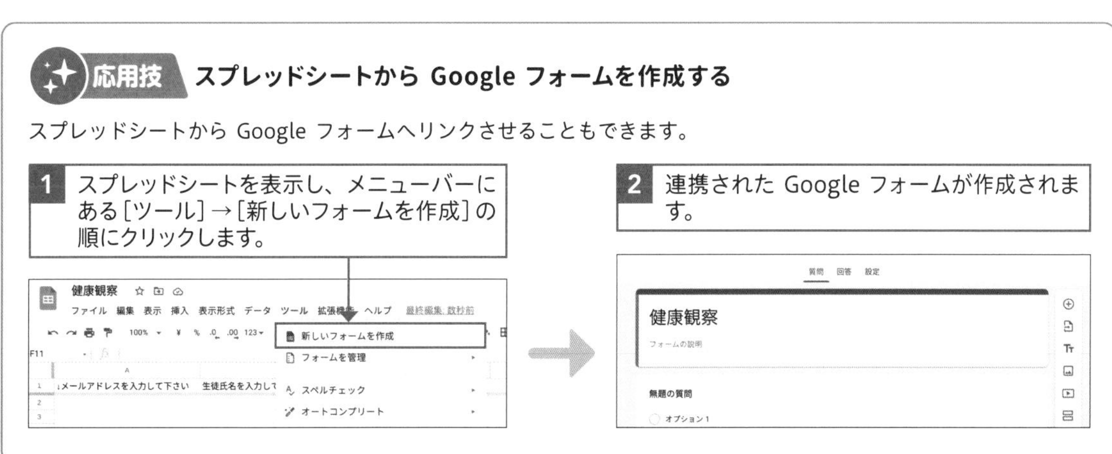

応用技 スプレッドシートから Google フォームを作成する

スプレッドシートから Google フォームへリンクさせることもできます。

1 スプレッドシートを表示し、メニューバーにある［ツール］→［新しいフォームを作成］の順にクリックします。

2 連携された Google フォームが作成されます。

Section
20 Jamboard について知ろう

ここで学ぶこと

- Jamboard
- ホワイトボード
- 協働学習

Jamboard は、クラウド型デジタルホワイトボードです。手書きでの入力も可能で、授業や課外活動などでの協働学習や、会議のグループワークでの活用も効果的です。すべての場面で学びを深めるために欠かせないツールです。

1 授業の活用例：ポイントを整理する

意見やアイデアを引き出す

生徒からの意見やアイデアを引き出すときも Jamboard が使えます。例えば、画像データを貼り付けて、わかることや疑問などを引き出します。それに対する調べ学習を行い、最後に発表するという流れで、深い学びを実現できます。また美術や図工などの制作物などを添付して、フィードバックをもらいながら質を高めていくということも可能です。

オオコノハズクについてグループ学習をしました。メンバーごとに付箋の色分けをし、「外見」「生態」「繁殖」の3項目について調べた内容のポイントを Jamboard を使って整理します。

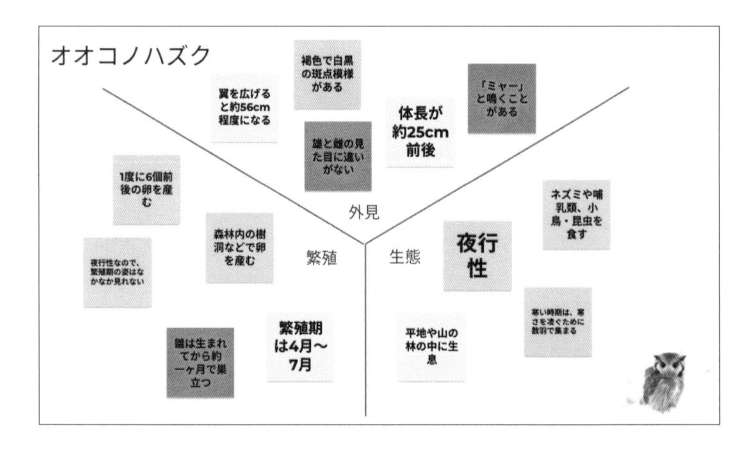

応用技 クラスや課外活動で活用する

Jamboard は授業だけではなく、クラス活動や課外活動などあらゆる場面で活用できます。

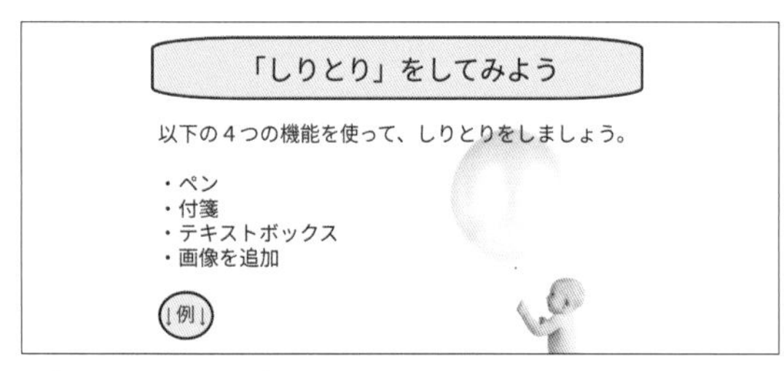

レクレーションでしりとり

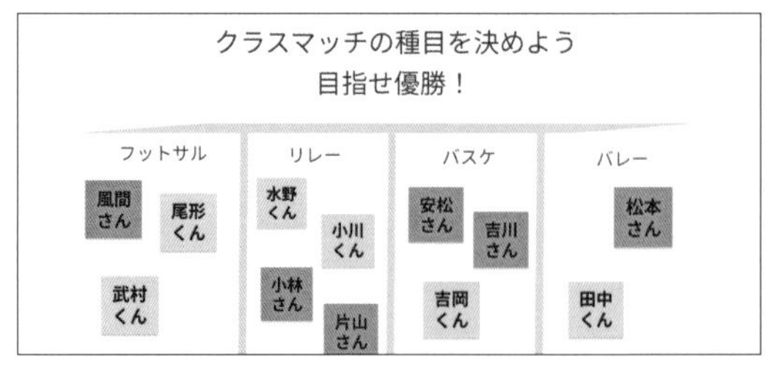

クラスマッチの種目決め

② 校務の活用例：職員会議でグループワーク

参加者ごとのフレームを用意する

作成したフレームは、最大20フレームまでコピーできますので、参加者ごとに割り当て可能です。画面上部のフレームバーから、全体の取り組み状況をリアルタイムで把握することができます。なお、各フレームへ事前に氏名を記載しておくと、参加者はスムーズに取り組むことができます。

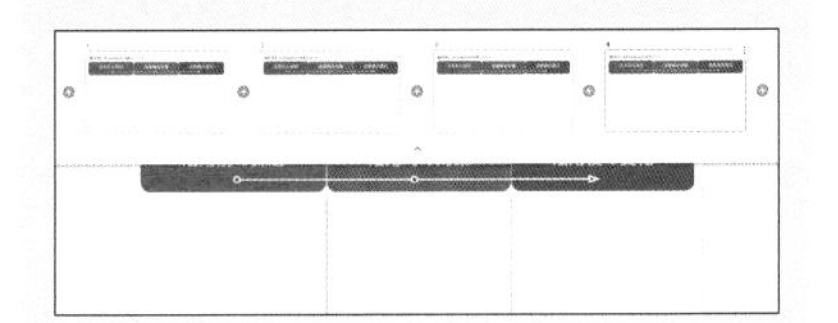

職員会議で教科ごとに分かれてグループワークを実施します。これまでの振り返りをしながら、どのような変化があったか、今後についてどのような指導が必要なのかを、他の教師の意見を可視化しながら考えることができます。

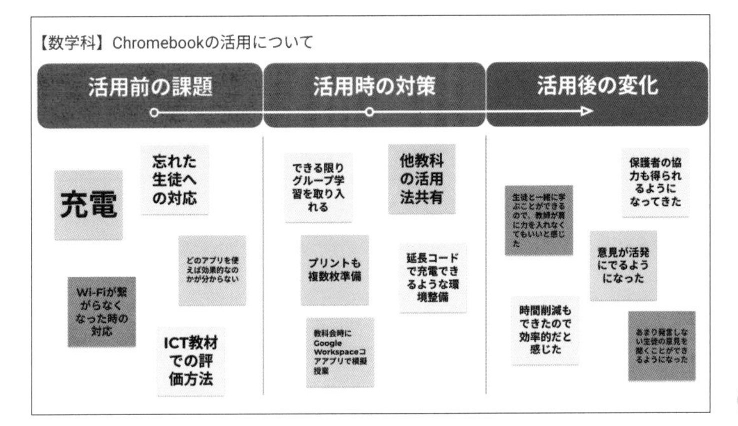

ヒント　思考を整理するためのシンキングチャート

シンキングチャートとは、生徒が授業時に「自分の考え」（思考）を可視化するときに用いるツールです。

ベン図	くま手図	ボーン図	ステップチャート
比較する	多面的に見る	構造化する	順序立てる

クラゲチャート	ピラミッドチャート	バタフライチャート	イメージマップ
理由付けする	構造化する	理由付けする	関連付ける

Section

21 Google カレンダーについて知ろう

ここで学ぶこと

- Google カレンダー
- 予定の管理
- 予約枠

Google カレンダーは、スケジュールを管理するツールです。自分自身の予定管理だけではなく、スケジュール共有も簡単にできます。また、管理者が事前に登録している場合、会議室や備品の予約をすることも可能です。

1 授業の活用例：時間割の作成

Google カレンダーで時間割を作成します。教科ごとに色分けをすれば、直感的に教科を把握することができます。また、カレンダーにファイルを添付することもできるので、事前もしくは当日に必要な資料の共有漏れを防ぐことができます。

補足

くり返しの予定を設定する

定期的に行われる予定を登録する場合は、作成時に実施曜日や期間を設定しておくと便利です。変更が生じた場合でも、該当日のみ変更できます。

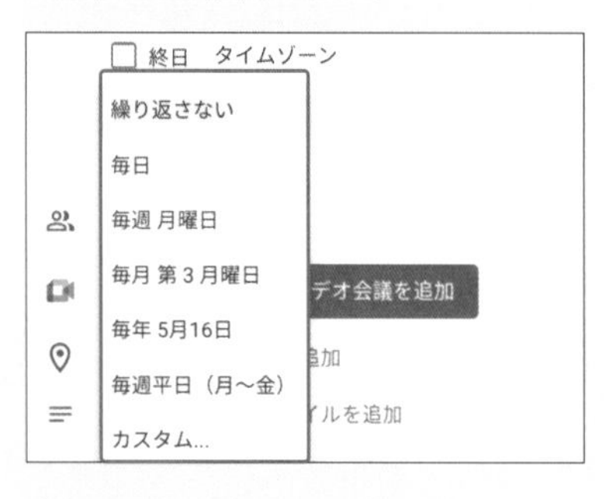

ヒント 会議室を予約する

予定を登録する際に、あらかじめ設定されている会議室（体育館・視聴覚室など）を予約することができます。プルダウンメニューから［利用可能な会議室のみ］をクリックして選択すると、予定時間に利用可能な会議室のみを表示させ、事前に予約することができます。なお、会議室は管理コンソールから事前に設定します。管理コンソールにある［ビルディングとリソース］→［リソース管理］の順にクリックすると作成できます。

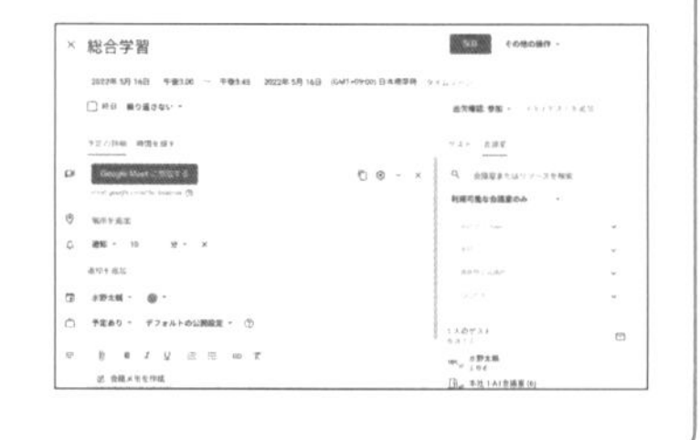

② 校務の活用例：面談予定の作成

解説

予約枠について

予約枠機能は、自分のカレンダーに予約用の時間枠を設定して、他のユーザーが予約できるようにする機能です。この機能を利用する場合、作成者は「学校のGoogle アカウント」、予約者は「Google アカウント（学校の Google アカウントも含む）」がそれぞれ必要となります。

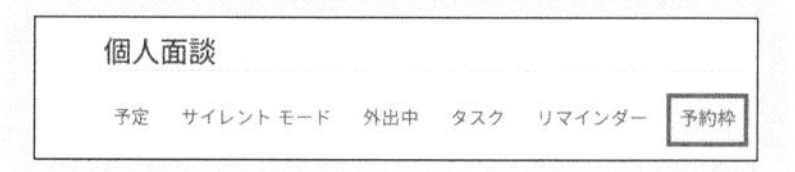

予約枠を共有する

設定した予約枠をクリックすると、「このカレンダーの予約ページに移動」という表示がでます。この表示を右クリックし、リンクをコピーして所定の場所へ貼り付け、共有します。

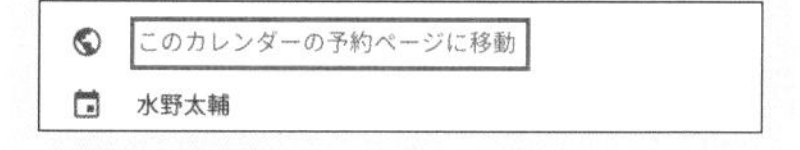

予約状況を把握する

・教師画面
予約された日時に氏名が表示されます（コメントの確認も可）。

・生徒・保護者画面
予約済みの日時は空白になります。

Google カレンダーを活用して、面談日程を作成します。申込書での対応ではなく、「予約枠」のURLを共有し、被面談者が希望日時を選択することで自動的に予定が反映されます。

教師画面

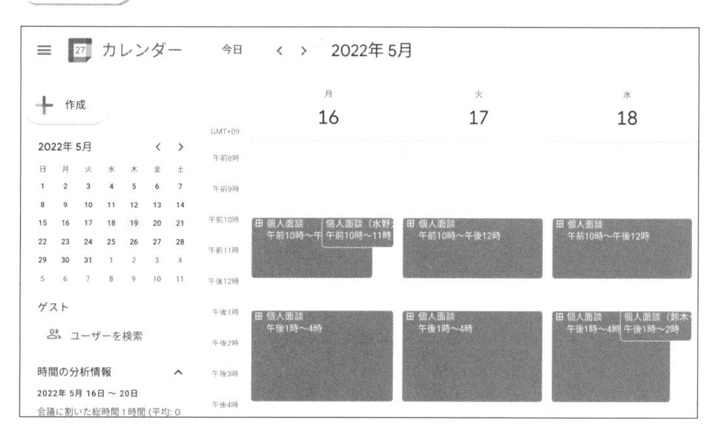

生徒・保護者画面

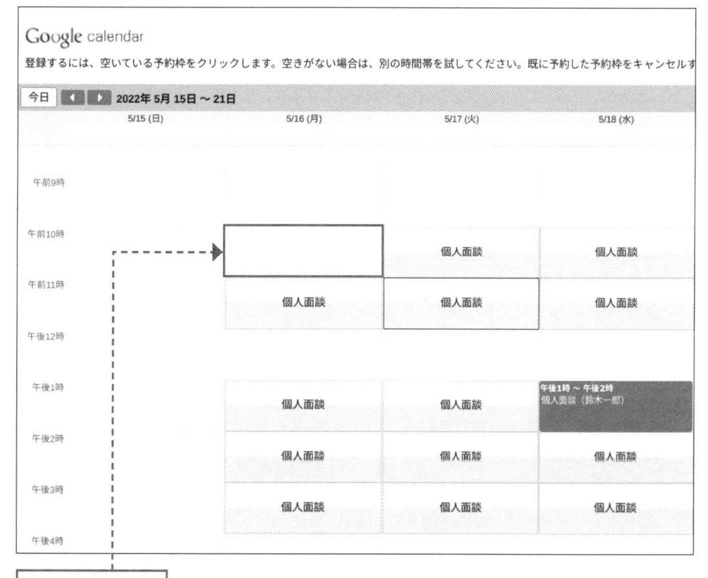

補足 提出状況を管理する

予約枠のURLを Google Classroom の課題として配付することで、提出期限の設定や提出状況の確認をスムーズに行うことができます。課題を配付する方法についての詳細は124～125ページを参照してください。

Section
22 Googleドライブについて知ろう

ここで学ぶこと

- Google ドライブ
- マイドライブ/共有ドライブ
- 共有アイテム

Google ドライブは、データをクラウド上に保管できるデータストレージです。ファイルをクラウドに保管しておくことで、学校内の教職員間や教師と生徒、また生徒間においても安全かつ簡単にデータを共有することができるようになります。

1 Google ドライブとは

Google ドライブとは、Google が無料で提供する、クラウドストレージツールです。文書を始め、写真や音楽、動画などあらゆるデータを保存できます。クラウド上のデータには複数の端末からアクセスできます。

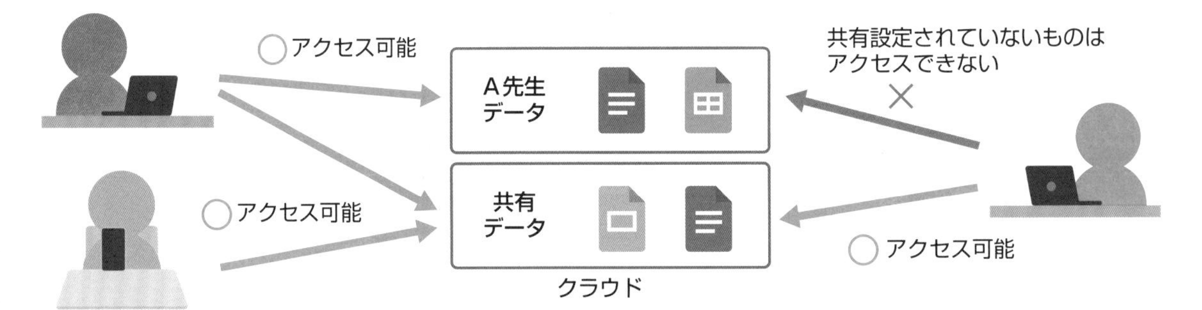

Google ドライブの「3つの構成」

・マイドライブ
マイドライブは自分に割り当てられた、ファイルやフォルダの保存領域となります。自分で作成したファイルや、自分がアップロードしたデータを格納し、自由に整理することができます。

・共有ドライブ
ファイルやフォルダの保存領域が自分に割り当てられているマイドライブとは異なり、グループで共有している保存領域です。共有ドライブ内にあるデータやフォルダは、学校や自治体などの組織がオーナーになります。

・共有アイテム
他の教師や生徒から、自分に対して共有されているファイルやフォルダが表示されます。

②授業の活用例：調べ学習資料の共有

重要データはドライブにアップロードする

Chromebook では、ダウンロードしたデータは空き容量が少なくなると自動的に削除される可能性があります。ダウンロードした重要なデータは、定期的にドライブへアップロードしておくとよいでしょう。

マイドライブでグループ学習用の「調べ学習」フォルダを作成してメンバーに共有します(60〜61ページを参照)。またフォルダ上で右クリックし、[色を変更]をクリックするとフォルダごとに色分けできます。

③校務の活用例：校務のファイルの共有

メンバーごとに共有ドライブを作成する

作成した共有ドライブを共有されたメンバーは、その共有ドライブ内のフォルダすべてにアクセスすることができます。例えば、「1年生」という共有ドライブを作成し、その中に「1年1組」、「1年2組」というフォルダを作成した場合、この共有ドライブを共有されたメンバーは、両方のフォルダにアクセスすることができます。

共有ドライブを使って、校務に関するファイルを共有します。共有ドライブを使うことでファイルを作成した教師の異動などが生じても、他の教師に影響が出ることはありません。

共有ドライブのアクセス権限(一部)	管理者	コンテンツ管理者	投稿者	閲覧者(コメント可)	閲覧者
共有ドライブ、ファイル、フォルダを表示する	○	○	○	○	○
共有ドライブのファイルにコメントする	○	○	○	○	×
ファイルを編集する、編集を承認および拒否する	○	○	○	×	×
共有ドライブにファイルを作成してアップロードする、フォルダを作成する	○	○	○	×	×
共有ドライブ内のファイルまたはフォルダをゴミ箱に移動する	○	○	×	×	×
ゴミ箱内のファイルとフォルダを完全に削除する	○	×	×	×	×

Section 23

Google Meet について知ろう

ここで学ぶこと

- Google Meet
- オンラインの授業や会議
- 有償機能

Google Meet は、安全性の高いビデオ会議ツールです。オンラインでの授業や会議だけではなく、メンバーとのコミュニケーションにも活用できます。また、エディションによって機能が異なるため、環境に合わせて選択しましょう。

1 Google Meet とは

Google Meet は Google が提供する、ビデオ会議ツールです。Webブラウザ上で起動する点が他のビデオ会議ツールと異なるところで、セキュリティ性能にも優れています。Google Meet を活用した授業や会議でのグループワークなどで、インタラクティブ性をさらに高めたいという場合は、Teaching and Learning Upgrade または Education Plus に搭載された有償機能を選ぶことで、その環境を実現させることができます。

Teaching and Learning Upgrade と Education Plus に搭載されている Google Meet の主な有償機能

	Education Fundamentals	Education Standard	Teaching and Learning Upgrade	Education Plus
会議あたりの参加者数上限	100人	100人	250人	500人
会議の録画	／	／	○	○
ドメイン内 ライブストリーミング	／	／	1万人	10万人
ノイズキャンセル	／	／	○	○
ブレイクアウトルーム	／	／	○	○
アンケート	／	／	○	○
Q & A	／	／	○	○
出席レポート ※参加者5人以上	／	／	○	○

② 授業の活用例：オンライン授業

Google Meet のホワイトボード機能を使って、オンライン授業をします。住んでいる地域の画像を貼り付けて、生徒たちが気付いたことを付箋で発表していきます。

解説
挙手機能

画面下部の挙手機能を使うことで、理解状況などを把握することができます。また複数名が挙手している場合、画面右下にある［全員を表示］をクリックすると、挙手した順番に上から表示されます。

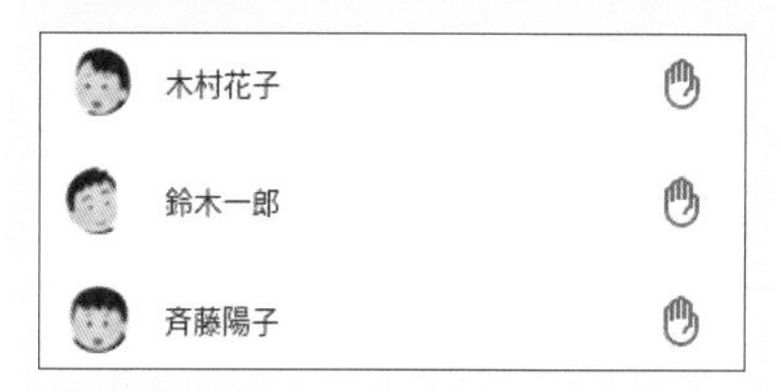

ヒント　Google Meet のチャット機能を効果的に活用しよう

オンライン授業で生徒とやり取りをするときに「話す」と「書く」を組み合わせると、「教室での直接会話」よりもさらに効率が上がるコミュニケーションを実現できます。「書く」ではチャット機能を使いますが、小学校低学年となると、チャットの使用が難しく感じるかもしれません。そのような場合、長文での入力は難しいので、ルールを決めるという方法があります。例えば、“ はい ” は「Y」、“ いいえ ” は「N」であったり、拍手を「88888」という表現させるなどです。何かを答えさせるときに、3択にして数字で答えさせれば、1つのキーだけで回答ができます。

③ 校務の活用例：オンライン学年集会

校内で Google Meet を使って、学年集会を実施します。Google Meet 画面をプロジェクターなどで投影して、生徒は教室から参加します。

ヒント
校務で Google Meet を活用する

校務において Google Meet を活用できる場面は、学年集会だけではなく、

- 職員会議
- 学年会議
- 教科会議
- 部活の顧問会議

などでも活用できます。
体育館やその他の場所への移動時間が軽減できることもメリットの1つです。

校内でオンライン学年集会を実施している事例（湘南学園中学校高等学校提供）

Section

24 Google チャットについて知ろう

ここで学ぶこと

- Google チャット
- グループ
- スペース

Google チャットは、テキストでチャットをすることができるコミュニケーションツールです。チャットだけではなく、過去の議論の内容を検索したり、ファイルや画像、動画を添付したりすることが可能です。

1 授業の活用例：グループの会話でコミュニケーション

修学旅行のグループメンバーでグループ学習の行き先を決めています。画像を添付してイメージを共有したり、Google Meet リンクを送信してビデオ会議で詳細内容を話し合ったりすることができます。

履歴がオンになっています
履歴がオンのときに送信したメッセージは保存されます

水野太輔 さんが 鈴木一郎、木村花子 さんを追加しました

水野太輔 24分
修学旅行のグループ学習はどこに行く？

鈴木一郎 21分
清水寺は行きたいよね。

木村花子 20分
清水寺行きたいね！時間は2時間だから、そこから行ける場所はどこがあるんだろう。

斉藤陽子 14分
徒歩20分ぐらいで八坂神社があるよ。

↓ 一番下に移動

身も心も美しくなれる神水があるんだって！

↓ 一番下に移動

木村花子 12分
いいねいいね！そこ行こうよ！

山田将太 11分
2時間だとあっという間だね。もう一箇所ぐらいで2時間ちょうどぐらいかも。

山田将太 3分
せっかくだから直接話そう！

ビデオ会議に参加

👍2 👌1

解説

リアクション

メンバーからのメッセージにカーソルを合わせるとアイコンが表示されます。☺ をクリックすると絵文字でリアクションでき、❞ をクリックすると引用してコメントすることができます。

補足

書式の設定

メッセージのテキストを太字や斜体にできます。

テキストを太字にする	対象テキストの前後に「*」を挿入
テキストを斜線にする	対象テキストの前後に「_」を挿入
テキストに取り消し線を付ける	対象テキストの前後に「~」を挿入

おはようございます
おはようございます
~~おはようございます~~

② 校務の活用例：スペースで校務に関する情報共有

教職員用のスペースを学年ごとに作成しています。生徒の出欠確認や健康状態に関する情報共有を行い、それに関わる資料をスペースで共有しています。

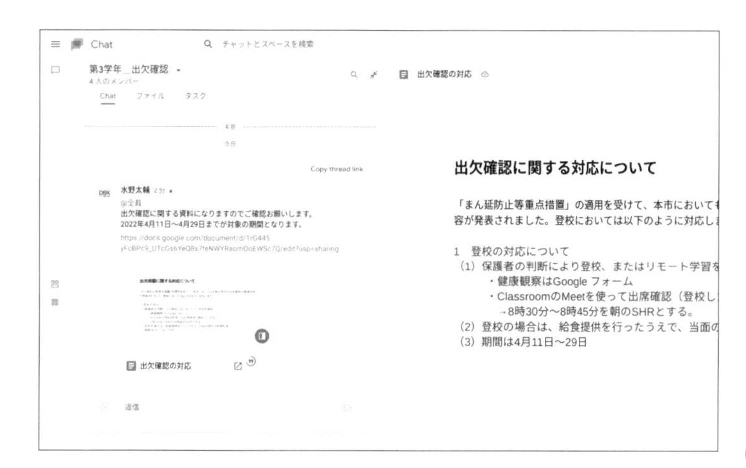

ヒント

添付データを表示する

添付されたドキュメントなどのデータを、スペース内で開きながらチャットをすることができます。資料を見ながらチャットで確認でき、作業効率を高めることができます。また、スペース内で共有されたデータはスペース内の「ファイル」でリスト表示されます。

補足 グループの会話とスペースの違い

Google チャットで使えるグループとスペースは、それぞれ使用目的やできることが異なります。

	グループの会話	スペース
目的	1対1、もしくは複数のユーザーでのダイレクトメッセージ	チームまたはプロジェクトでのコラボレーションとコミュニケーション
メンバーの追加・削除	チャットを開始したあとに、他のメンバーの追加・削除は不可	いつでもメンバーを追加および削除することが可能
会話	単一のスレッド化されていない会話	複数のスレッド化された会話
メッセージ履歴	履歴を無効（メッセージは24時間以内に削除）にすることも、有効（メッセージは組織の保持ポリシーにしたがって保持）にすることも可能	メッセージ履歴が有効で、メッセージは組織のポリシーにしたがって保持される
名前	他のメンバーの名前のリスト	スペースの作成者がルーム名を設定する
通知	メッセージごとに参加メンバーに通知が届く	自分が参加している会話や、名前をリンクされた場合に通知が届く
退出	メンバーは退室できないが、サイドバーでチャットの非表示が可能	メンバーは退出、再参加ともに可能
同じメンバーでの作成	同じメンバーで複数のグループの会話をすることは不可	同じメンバーで複数のチャットルームを持つことが可能
外部ユーザーの参加	組織外のユーザーの参加は不可	組織外の Google ユーザーの参加が可能（組織で許可されている場合に限る）

Section

25 Gmailについて知ろう

ここで学ぶこと

- Gmail
- Webメール
- ラベル機能

Gmailは、メールの送受信はもちろん、精度の高い検索機能で必要なメールをすぐに探し出せたり、ラベル機能を利用してメールを仕分けたりすることで、生産性を高めることができるツールです。

1 授業の活用例：外部の方への依頼メール

連絡先は自動登録される

一度でも送信(または返信・転送)したことがあるアドレスは連絡先に自動登録され、引用の対象となります。また、宛先を直接入力する場合でも、連絡先から検索・引用されます。

添付ファイルを保存する

添付ファイルにカーソルを合わせると、「ダウンロード」「ドライブに追加」が表示されます。[ドライブに追加]をクリックすると、「整理」という表示がでてくるので、どのフォルダに整理して保存するかを決めることができます。

生徒が職場体験の依頼を担当者へメールします。時間や場所、体験内容などのやり取りも記録として残すことができます。

補足 送信を取り消す

設定アイコン(⚙)から[すべての設定を表示]をクリックします。「全般」にある「送信取り消し」から送信直後に取り消せる時間(5、10、20、30秒)を設定することで、誤送信のリスクを下げることができます。

② 校務の活用例：外部への連絡メール

重要用語
アーカイブ

「受信トレイ」からメールを非表示にした状態です。アーカイブしたメールは、「すべてのメール」や、検索すれば表示されます。

重要用語
スヌーズ

スヌーズは一時的なアーカイブ機能です。メールの返信対応をあとからまとめて行いたいとき利用します。アーカイブする期間を設定しておけば、解除時に改めて通知で知らせてくれます。

重要用語
不在通知

出張や長期休暇等で返信が困難な場合は不在通知機能を活用することで、送信者へ状況を伝えるメッセージを自動で返信することができます。画面右上にある ⚙ →［すべての設定を表示］→［全般］の順にクリックして、「不在通知」から任意の期間や件名、メッセージを入力し、［変更を保存］をクリックして設定します。

部活の練習試合について他校の顧問へ依頼のメールをします。メールに「ラベル」を付けて仕分けておくことでスムーズにやり取りを行うことができます。ラベルとは付箋のようなもので、「部活」「保護者」などのように、1つのメールに複数のラベルを付けることができます。

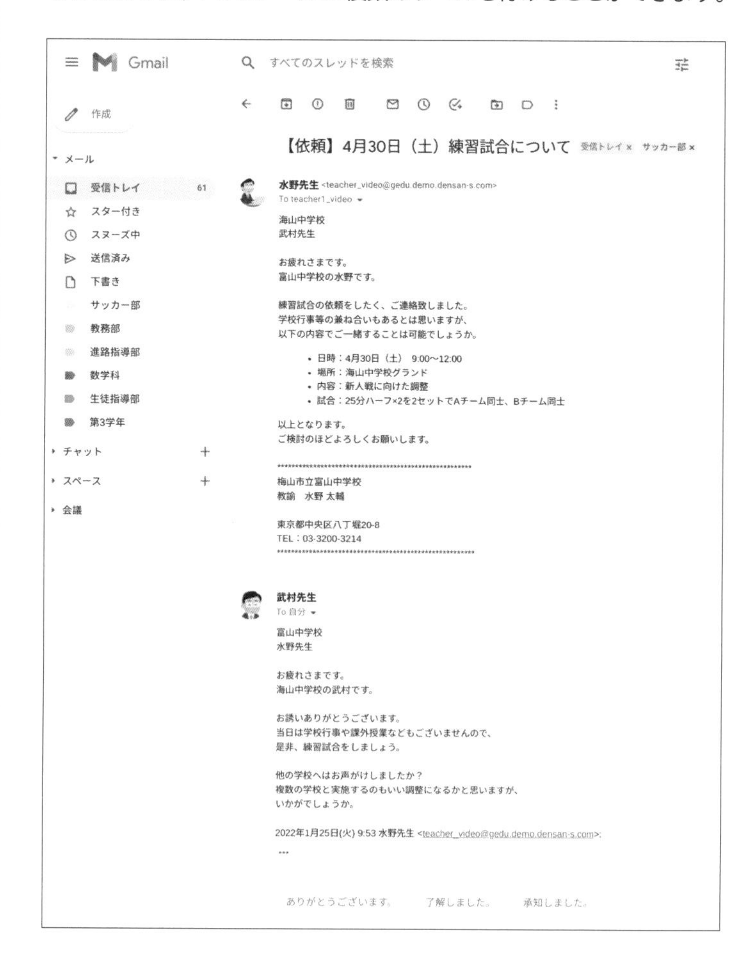

補足 署名を作成する

メールの署名とは、メール文の最後に、自分のメールアドレス、住所などの連絡先をまとめたテキストのことです。メールを新規作成したときや、返信のメッセージ末尾に、フッターとして自動的に追加することができます。直接会うことができない場合は名刺代わりにもなるので、作成してみましょう。

Gmail 画面右上の設定（⚙）→［すべての設定を表示］→［全般］の順にクリックし、「署名」から［新規作成］をクリックして作成します。

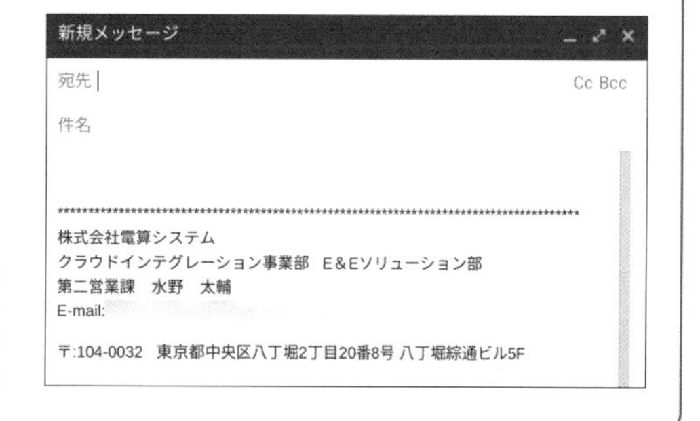

Section

26 Google グループについて知ろう

ここで学ぶこと

・Google グループ
・Web フォーラム
・共同トレイ

Google グループは、フォーラムを作成してメンバー間のコミュニケーションを図ることができる情報共有のためのツールです。また、各グループのグループメールをメーリングリストとして活用することもできます。

1 Google グループとは

Google グループとは、Webフォーラムを作成し、メンバー同士でコミュニケーションを図ったり、情報共有したりするためのツールです。Google グループのグループメールを利用することで、Google ドライブのファイルを複数人に共有したり、Google カレンダーの予定をグループで追加したりできます。グループには、「オーナー」「マネージャー」「メンバー」の3つの役割があり、各グループごとにグループメールを作成します。

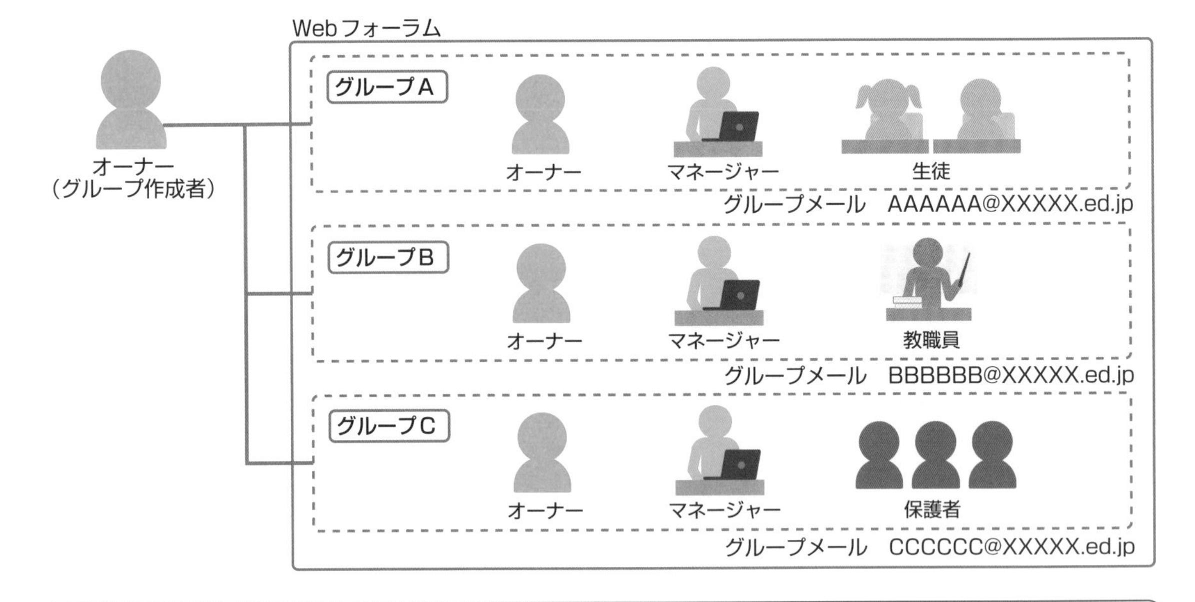

補足　グループメールについて

メーリングリストとは、一度に複数の人に同じメールを送信するしくみのことで、グループメールはメールの送受信をグループで一括管理できる Gmail の機能です。グループメールはメーリングリストとしても活用できます。学年や担当分掌、クラスごとにグループを作成しておくと、グループメンバーをカレンダーに招待したり、Classroom へのメンバー招待にも使うことができます。

② 校務の活用例：保護者からの問い合わせ対応

共同トレイ

共同トレイでは、Google グループ内で、グループアドレスで受信したメールを複数のメンバーに割り当てることができます。
共同トレイは「マイグループ」内の各グループの設定から有効にすることができます。

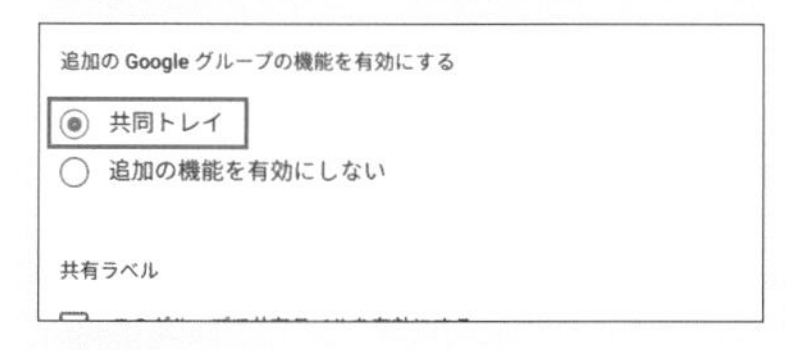

補足

対応者を割り当てる

「対応者の割り当て」の権限を付与されているユーザーは、

- 自分に割り当てる
- 他のユーザーに割り当てる

のいずれかを選択できます。割り当て後に「割り当てを解除」することも可能です。割り当てられたユーザーにはメールで通知されます。

対応が完了したことを知らせる

対応が完了した場合、問い合わせメール画面の右上にある☑をクリックすると、スレッド上に☑が表示されます。

学年の教職員と保護者をメンバーとしたグループを作成します。「共同トレイ」を有効にすることで、Q＆Aフォーラムとなる問い合わせ対応を行うことができます。

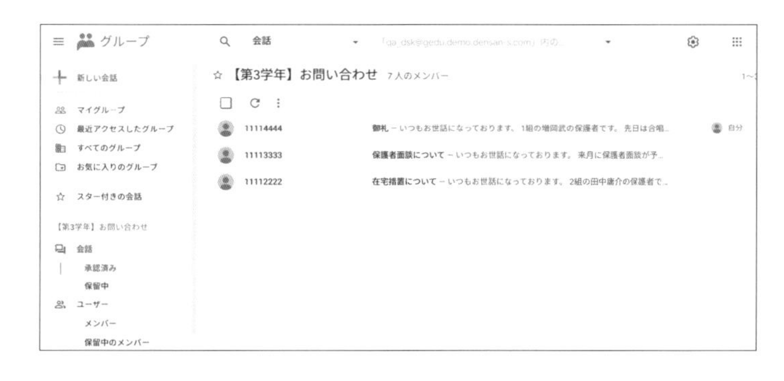

問い合わせに対応する

1 問い合わせ内容を確認後、メール画面上部にある⁺をクリックし、対応者のメールアドレスを入力して割り当てます。

2 割り当てられた対応者がスレッド右側に表示されます。なお、対応が完了した問い合わせについては☑が表示されます。

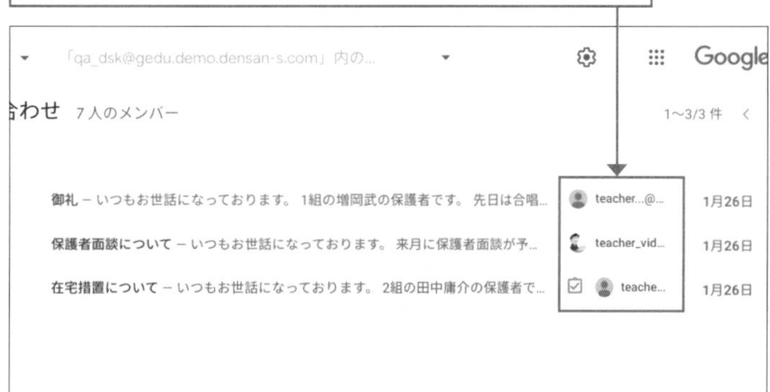

Section

27 アプリ間の連携方法について知ろう

ここで学ぶこと

- カレンダーとの連携
- ドキュメントとの連携
- Classroom との連携

Google Workspace for Education は、複数のアプリ間で連携できるという大きな特徴を持っています。さまざまなアプリを組み合わせながら活用することで、より効率的に作業を行うことができます。

1 Google カレンダーとその他のアプリを連携する

Google カレンダーでは、予定を作成するだけでなく、Google Meet を追加してオンライン会議を行ったり、Google Map で場所名を検索し、行き先の住所を入力したりすることができます。

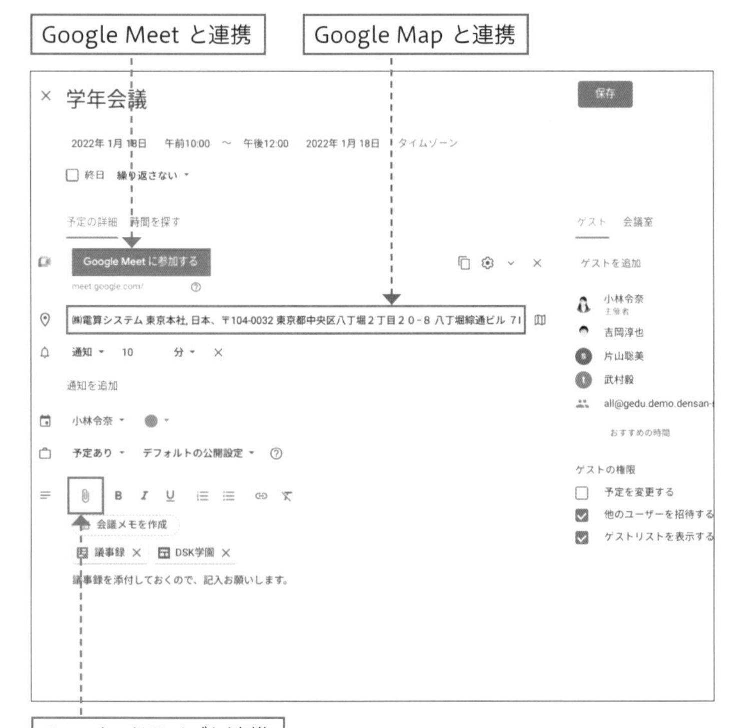

また、[会議メモを作成] をクリックしておくことで、Google ドキュメントでの議事録が作成されます。会議や面談など、メモが必要なときに利用すると便利です。

補足

ファイルを挿入する

会議メモの挿入だけでなく、端末に保存されたファイルや、Google ドライブに保存されているファイルを添付しておくこともできます。

会議メモの項目

❶日付	会議の日付を入力します
❷予定名	会議の名前など予定名を入力します
❸参加者一覧	予定に参加するメンバーを入力します
❹メモ	箇条書きを入力できます
❺アクションアイテム	チェックボックスを入力できます

［会議メモを作成］をクリックして作成された Google ドキュメントには、複数の項目は自動で入力されます。もちろん、削除や書き込みが可能なので、用途に合わせて編集できます（左の解説参照）。

❶ 2022年1月18日 | ❷ 学年会議
❸ 参加者: 吉岡淳也　小林令奈　佐々木友明　片山聡美　武村毅　風間祐李
❹ メモ
-

❺ アクション アイテム
☐
☐

通知を送信する

Google カレンダーで参加者を招待する際は、相手の Gmail に通知を送ることができます。

1 Google カレンダーで予定を作成し、右下の［保存］をクリックします。

2 「Google カレンダーのゲストに招待メールを送信しますか？」画面が表示されるので、［送信］をクリックします。

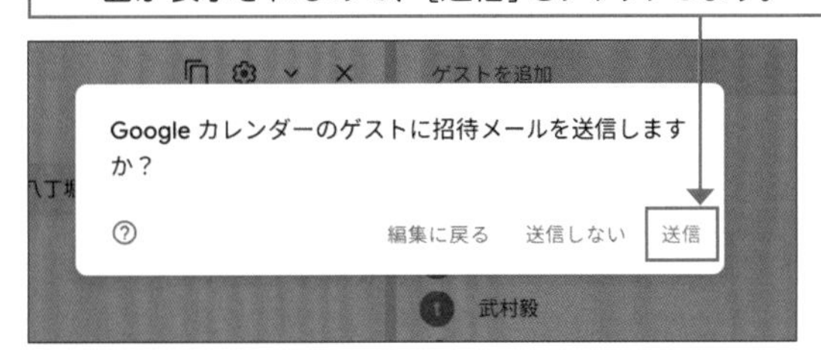

参加の可否を回答する

通知を受け取った側は、Gmail からその予定の参加の可否を決めることができます。

1 Gmail を開き、招待メールを表示します。

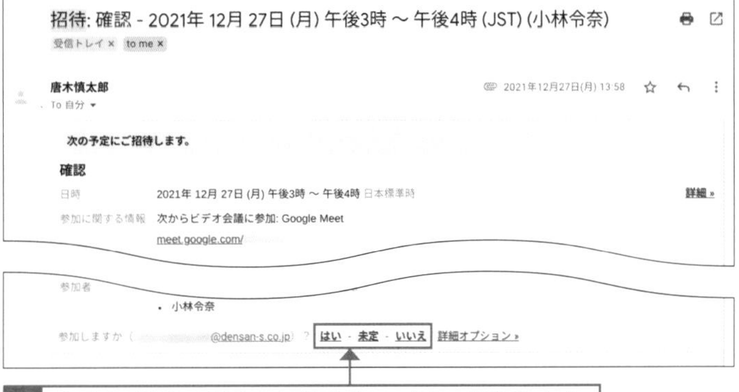

2 内容を確認し、任意の回答をクリックして選択します。

② Google ドキュメントとその他のアプリを連携する

グラフを挿入する

Google ドキュメントのメニューバーにある[挿入]→[グラフ]の順にクリックすると、Google ドライブに格納されたスプレッドシート上のグラフを選んで挿入することができます。グラフのもとのデータ(Google スプレッドシート)に変更や編集が行われた際には、Google ドキュメントに添付したグラフに[更新]が表示され、クリックすると自動で編集点が反映されます。

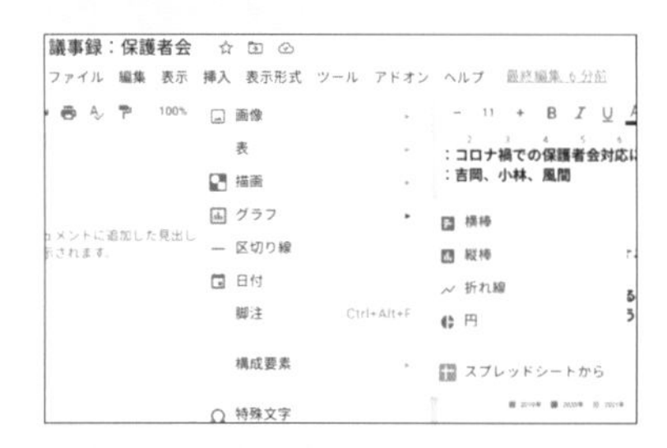

画面共有を開始する

通常、Google Meet からタブを開き、用意したファイルを画面共有するという動きが一般的ですが、「あの資料があればもっと議論が白熱するのに」とか「あのときの資料を出したいな」と思ったときに、ファイルを探し出し、そのファイル上から直接画面共有を行うことで、探し出した資料を即座に画面共有でき、会議や授業を生きたものにできます。オンライン会議や授業をよりアクティブにしたい人には嬉しい機能です。またこの機能は、Google スプレッドシートや Google スライドにも搭載されています。

Google ドキュメントでは、Google スプレッドシートを連携しているため、別ファイルで作成したグラフを挿入したり、画像検索をして必要な画像を挿入したりすることができます。

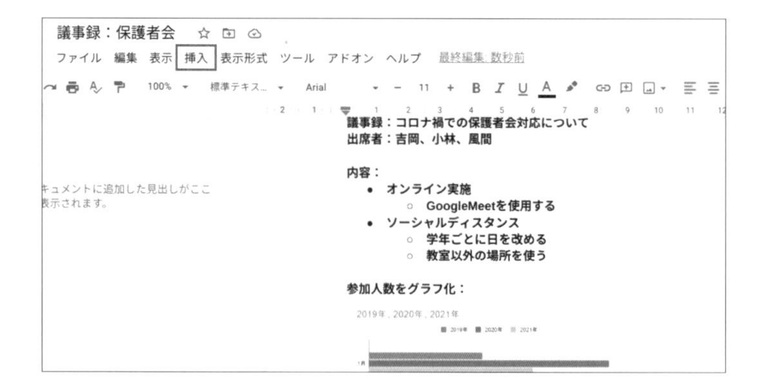

Google Meet と連携する

1 ファイル右上の をクリックします。

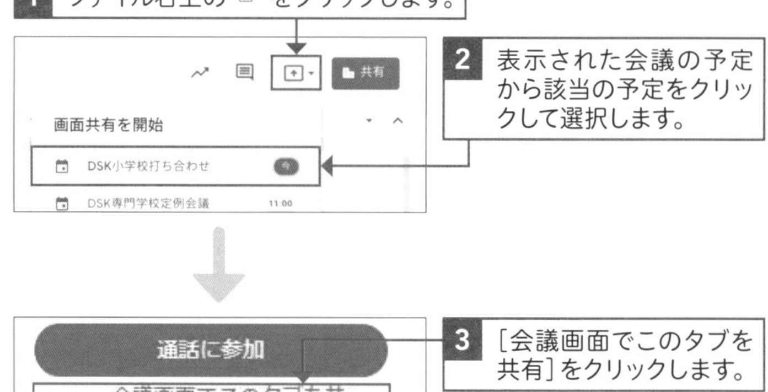

2 表示された会議の予定から該当の予定をクリックして選択します。

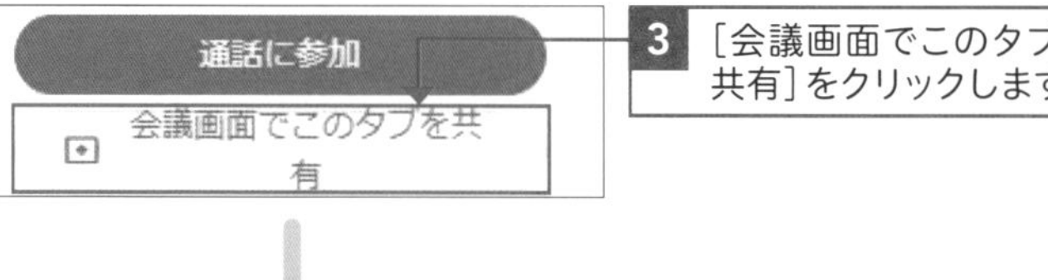

3 [会議画面でこのタブを共有]をクリックします。

4 「このタブ」「その他のタブ」「ウィンドウ」「画面全体」から画面共有の種類をクリックして選択します。

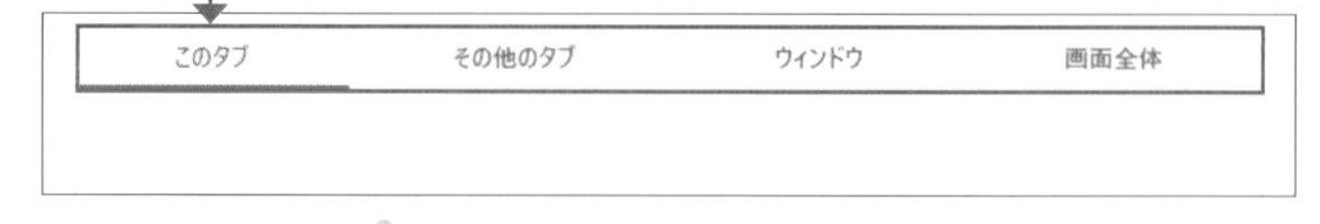

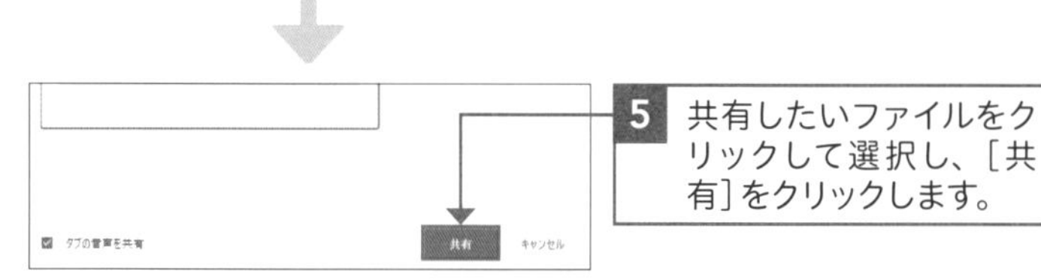

5 共有したいファイルをクリックして選択し、[共有]をクリックします。

③ Google Classroom とその他のアプリを連携する

Google Classroom はさまざまなアプリケーションと連携されており、ファイル管理の効率化や、教師と生徒の円滑なコミュニケーションを実現します。

Classroom に入室すると、ストリーム画面の左側に、このクラス専用のURLが生成された Google Meet が表示されます。この Google Meet を活用することで、クラスに参加している教師や生徒たちとすぐにコミュニケーションを図ることができます。

Google Meet 内で、Jamboard のファイルを作成し、共同編集しながら授業を展開することもできます。録画データや出席レポートデータを含めて、その会議に関わるデータは自動で Google ドライブに保存されます。

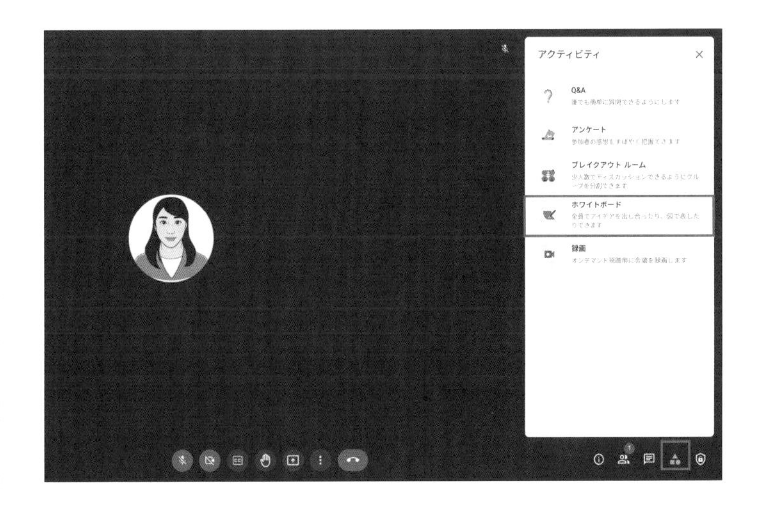

⚠ 注意

主催者権限

Classroom 上で開催された Google Meet では、常に教師が主催者となります。そのため、教師より先に入室した生徒は、教師が参加するまで待機室で待つ形となります。授業を行う際には、リンクを表示するタイミングを授業の直前にしたり、入室時間にも気を付けたりするとよいでしょう。

ヒント

Google Meet のリンクを活用する

外部講師を招いたオンライン授業を行う際に、Classroom の Google Meet のリンクをコピーして、その講師に共有するのも1つの方法です。右図の Meet の右にある ⋮ をクリックし、[リンクのコピー]をクリックすると利用できます。

補足

リンクを非表示にする

Google Meet のリンクを表示する必要がないときは、右上図の[生徒に表示]をクリックして非表示にすることも可能です。

Section

28 データ探索の方法を知ろう

ここで学ぶこと

- データ探索
- 検索
- レイアウトやグラフの自動作成

Google アプリには、AI（人工知能）が搭載されています。とくに便利なのが、AIがさまざまなデータを自動で探してきてくれる「データ探索」機能です。ここではGoogle スライドやGoogle スプレッドシートでの使用方法を解説します。

1 Google スライドでのデータ探索

補足

データ探索のアイコン

データ探索は、右下の角にグレーのマークが表示されています。レイアウトなどでデータ探索を活用したあとは、黄色でマークが表示されます。

Google スライド上でのデータ探索では、主に2つの機能があります。1つ目は、「検索」です。

右下にある ✦ をクリックすると、画面右側に検索バーが表示されます。検索したいワードを入力すると、Web・画像・ドライブの項目で検索結果が表示されます。

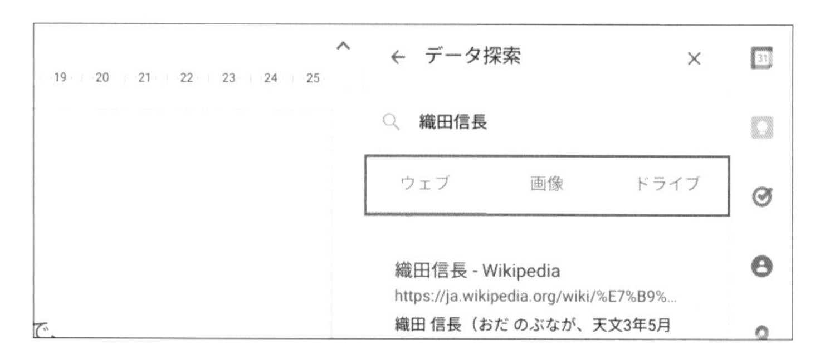

2つ目の機能は、「レイアウト作成」です。

検索した画像をスライド上に挿入すると、レイアウトのデザイン候補が自動で複数作成されます。プレゼン資料などを作成する際のレイアウトを考える時間や手間を削減し、内容の充実に時間をあてることができます。

補足

データ探索で表示される画像

データ探索で表示される画像は、著作権フリーのもののみピックアップされているので、安心して利用することができます。

② Google スプレッドシートでのデータ探索

Google スプレッドシート上でのデータ探索では、表の書式が提案されたり、グラフや分析結果を自動で表示してくれたりします。
まず、スプレッドシートにデータを入力します。グラフの対象のセルを選択した状態で、右下のデータ探索マークをクリックすると、グラフの候補や分析結果が表示されます。

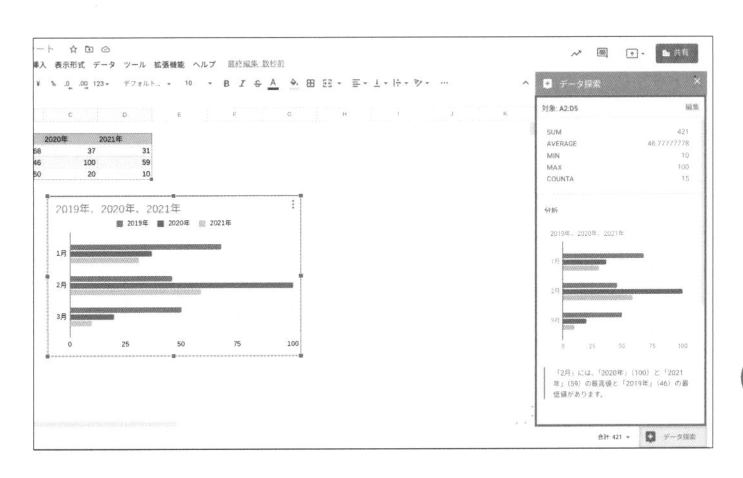

自動で作成されたグラフは、グラフの種類を変えたり、凡例や縦軸横軸の修正を行うなど、さまざまな編集が可能です。

グラフを編集する

1 挿入したグラフ右上の ⋮ をクリックします。

2 ［グラフを編集］をクリックします。

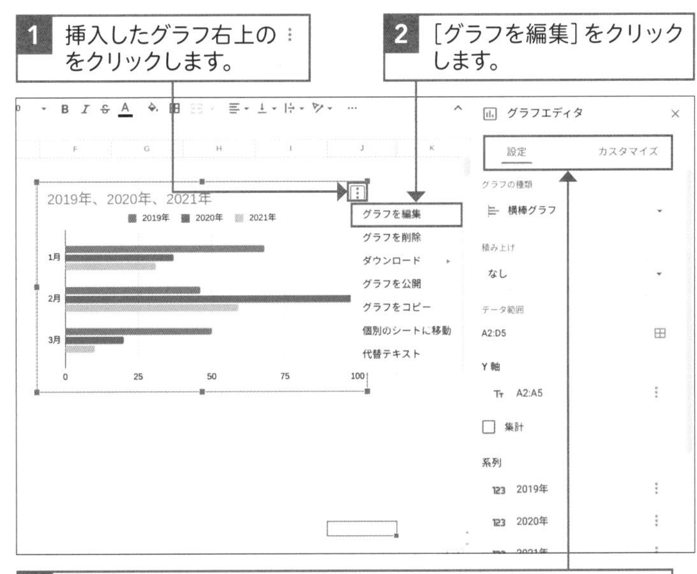

3 グラフエディタの「設定」や「カスタマイズ」から編集を行います。

> **補足**
>
> **編集は自動で反映される**
>
> 不備や更新などでデータの数字などを編集した際、データ探索で作成したグラフも自動で編集後のデータ内容が反映されます。

Section

29 ToDo リストについて知ろう

ここで学ぶこと

- Google ToDo リスト
- タスク管理
- リマインド機能

Google Workspace for Education を便利に使いこなすうえで、タスク管理も重要なポイントです。Google ToDo リストを用いることで、シンプルな操作で抜け漏れなくタスク管理を行うことができます。

1 ToDoリストでタスク管理

解説

Google ToDo リスト

Google ToDo リストは、Google が無料で提供しているタスク管理ツールです。パソコンのほか、タブレットやスマートフォンでもアプリをインストールすることで利用できます。また、同じ Google アカウントでログインすれば、自動的に同期されるので、どの端末からでも最新のタスク情報を確認することが可能です。ToDo リストは、ほとんどの Google アプリで画面右側に表示されます。

サイドパネルから をクリックします。

補足

リマインドの表示

ToDo リストのタスクで設定したリマインドの日時は、Google カレンダーにも自動で反映されます。

1 左の解説を参考に、ToDo リストを表示します。

2 [タスクを追加]をクリックします。

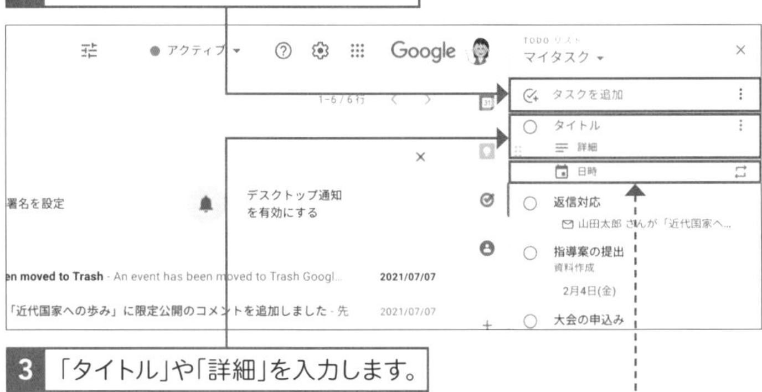

3 「タイトル」や「詳細」を入力します。

リマインドが必要であれば、「日時」を設定しておくことで通知が届きます。

メールを挿入してタスク管理する

1 タスク化したいメールを選択し、ドラッグ&ドロップして ToDo リストまで移動させます。

2 必要に応じて、「タイトル」や「詳細」「日時」などを設定します。

第 4 章

Google Classroomを設定・準備しよう

この章で学ぶこと

Google Classroom を設定・準備しよう

基本的な設定

Google Classroom は、はオンライン上でクラス運営ができるアプリです。クラスには教師役と生徒役が必要で、それぞれでできることが異なります。また必要に応じて、クラスに保護者を招待することでクラス運営の効率化を図ることもできます。

●教師役の設定

[私は教師です]をクリックします。

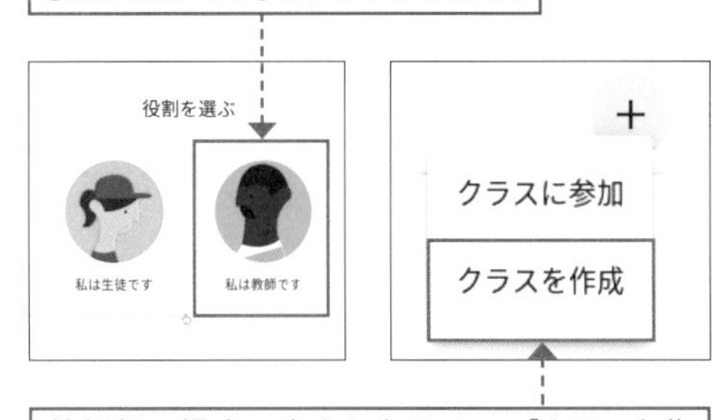

教師役の場合、右上にある＋→［クラスを作成］の順にクリックします。

●生徒役の設定

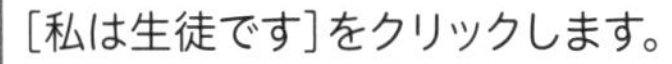
[私は生徒です]をクリックします。

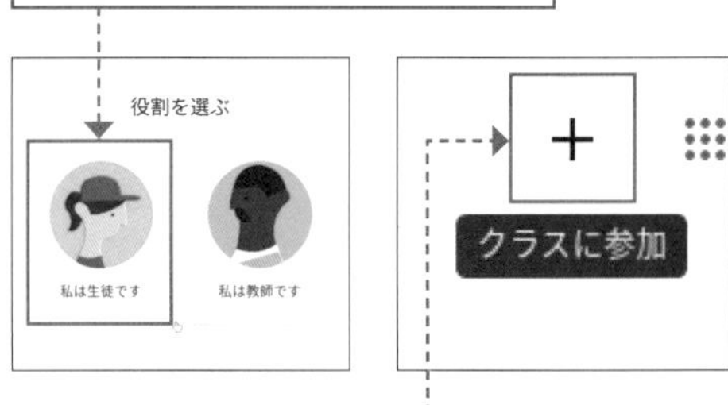

生徒役の場合、右上にある＋をクリックします。

クラスを上手に運営するポイント（31ページ参照）を踏まえたうえで、それぞれのユーザーができることも押さえておくと、より便利に使うことができます。

ユーザーごとに Classroom でできること

教師	生徒	保護者
・クラスを作成し、生徒を招待する ・課題を作成・配付する ・課題を管理する ・課題の採点・フィードバックを行う ・お知らせなどの投稿する ・質問などの投稿する ・保護者を招待する ・保護者にメールで連絡する ・Google Meet を開始する ・他の教師を招待する	・課題を確認し提出する ・フィードバックを確認する ・成績を確認する ・お知らせを確認する ・質問に返答を行い、クラスメートと交流する	・お知らせなどのメールを受け取る ・クラスの活動を確認する

Classroom の画面

Google Classroom を使うと、教師は課題の作成・配付・回収・フィードバックをクラス内で一元管理することができます。また、教師と生徒ではできることが少し異なります。それぞれの基本設定を押さえて、便利に使いこなしましょう。

●教師用画面のタブ

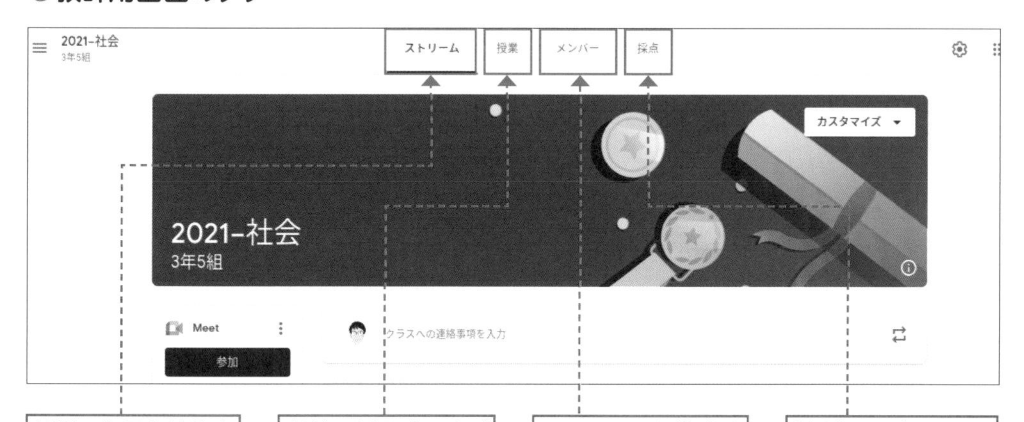

授業に必要な連絡事項を伝えるほか、課題を配付したことを知らせる通知が表示されます。教師と生徒、生徒同士をつなぐオンライン掲示板としても活用することができます。

頻繁に活用するタブです。授業で使用する課題を配付したり、管理したりすることができます。配付できる課題のタイプもさまざまあり、小テストからレポートまで幅広く使えます。

このクラスを構成するメンバーを招待したり、削除したりできます。また、所属しているメンバーに一斉にメールを送信することもできます。保護者への連絡も設定可能です。

「授業」タブを通じて配付した課題に対して、生徒の点数や返却状況を一覧表示できます。総合成績を表示する機能もあり、生徒の取り組み状況を一目で確認することができます。

●生徒用画面のタブ

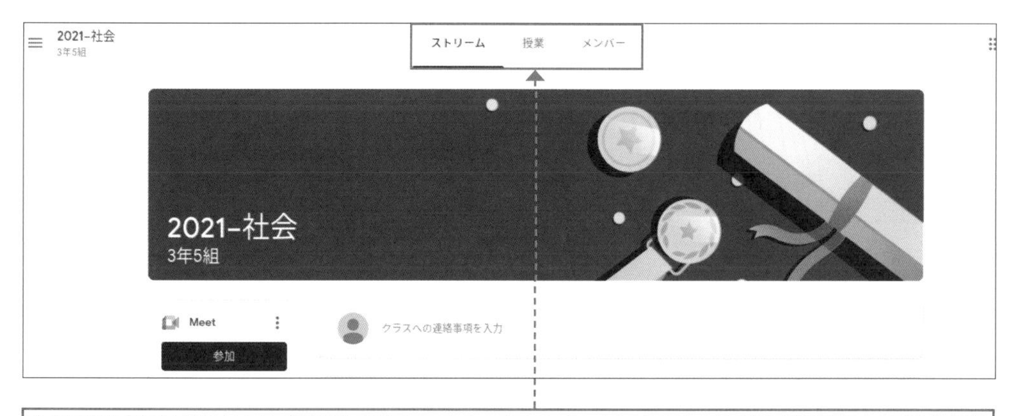

生徒用画面には「採点」タブがありません。また、「メンバー」タブでは、招待や削除といった操作を行うことができません。

Section
30 クラスを作成しよう

ここで学ぶこと

・役割
・クラスの作成
・クラスの詳細設定

Google Classroom の初期設定のうち、もっとも基本となる設定です。ホームルームや担当教科、校務分掌、委員会など、必要に応じてクラスを作成しましょう。「クラス名」や「セクション」などを設定することで、管理しやすくなります。

1 教師の役割を選択する

重要用語

役割

Classroom を利用する際は「教師」と「生徒」いずれかの役割を選択します。クラスを作成したり、課題を配付したりするには役割を「教師」に設定する必要があります。

補足

役割を変更する

Classroom の初期設定のうち、重要な分岐が役割の選択です。教師としてできることと、生徒としてできることには大きな違いがあるためです。しかし操作上では、Classroom を起動すると、すぐに選択画面が出てきてしまうため、誤った役割を選んでしまうことも少なくありません。こうした場合には、慌てることなく、校内のIT管理者に相談してください。「教師」から「生徒」、「生徒」から「教師」へ役割の変更が可能です。

1 ⠿ をクリックして、アプリランチャーを立ち上げます。

2 表示されたアイコンから［Classroom］をクリックします。

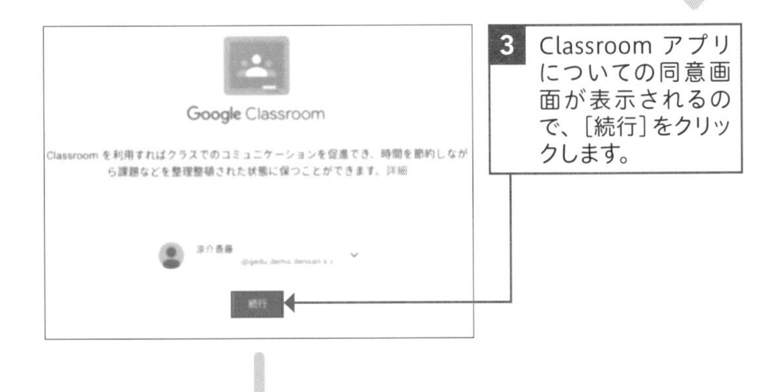

3 Classroom アプリについての同意画面が表示されるので、［続行］をクリックします。

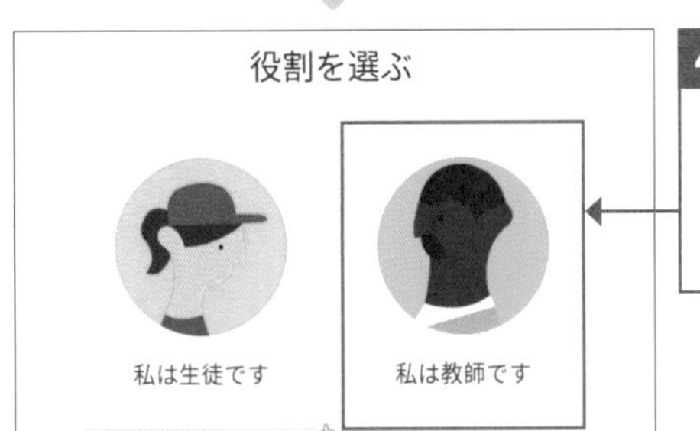

4 「役割を選ぶ」画面が表示されます。ここでは教師としてクラスを作成するので、［私は教師です］をクリックします。

 クラスを作成し、詳細を設定する

補足

クラスとセクションの違い

「クラス」はホームルームや授業で用いるクラス名を、「セクション」は作成したクラスの概要や学年、授業時間などを入力するスペースになっています。なお、セクションは省略することも可能です。

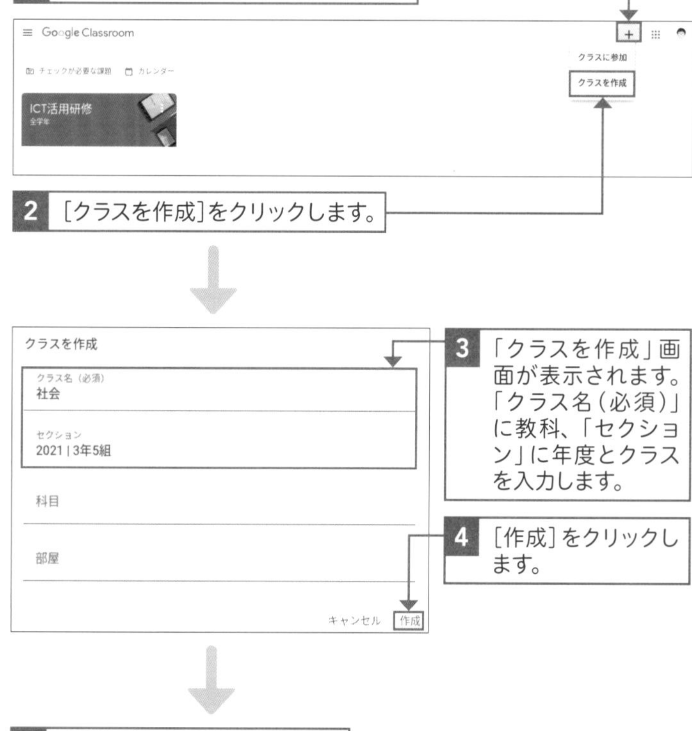

5 新しいクラスが作成されます。

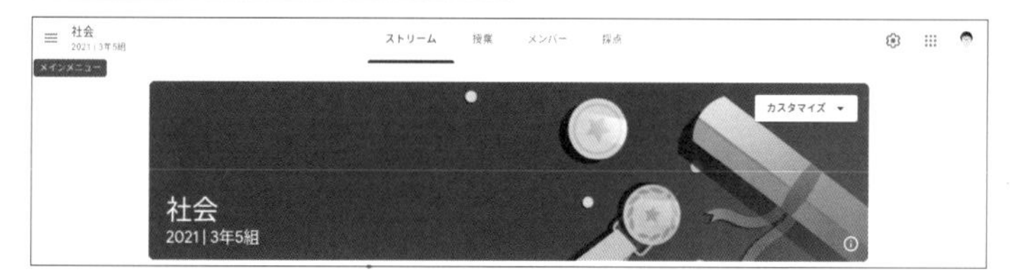

補足

クラスの設定を変更する

作成したクラスの名称変更などを行いたい場合には、該当するクラスを立ち上げて、画面右上の ⚙ をクリックします。クラスの詳細を変更できるほか、クラスコードの表示やストリームの投稿権限、採点方法など、クラス運営全般にかかわる項目を変更することができます。

ヒント **実践者からのアドバイス** 今田 英樹｜広島女学院中学高等学校 体育科

クラス作成の際のポイントとしては、「クラス名」に科目、「セクション」のところにクラス名や年度を入れるとよいですね。「○○年度」とかをついつい入れたくなるのですが、これをやってしまうと、パッと見てクラスの区別がつかなくなります。以前、2019年度から書き始めたせいで全然区別つかないという失敗をして、それから気を付けるようにしています。

また、「○年○組」なども「セクション」のところに入れてあげたほうが親切です。多数のClassroomを使用している生徒たちの画面が全部「○年○組」で埋め尽くされてしまいますからね。ぜひ、他の教員ともこのルールを共有してほしいですね。小さいことのようで大事なことだと思っています。

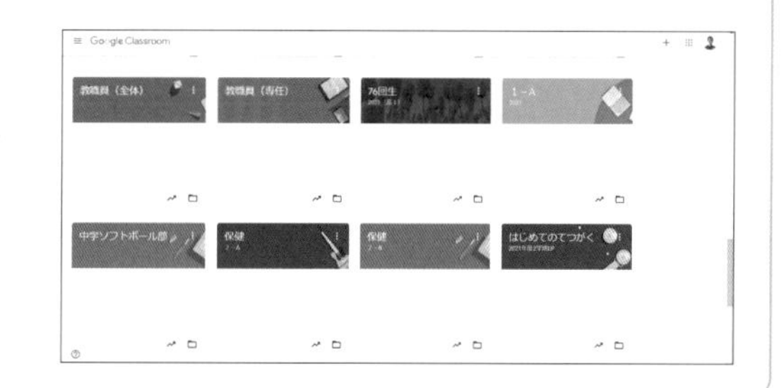

Section

31 生徒を招待しよう

ここで学ぶこと

・クラスコード
・招待メール
・招待リンク

招待は、Google Classroom の初期設定のうち、もっとも基本となる設定です。誰が教師で、どの生徒を招いたクラスを作成すると効果的に授業や業務を進めることができるか、よく検討したうえで招待しましょう。

1 生徒を招待する ～クラスコードによる招待

解説

生徒を招待する

生徒を招待する方法は「クラスコードによる招待」と「招待メールの送信」、「招待リンクの送信」の3つがあります。

補足

最初の授業で招待する

手順 2 の画面で、モニターやスクリーンなどでクラスコードを拡大提示するのも1つの方法です。最初の授業でクラスコードを提示してクラスに入ってもらう場合、生徒に入力してもらうことになるので、タイピングスキルなどを確認しながら進めるとよいでしょう。

注意

クラスコードによる招待の盲点

欠席している生徒がいる際には、別途その生徒を招待する必要があります。クラスコードで招待すると、欠席した生徒には通知が届かない点に留意しましょう。

1 クラスコードの横にある ⛶ をクリックします。

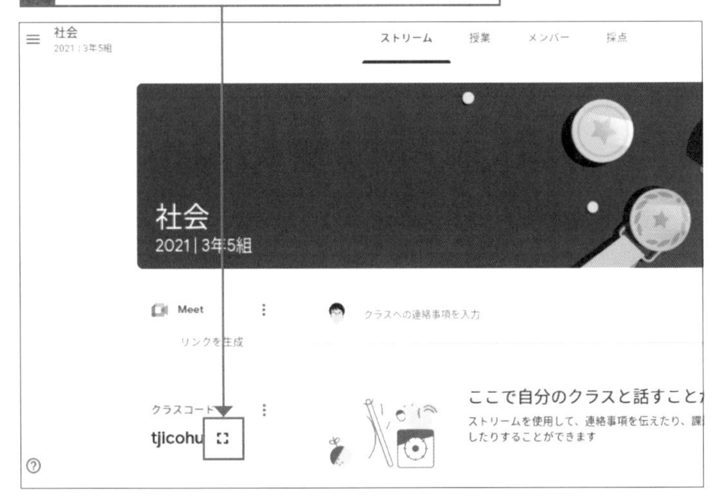

2 クラスコードが拡大して表示されます。

3 生徒の入力が終了したら、× をクリックします。

② 生徒を招待する ～招待メールの活用

補足

全生徒に一斉にメール送信する

招待メールを活用してクラスに生徒を招待する際、生徒を一括登録できます。クラスに参加予定の生徒のメールアドレスが記載されたファイルを別途用意しておき、それをコピーして、手順3の画面で、メールアドレスの入力スペースに貼り付けます。入力が完了したら、[招待する]をクリックします。

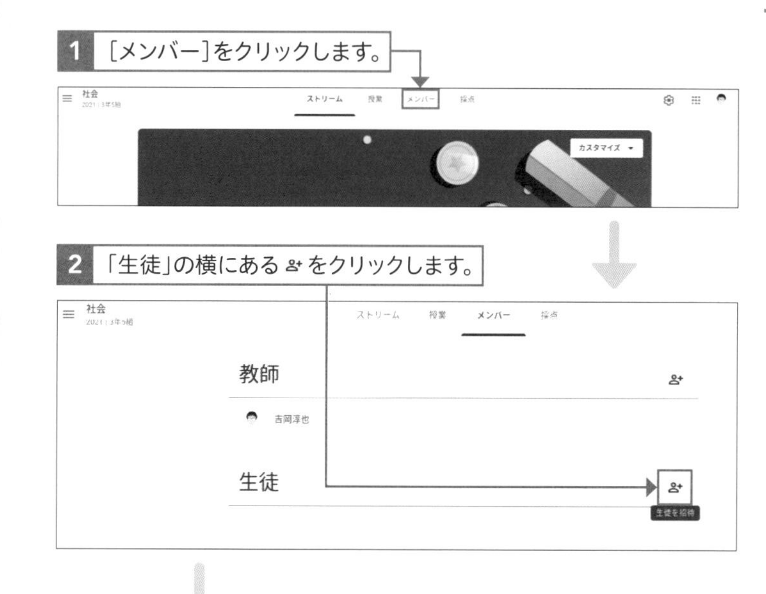

補足

教師をクラスに招待する

Classroom の便利な点は、教師もクラスに招待することができることです。T1、T2のように役割分担が明確になっているときは、複数の教師でクラスを管理していきましょう。また、特別な配慮が必要な生徒が在籍しているクラスの場合、管理職を招待するといった運用も効果的です。

ヒント **実践者からのアドバイス**　金森 千春｜芝浦工業大学附属中学高等学校 数学科

生徒をクラスに招待するとき、部活動やプロジェクトなど有志の生徒が参加するクラスの場合は、クラスコードによる招待の方法が便利です。けれども、授業でそれをやってしまうと、クラスに入った生徒とまだ入っていない生徒の集約が大変になります。その点、招待メールを採用すると、参加していない生徒には「(招待済み)」という表示が出るので便利です。

いっしょにクラスに入る教師にクラスコードをシェアして参加してもらうと生徒の扱いになってしまうので、手順2の画面で「教師」の横にある クリックし、副担任になってもらいましょう。

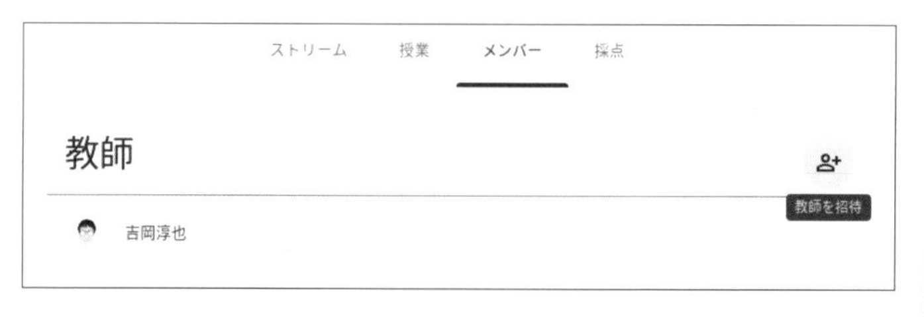

③ 生徒を招待する ～招待リンクの送信

補足

生徒へ一斉に招待リンクを送信する

招待リンクをメールで送信する場合、複数の生徒を一括で招待するのが便利です。招待メールのときと同様に、クラスに参加予定の生徒のメールアドレスが記載されたファイルを別途用意しておき、メールアドレスをコピー＆ペーストして、メール送信します。もし、クラス専用のメーリングリストが整備されているのであれば、それを入力することでも一斉にメールを送信できます。

注意

招待したあとはクラスコードをリセットする

クラスコードで生徒を招待できるということは、クラスコードを知っていれば誰でもクラスに参加できるということになります。クラス運営が軌道に乗り、追加の招待が必要なくなったら、クラスコードをリセットしておくことも可能です。

クラスコードの ⋮ →［クラスコードのリセット］の順にクリックします。

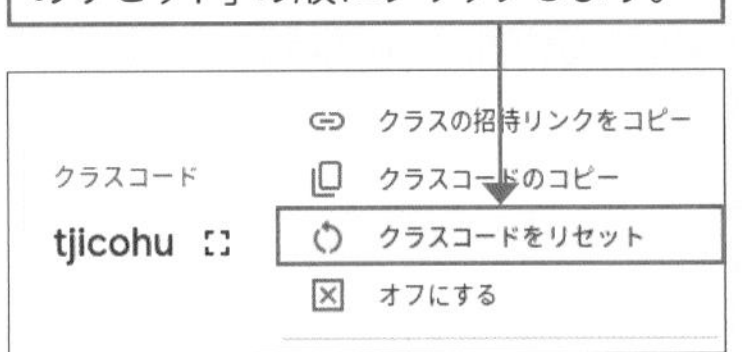

1 クラスコードの横にある ⋮ をクリックします。

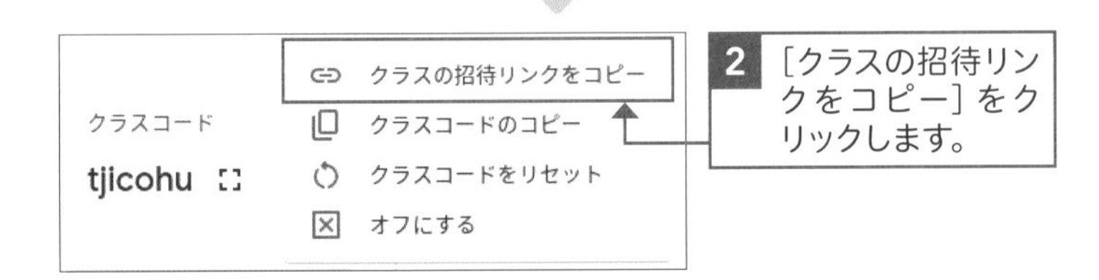

2 ［クラスの招待リンクをコピー］をクリックします。

3 コピーしたリンクをGmailに貼り付けて、

4 任意の「宛先」と「件名」を入力し、

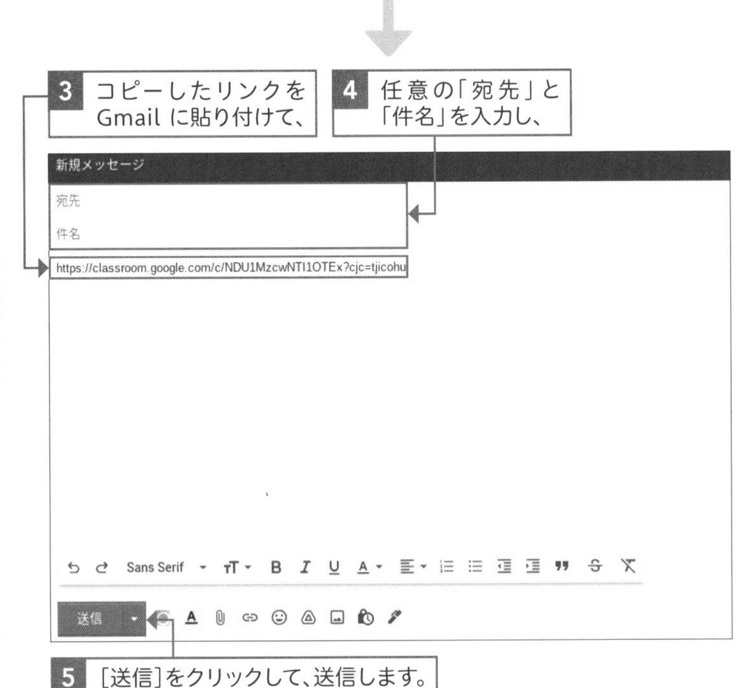

5 ［送信］をクリックして、送信します。

④ 生徒が招待を受け入れる

生徒を招待する際、3つの方法がありましたが、招待方法によって、生徒が招待を受け入れるときの操作もそれぞれ少しずつ異なります。生徒がクラスに参加するとき、戸惑わないように招待ごとの参加の仕方を確認しておきましょう。

クラスコードによる招待を受け入れる

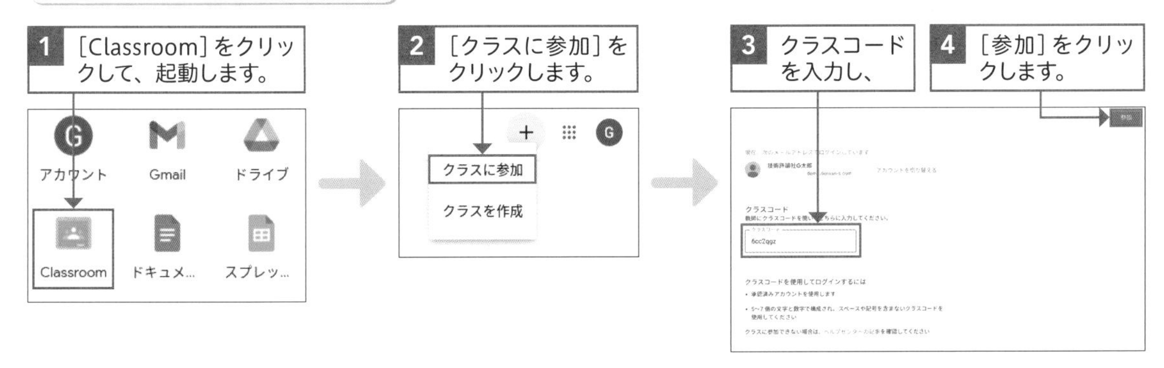

招待メールを受け入れる

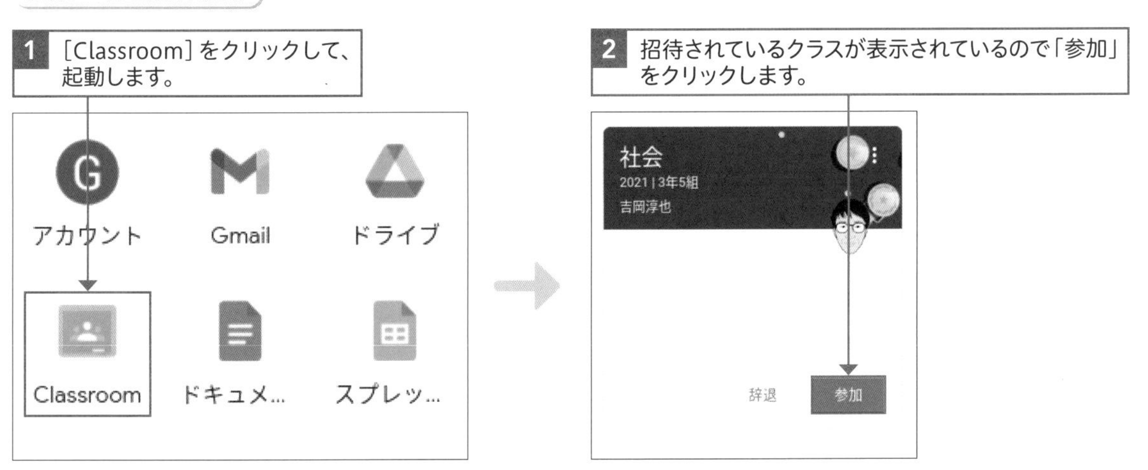

招待リンクを受け入れる

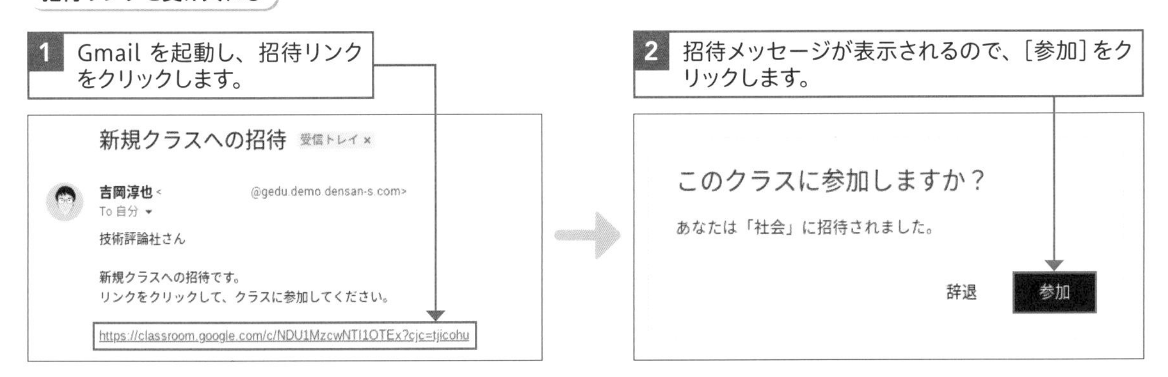

Section

32 クラスを管理しよう

ここで学ぶこと

- クラスの管理
- クラスの並べ替え
- テーマの変更

クラス作成の手順に慣れると、校種を問わずどんどんクラスが増えていくことになります。ここでは作成したクラスを並べ替えたり、テーマの色を変更したりして管理する方法について紹介します。

1 クラスの順番を並べ替える

解説

クラスの配置

どこにクラスを置くかは個人差がありますが、左上や左端に配置しておくと視認性が高くなります。

補足

クラスの並び順も自動変更もされる

クラスの並べ替えを行うと Classroom の左横のアイコンで表示される並び順も自動的に変更されます。

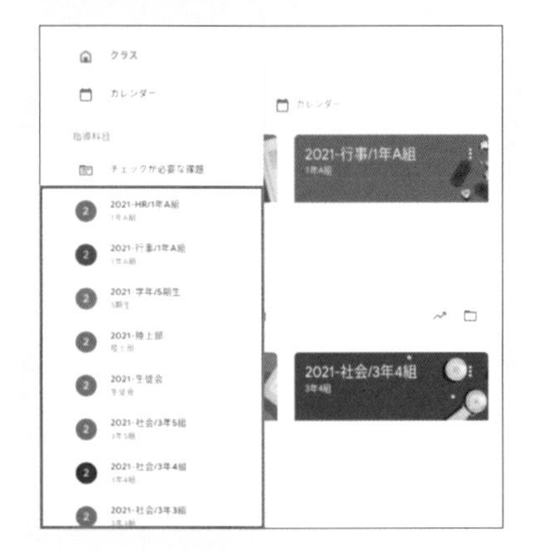

ドラッグ＆ドロップによる並べ替え

1 移動したいクラスをドラッグし、移動したい場所でドロップします。

クラスの設定から並べ替え

1 クラスの右上にある ⋮ をクリックし、

2 表示されたメニューから［移動］をクリックし、移動したい場所を指定することで並び替えできます。

② クラスのテーマを変更する

解説

テーマを変更する

Classroom のテーマをオリジナルなものに変更することで、そのクラスらしさを演出します。

●テーマを選択

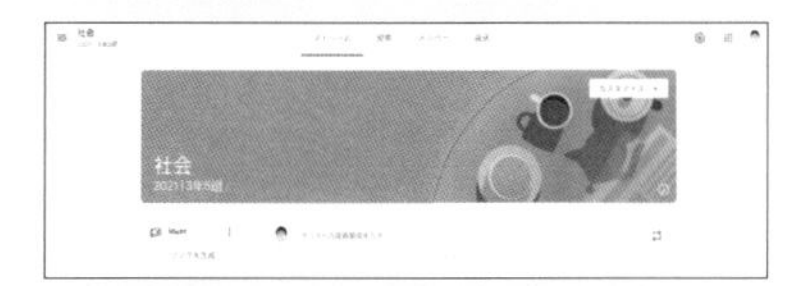

●写真をアップロード

あらかじめ用意されたテーマから選ぶ場合

1 ［カスタマイズ］→［テーマを選択］の順にクリックします。

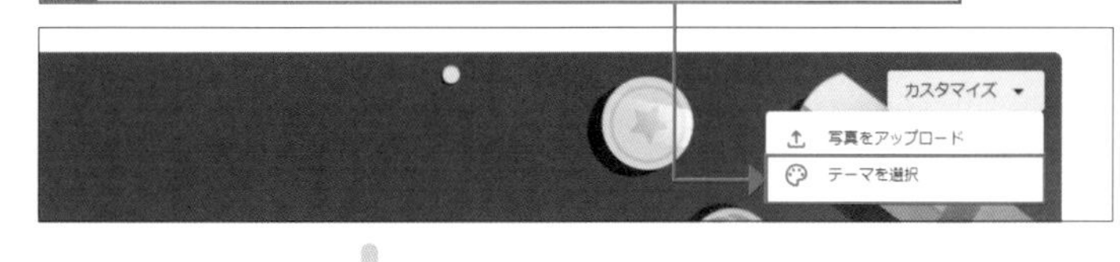

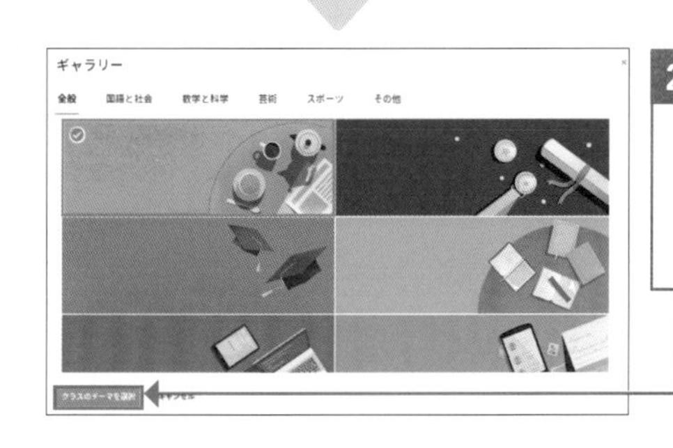

2 表示されたテーマの一覧から1つをクリックして選択し、［クラスのテーマを選択］をクリックします。

オリジナルの写真を選ぶ場合

1 ［カスタマイズ］→［写真をアップロード］の順にクリックします。

2 「ここに写真をドラッグ」へ写真をドラッグ、または［パソコンから写真を選択］をクリックして任意の写真を選択します。

3 写真をドラッグして切り抜き表示サイズを調整し、

4 ［クラスのテーマを選択］をクリックします。

補足

写真サイズ

クラスのテーマにオリジナルの写真を採用する場合は、横向きの写真を選ぶのがよいでしょう。また、画像サイズが小さすぎるとエラーが表示されます。800 × 200 ピクセル以上のサイズのものを用意しましょう。

Section

33 クラスをアーカイブしよう

ここで学ぶこと

- アーカイブ
- アーカイブされたクラス
- アーカイブの再開

担当教科が変わったり、学年が持ち上がったりすることによって、作成したクラスを利用することがなくなることがあります。そのような場合は、クラスをアーカイブすることで、画面上から表示を消すことができます。

1 クラスをアーカイブする

重要用語

アーカイブ

アーカイブとは「保存記録」という意味の英単語ですが、IT用語では、長期保存するために、専用の保存領域に安全にデータを保存することを意味します。Classroomに限らず、Gmail などでもアーカイブ機能は備わっていますが、これを利用することでデータを削除することなく安全に長期保存できます。Classroom においては、年度替わりなどのタイミングで利用すると便利です。なお、アーカイブした Classroom は再開することも可能です（107ページ参照）。

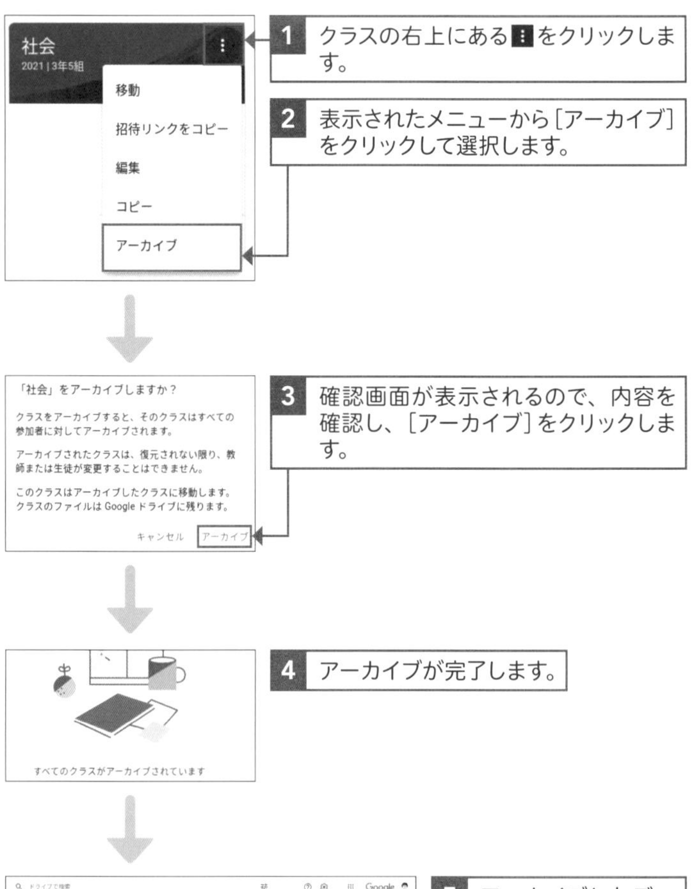

5 アーカイブしたデータは、マイドライブ内の「Classroom」フォルダで確認することができます。

② アーカイブしたクラスを再開する

補足

クラスの削除

アーカイブすることで、いつでもクラスを再開することができますが、もし完全にクラスを削除したいときは、アーカイブしたあとに削除できます。アーカイブ後、手順 3 の画面で［削除］をクリックします。

［削除］をクリックします。

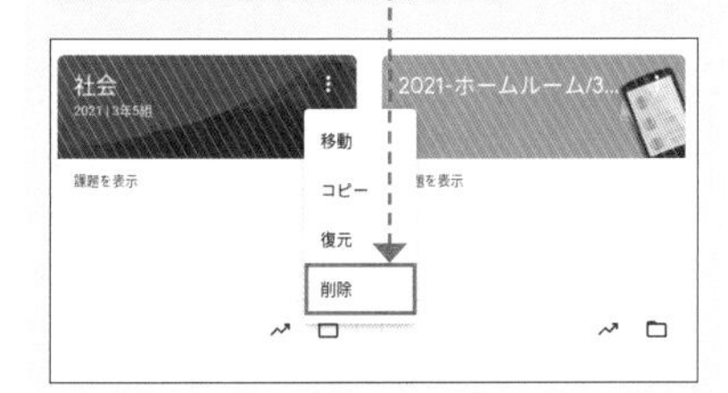

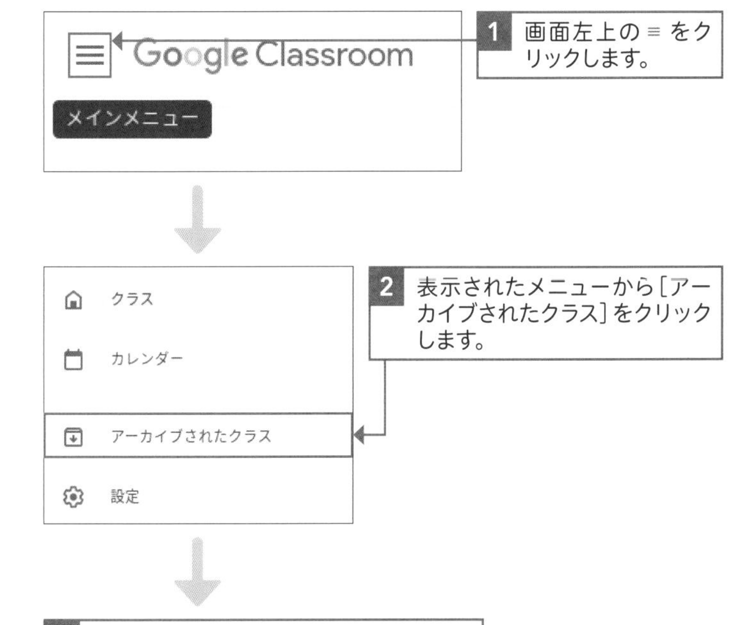

1 画面左上の ≡ をクリックします。

2 表示されたメニューから［アーカイブされたクラス］をクリックします。

3 アーカイブされたクラスが表示されます。

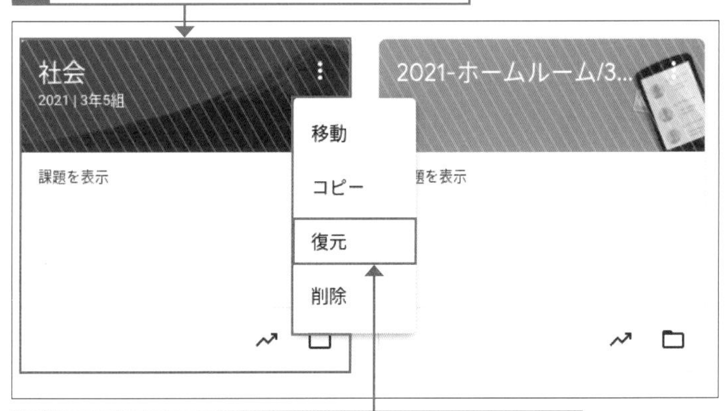

4 クラス右上にある ⋮ →［復元］の順にクリックします。

5 確認画面が表示されるので、内容を確認し、［復元］をクリックすると、復元が完了します。

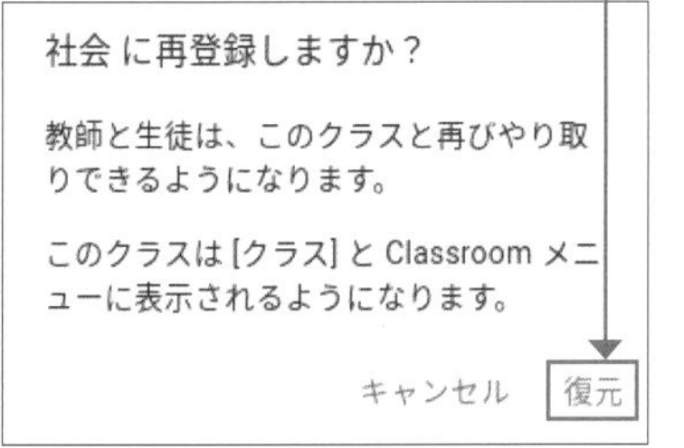

補足

クラスのコピー

アーカイブするのではなく、クラスのデータを次年度に持ち上がりたい際などにはクラスのコピーを利用しましょう。配付した課題などをそのまま活用することができます。

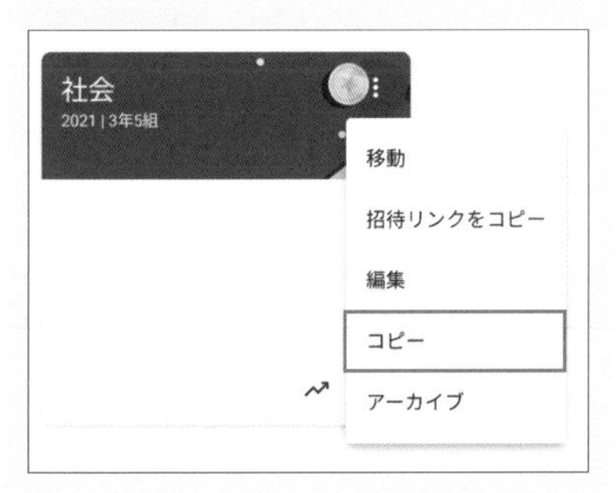

Section
34 ストリームの基本を押さえよう

ここで学ぶこと

- ストリーム
- ストリームに投稿
- クラスや生徒を選んで投稿

ストリームは、クラスにおける教師と生徒のオンライン掲示板です。教師と生徒がコミュニケーションしたり、生徒同士が意見交換したりできます。クラスに参加している教師と生徒であれば自由に投稿することが可能です。

1 ストリームに投稿する

重要用語

ストリーム

ストリームとは、英単語だと「小川」とか「流れ」といった意味がありますが、IT業界では連続したデータの流れやデータを伝送するしくみのことを指します。Classroom におけるストリームでは教師と生徒とのやり取りがスムーズに行うことができる掲示板のような役割があります。

ヒント

資料を追加する

手順 2 の画面で、ストリームのメッセージに資料を添付したり、YouTube 動画のリンクを貼ったりすることもできます。「今日の授業で視聴した動画はこちらです」といったようなクイックな情報共有も可能です。

クラスにアクセスすると、上部タブには「ストリーム」「授業」「メンバー」「採点」の4つが表示され、初期設定では「ストリーム」画面が表示されます。

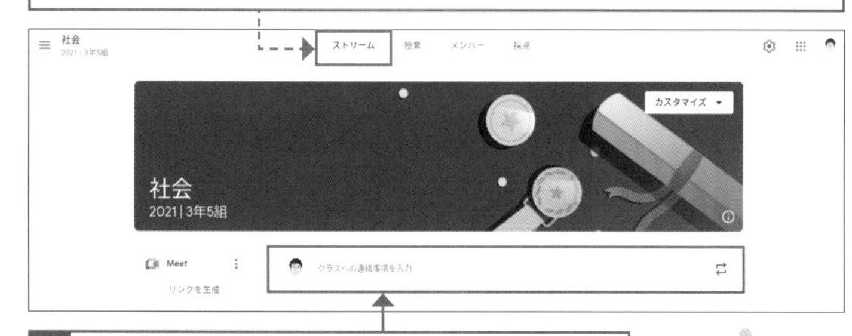

1 ［クラスへの連絡事項を入力］をクリックします。

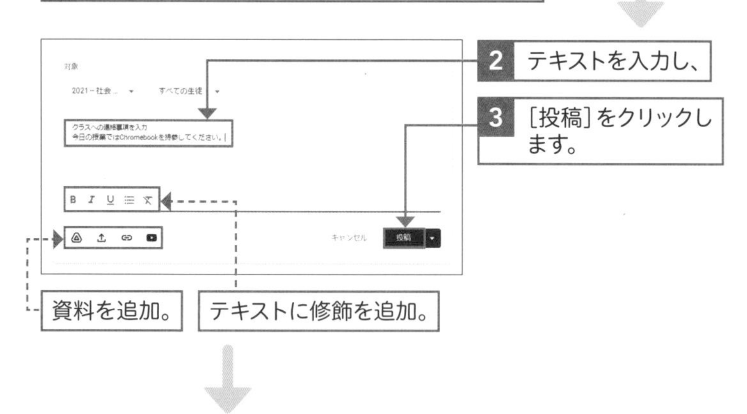

2 テキストを入力し、

3 ［投稿］をクリックします。

資料を追加。

テキストに修飾を追加。

4 ストリームへの投稿が完了します。

② クラスや生徒を選んで、効率よく投稿する

あとで投稿する

メッセージを入力し、「投稿」の横にある ▼ をクリックすると、投稿のほか「予定を設定」、「下書きを保存」も選択することができます。

●予定を設定

メッセージを送信する日時をカレンダーから決めることができます。この機能を活用することで、生徒たちへの連絡漏れを未然に防ぐことができます。

●下書きを保存

入力したメッセージを一時的に保存することができます。ちょっと思いついたアイデアを書き溜めておくといった活用も可能です。

解説

ストリームの価値を最大化する

Classroom を使い始めると、授業に関する各種資料が Classroom に一元的に集約されることになり、生徒たちは授業前にストリームを確認する習慣が付くようになります。こうした状況ができたなら、学校の授業で毎時間必要になる「めあてや本時の授業の流れ」「振り返り」の共有の場としてストリームを使うことも効果的です。めあてや本時の授業の流れを事前に伝えることで、生徒は本時に対して明確な見通しを持って授業に取り組むことができます。また、振り返りをシェアすることで、友達の見方や考え方に触れ、新しい意見や考え方に気付くことができるかもしれません。高度な活用法になるため、毎時間というわけにはいかないかもしれませんが、ぜひ、チャレンジしてみてください。

クラスを選んで投稿する

1 108ページ手順 **2** の画面で、表示されている対象クラスの横にある ▼ をクリックし、投稿対象のクラスをクリックしてチェックを付けます。

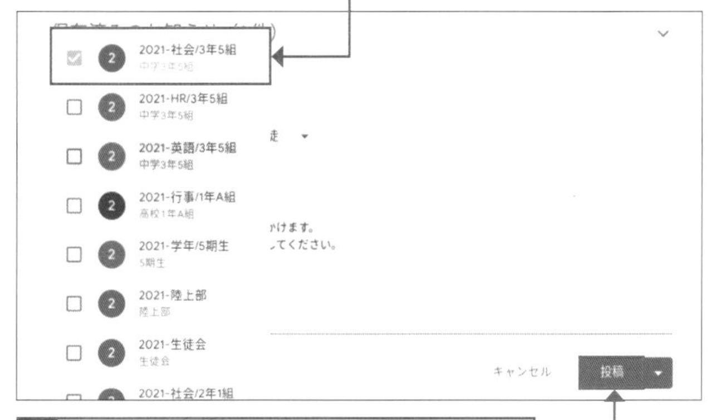

2 テキストを入力し、[投稿]をクリックします。

生徒を選んで投稿する

1 108ページ手順 **2** の画面で、表示されている対象生徒の横にある ▼ をクリックし、投稿対象の生徒をクリックしてチェックを付けます。

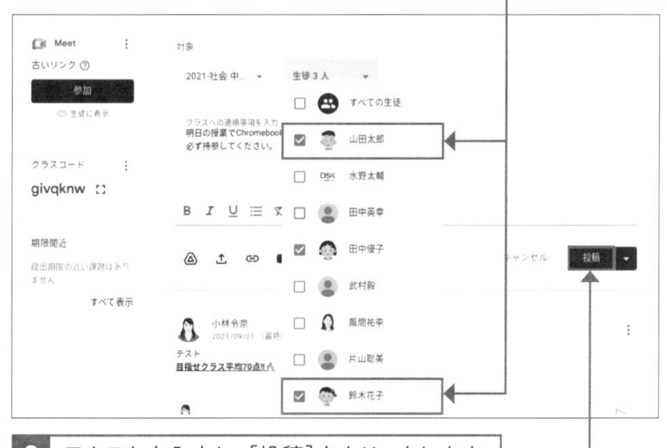

2 テキストを入力し、[投稿]をクリックします。

3 投稿が完了し、2人の生徒にメッセージが届いています。

Section

35 ストリームを整理しよう

ここで学ぶこと

- ストリーム
- 投稿を最上部に移動する
- 投稿権限の変更

教師と生徒とのオンライン掲示板であるストリームを使っていくと、ストリーム上にさまざまな投稿が溢れてしまい、煩雑になってしまうことがあります。そのようなストリームの荒れを防ぐため、対処方法を紹介します。

1 特定の投稿を一番上に表示する

解説

最上部に移動する

生徒が重要な投稿を見逃さないために、特定の投稿を一番上に表示することができます。これは教師にしか操作できません。

ヒント

ストリームを見る習慣を付ける

ストリームに自由に投稿させていくと、教師も生徒も書き込むことができるため、各種の投稿で溢れてしまい、生徒の見逃しも起きやすくなってしまいます。肝心なのは、生徒が Classroom でさまざまな情報を確認をしたり、準備をしたりする習慣を付けることです。毎日や毎授業ごとの習慣付けが見逃しを防ぐ、もっとも効果的な方法です。ここで紹介した方法と合わせて意識するようにしましょう。

1 2番目以降に投稿したメッセージの右にある ⋮ →［最上部に移動］の順にクリックします。

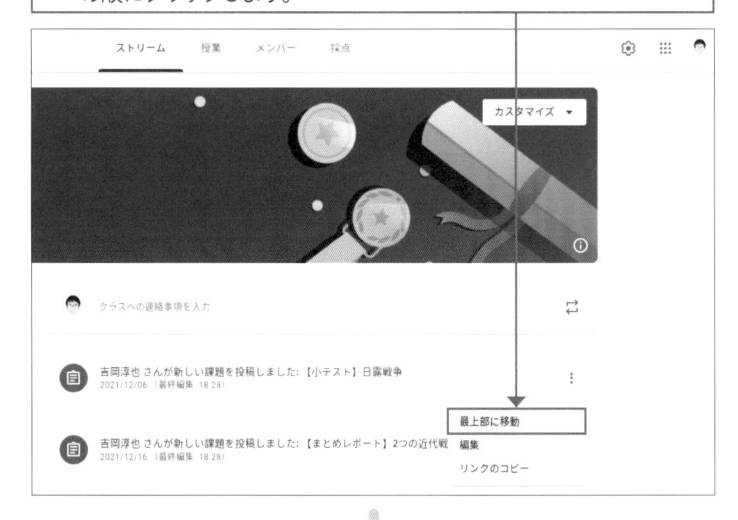

2 最上部への移動が完了します。

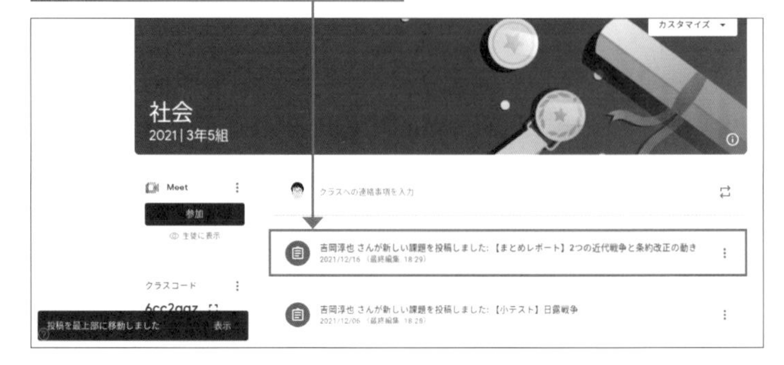

② ストリームに投稿できる権限を変更する

ストリームの投稿権限

ストリームには教師も生徒も投稿できますが、生徒同士の心ない投稿によってストリーム上のやり取りが荒れてしまうことがあります。権限を絞り込んで使うことで、荒れを回避しましょう。権限は①「生徒に投稿とコメントを許可」、②「生徒にコメントのみを許可」、③「教師にのみ投稿とコメントを許可」があり、自由度が高い順に①>②>③という並びになります。

投稿の荒れをモラル指導の種にする

ストリームを使う前に、汎用的なオンライン掲示板の使い方の指導を行うことも大切です。Classroom のような学習ツール活用の延長線上にモラル指導を位置付けることで、生徒は受け入れやすく、トラブルを未然に防いだり、指導機会の確保につなげたりすることができます。

1 クラスを開き、画面右上の ⚙ をクリックします。

2 「全般」にある「ストリーム」の現在の設定をクリックし、任意の設定をクリックして選択します。

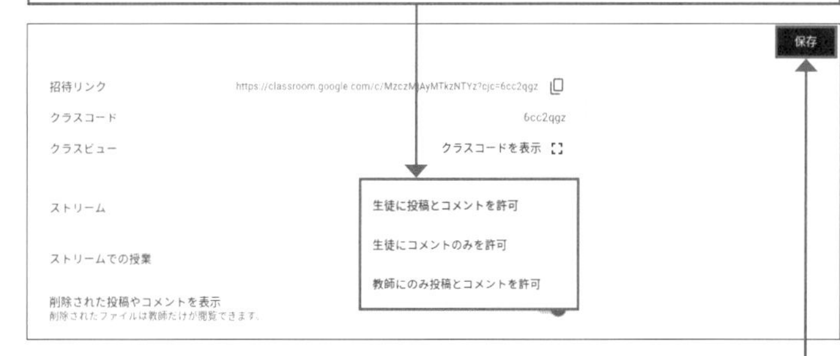

3 設定の変更が終わったら、[保存]をクリックします。

ヒント 削除された投稿を表示する

生徒たちにも自由に意見を書き込んでもらってストリーム自体でやり取りを活発化させたい場合には、「生徒に投稿とコメントを許可」を選びます。反対に、ほぼ毎回ストリームに連絡事項があるので教師だけが投稿できるようにしたい場合には、「教師にのみ投稿とコメントを許可」を選ぶなど、クラスの状況に応じて適切な使い方を選択するとよいでしょう。ただ、ストリームへの投稿は生徒が削除することもできるため、教師の気付かないところで、生徒同士の「荒れ」が起こって投稿自体が削除されているケースも考えられます。ただ、操作履歴を追える Google アプリのよいところで、教師からは削除された投稿を確認することが可能です。手順 **2** の画面で、「削除された投稿やコメントを表示」の をクリックしてオンにします。

Section

36 授業の全体像を把握しよう

ここで学ぶこと

- 課題作成のヒント
- 配付タイプの特徴
- 課題配付の流れ

「授業」タブは Classroom を活用するうえでの基盤であり、重要な機能がたくさん詰まっています。「授業」タブを使ってできることを把握しておくことが、Classroom 活用の成否を握るといっても過言ではありません。

1 課題の種類と入力仕様

課題の種類

課題を配付できるタイプは4つあり、「課題」「テスト付きの課題」「質問」「資料」から選ぶことができます。詳しくは、114ページを参照してください。

クラスの上部タブの［授業］をクリックします。「授業」画面では、課題を生徒宛に配付することができます。

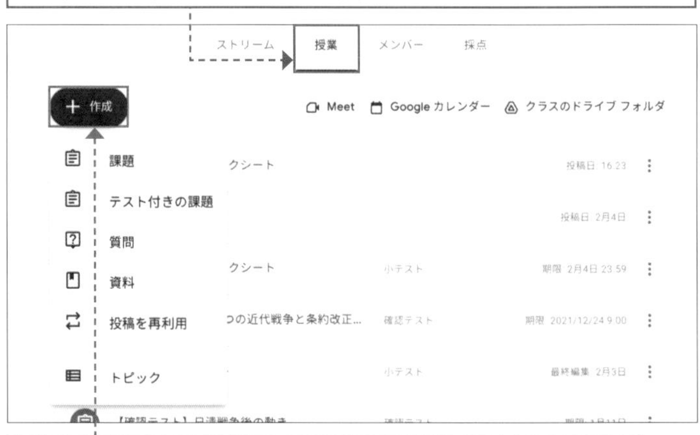

［＋作成］をクリックすると、配付する課題の種類を選択できます。

いずれの課題を選択した際でも、「タイトル」「課題の詳細（省略可）」を入力する仕様になっています。配付する課題のタイトルは前もって考えておくとよいでしょう。

タイトルを工夫する

課題を配付すると、「授業」に履歴が表示されるしくみになっています。このとき「タイトル」に入力したテキストだけが表示されますので、わかりやすく入力するよう工夫しましょう。

タイトル

課題の詳細（省略可）

② 課題作成を効果的に行う

課題の詳細を入力する

「課題の詳細」は省略することもできますが、課題の具体的な内容を伝えたり、どのように使うと効果的な資料なのかを説明したりするときには、太字・斜体・下線などの文字修飾を使って入力しましょう。項目が多くなるときには、箇条書きを使うことも可能です。

いずれの課題を選択した場合でも、課題作成にはテキストメッセージだけではなく、リンクやアプリなどを用いることが可能です。
例えば、Google ドライブの資料を参照したり、パソコンのデータをアップロードしたり、リンクやファイルを埋め込んだり、YouTube の動画を加えたりすることができます。あるいは、ドキュメントやスライド、スプレッドシート、図形描画、フォームなどのファイルを新規作成して課題として配付することも可能です。出題する課題の形式に合わせてアプリを選ぶことで、より効果的に活用できます。

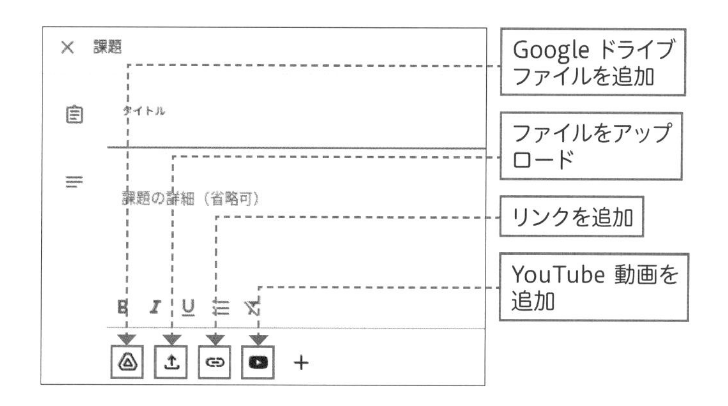

資料を挿入する

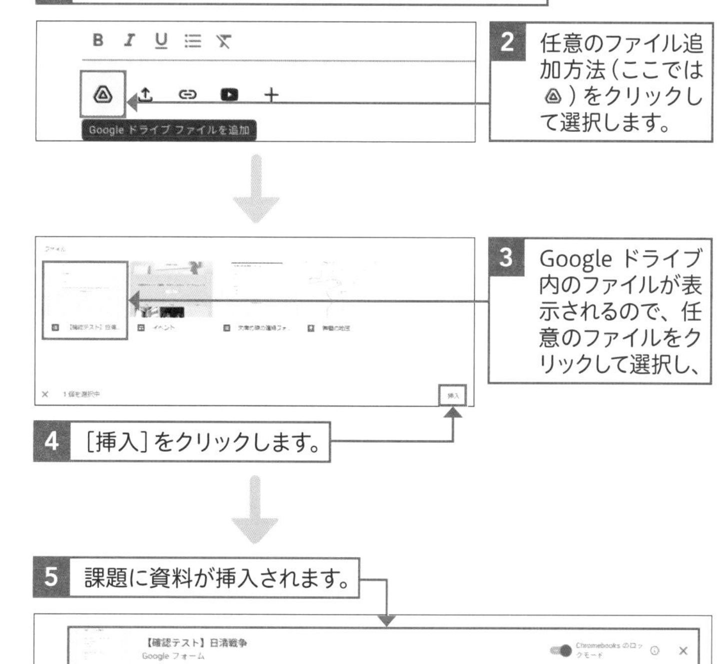

事前に課題ファイルを作成しておく

ドライブの資料を挿入できるので、準備に時間がある場合には、事前に出題する課題ファイルを作成しておいてから Classroom で作業をするほうがよいでしょう。

③ 4つの配付タイプの特徴を知る

「授業」タブで作成できる課題には「課題」「テスト付きの課題」「質問」「資料」の4種類のタイプがあります。タイプごとに機能が異なるため、特徴を理解することで使い勝手も向上します。

課題のタイプ / 使える機能	課題	テスト付きの課題	質問	資料
ファイル追加（ドライブ、リンク）	○	○	○	○
ファイル作成（ドキュメントなど）	○	○	○	○
送付対象の選択	○	○	○	○
点数の設定	○	○	○	×
期限の設定	○	○	○	×
トピックの設定	○	○	○	○
ルーブリックの設定	○	○	×	×
盗用（独自性の確認）	○	○	×	×
生徒の解答を他の生徒が閲覧可能	×	×	○	×

「資料」は配付用に使う

「資料」では回収と採点を行うことができないので、生徒に課題を配付するだけで目的に到達するような場合に使うとよいでしょう。具体的には、授業に関連したYouTubeの動画を授業前に視聴していて欲しいとき、授業中に紹介した関連用語のリンクを共有したいときなどが挙げられます。

クラスメートの解答

右図で[クラスメートの解答]をクリックすると、自分以外のクラスメートの解答を一覧で確認できます。

資料

まず、もっともシンプルな課題配付タイプは「資料」です。ネーミングや、表内に「×」が付されている項目が多いことからも分かるとおり、正に「資料」を共有するときに使うことができます。

質問

次に「質問」です。「質問」と「課題」・「テスト付きの課題」との違いは、「ルーブリックの設定」と「生徒の解答を他の生徒が閲覧可能」の2項目だと表からわかります。そして、「質問」だけにあるのが、「生徒の解答を他の生徒が閲覧可能」という設定です。これをうまく活用することがポイントになります。

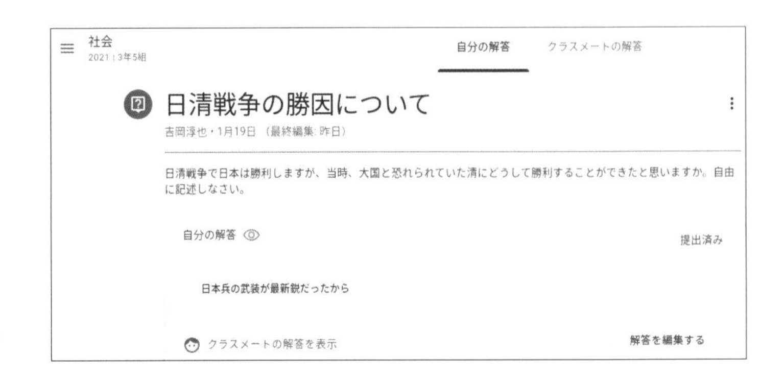

「質問」の作り方

生徒たちのアクションを確認しやすい「質問」の作り方を以下の動画で紹介しています。ぜひご参照ください。

・YouTube「どこがくチャンネル」(https://youtube.com/watch?v=LWLbcPuc1JY&feature=share) 参照

この機能は、教師が課題として「質問」を設定し配付すると、質問に対する生徒の回答状況をクラス全体で確認できます。これにより、例えば、学習内容についての生徒の事前知識を確認する質問を設定して、その状況を踏まえて授業を展開するといったインタラクティブな授業展開が可能です。また、設定を変更すれば、生徒は一度行った回答を編集することができるので、授業の冒頭と末尾で同じ質問を投げかけて、授業中の生徒の理解度を確認するといった使い方も可能です。

課題・テスト付きの課題

「課題」・「テスト付きの課題」は、Classroom でもっとも使用する機会が多い配付タイプです。さまざまな課題を作成して生徒に配付し、提出してもらうだけでなく、採点をしてフィードバックするといったことにも使えます。

「課題」と「テスト付きの課題」の違いは、「テスト付きの課題」を選択すると自動的に Google フォームのリンクが生成される点です。小テストを介して生徒の実態を把握することで、生徒の理解度を踏まえた指導ができるだけでなく、つまづきや誤りを把握することで、個別に必要な支援を行いながら授業を展開することができます。

ヒント 実践者からのアドバイス　日野 俊一郎｜栄光学園中学高等学校 数学科

課題でファイルを添付する場合、PCから直接アップロードしたり、＋で新しいファイルを作成したりするよりも、自分のマイドライブ内でフォルダに整理してあるものをドライブのマーク（△）から添付するのがおすすめです。なお、資料を配付するだけだから、と「資料」を選んで配信してしまいがちですが、生徒からすると「資料」は「限定コメントで質問できない」「期限がないのでいつまでに読めばいいかわからない」というデメリットもあります。私も生徒から指摘されてからは、資料だけを送るときも原則「質問」で配付することにしました。ちなみに、「質問」の選択式は選択肢を１つだけでも作成でき、例えば、「確認しました」の選択肢だけ用意してあげれば、各生徒のアクションも確認できます。

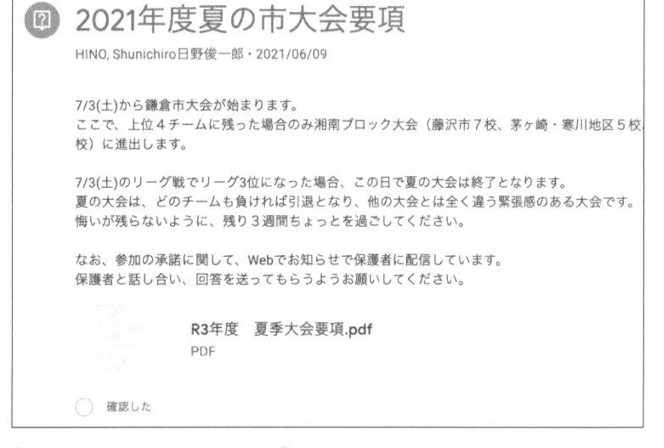

「確認した」の選択肢のみの「質問」

④ 送付対象を選択し、効果的に配付する

解説

送付対象を選択する

4つの配付タイプで共通してできることとして「送付対象の選択」があります。担当しているクラスを複数選んで配信したり、クラスに所属をしている人を抽出できる機能のため、効率よく課題を配付することができます。

112ページを参考に、課題作成の画面を開くと、画面右側に詳細設定のメニューが表示されます。

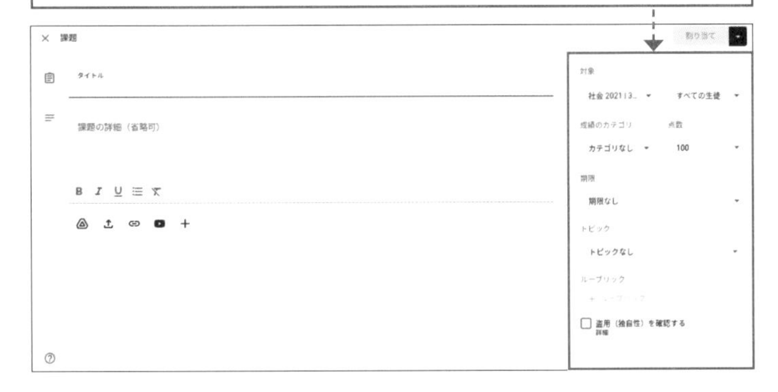

複数のクラスを選択した場合

複数のクラスを選んだ場合には、生徒を選ぶことはできません。クラスに所属しているすべての生徒に送付することになります。

クラスを選ぶ

表示されている対象クラスの横にある ▾ をクリックし、投稿対象のクラスをクリックしてチェックを付けます。

複数クラスに予約投稿する

担当している複数のクラスに対して、同じ課題や資料を予約投稿することもできます。日時指定したり、トピックを立てたりすることもできるので、効率的な作業に役立ちます。

生徒を選ぶ

表示されている対象生徒の横にある ▾ をクリックし、投稿しない生徒をクリックしてチェックを外します。

生徒の送付対象

デフォルトの設定では「すべての生徒」に送付することになっています。

⑤ トピックを整理し、見やすく工夫する

解説

トピック

「トピック」の設定はすべての配付タイプで利用可能です。トピックは、投稿した内容にラベル付けをする機能です。例えば、配付した課題のうち一部に「宿題」とトピックを付けてまとめておくことができます。別の課題には「夏休みの課題」とトピックを付ければ、生徒はいつの宿題なのか迷うことなくアクセスすることができます。また、単に資料として配付したものには「資料」とラベルを付けて整理することで、見やすくなるでしょう。

補足

トピックをあとから編集する

トピックは新規投稿時に設定することができますが、あとから編集することも可能です。すでに投稿した課題にトピックを加えるには、 ⋮ →［編集］の順にクリックし、作成します。このようにトピックの追加や削除をこまめに行うことで、「授業」タブ内を整理し、課題を探す手間を減らすことができます。

1 配付した課題の右上にある ⋮ →［編集］の順にクリックします。

2 課題の作成画面が表示されるので、画面右側に表示された詳細設定からトピックを設定し、

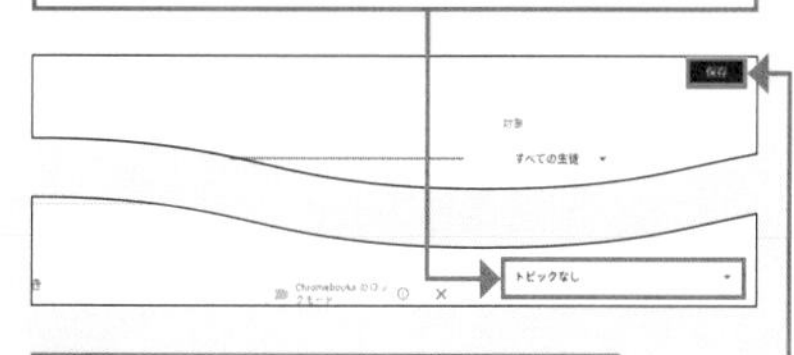

3 ［保存］をクリックします。

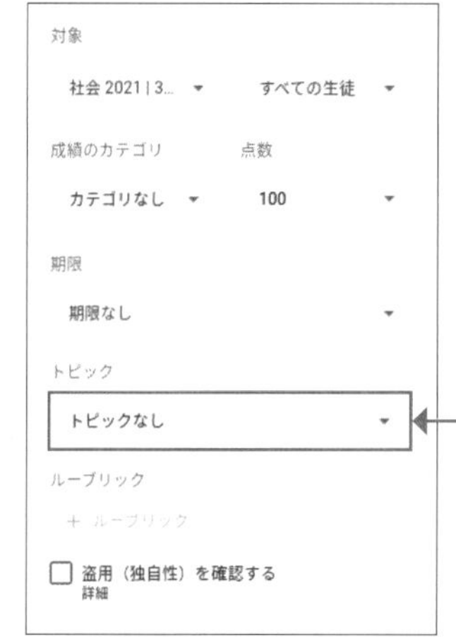

1 112ページを参考に、課題作成の画面を開くと、画面右側に詳細設定のメニューが表示されます。

2 表示されたメニューから「トピック」の現在の設定→［トピックを作成］の順にクリックします。

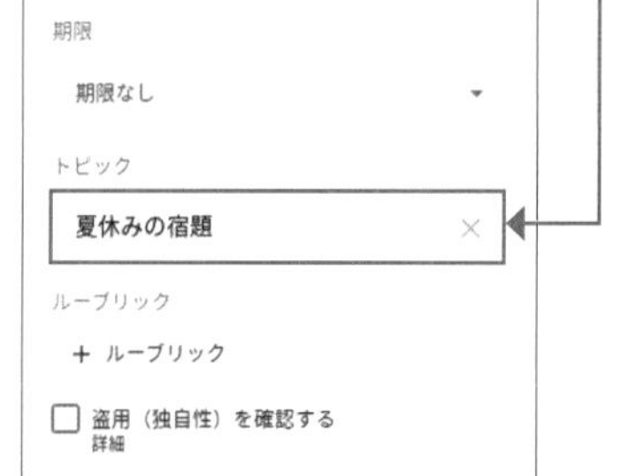

3 テキストを入力できるようになるので、任意のトピック（ここでは「夏休みの宿題」）を入力します。

4 その他の項目を設定して［割り当て］をクリックすると、トピックが反映されて表示されます。

⑥ 課題を配付したあとの動きを知る

課題を配付すると、いくつかの自動処理が行われます。このプロセスを把握しておくと、Classroom を授業のどの場面で活用すればよいかイメージしやすくなります。また、生徒側ではどのような処理が行われるかについても合わせて確認しましょう。

1 課題の配付を終えると、クラスの「ストリーム」画面に課題の内容が表示されます。

2 課題の配付を終えると、「授業」画面にも課題の内容が表示されます。

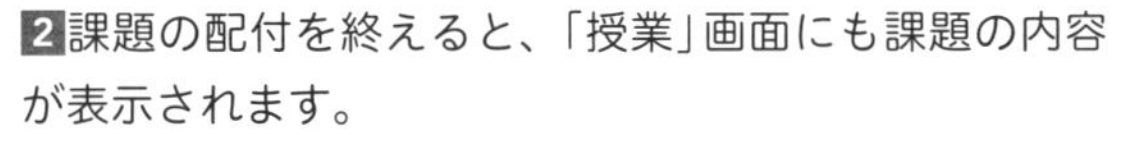

3 課題の配付を終えると、「採点」画面にも課題が表示されます。

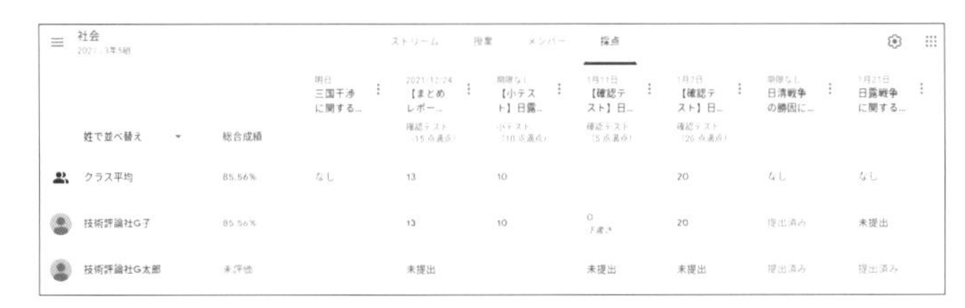

4 課題をクリックして［課題を表示］をクリックすると、生徒の回答状況が表示されます。どの生徒が課題を提出し、未提出なのかをすぐに確認できます。

生徒が課題を受け取る

1 上記の教師側の **1** 同様、クラスの「ストリーム」画面に課題の内容が表示されます。
2 課題が配付されると、メールで通知が届きます。

3 課題が配付されると、「授業」画面にも課題の内容が表示されます。左上の［課題の表示］をクリックすると、課題のリストと現在のステータスが一覧表示できます。

⑦ 生徒の課題を回収し、フィードバックする

解説

課題にフィードバックする

課題は提出して終わりにするのではなく、生徒の理解度を図ることで自らの授業を見直したり、生徒の回答からさらなる学びを促したりするなど、フィードバックをしてこそ意味があります。とくに生徒にはすばやくフィードバックを行うことで、学びの意欲を継続させることができます。

生徒が課題を返却すると、教師画面の「生徒の提出物」タブでもステータスが「提出済み」へ変更します。

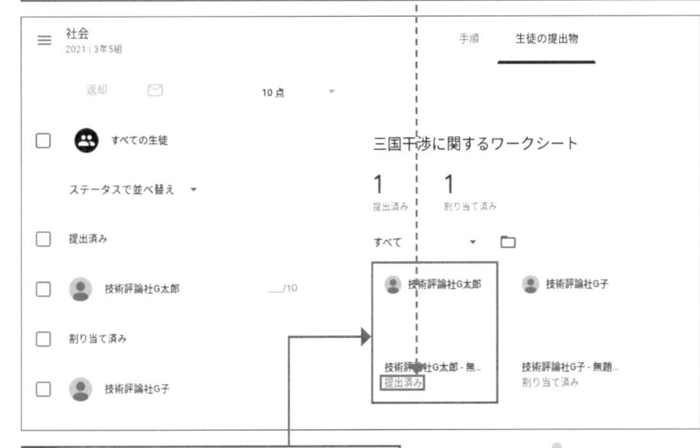

1 提出済みの課題をクリックします。

2 生徒が提出した課題が表示されます。必要に応じてフィードバックを行います。ここでは、「限定公開のコメント」に入力し、

3 ［投稿］をクリックします。

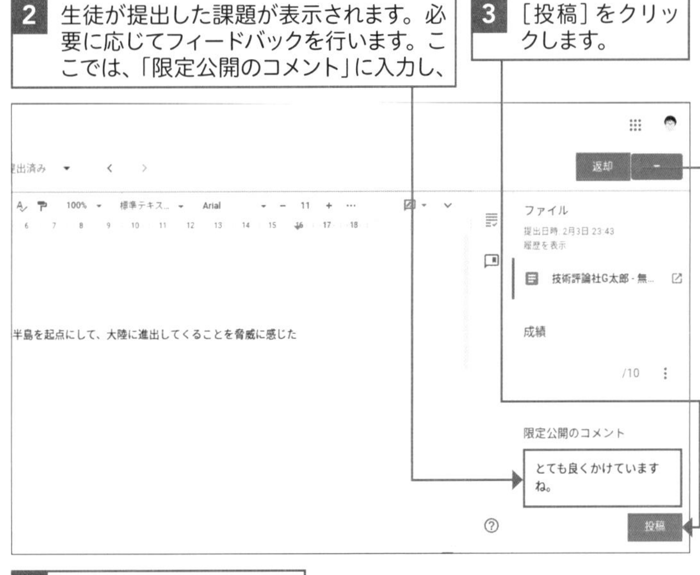

4 ［返却］をクリックします。

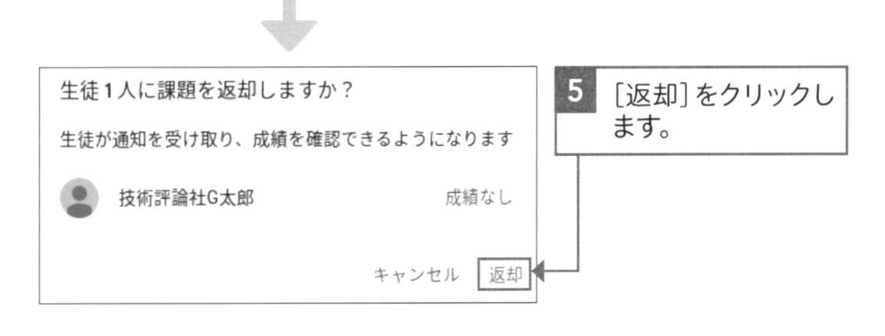

5 ［返却］をクリックします。

補足

提出物に直接フィードバックを提案する

手順**3**の画面で提出物に直接フィードバックを行うこともできます。この際、入力変更を行った箇所は編集がすぐに反映されるのではなく、共同編集者からの提案として表示されます。提案されたコメントは承認と拒否のいずれかを選択することができ、ファイルのオーナー（生徒）が選択することで反映されるしくみです。

Section

37 資料を配付しよう

ここで学ぶこと

・課題
・資料の作成
・リンクの追加

授業中、生徒の内容理解を助けるために教科書以外の参考資料やワークシートなどを使用することも少なくありません。資料の配付機能を使うことで、資料の共有をスムーズに行えます。

1 資料を作成する

ファイルの追加なども適宜行う

「資料」作成時には、Google ドライブの資料を参照するほか、パソコンのデータをアップロードしたり、リンクやファイルを埋め込んだり、YouTube の動画を加えたりすることができます。あるいは、ドキュメントやスライド、スプレッドシート、図形描画、フォームなどでファイルを新規作成して課題として配付することが可能です。出題する課題の形式に合わせてアプリを選ぶことで、より効果的に活用できます。

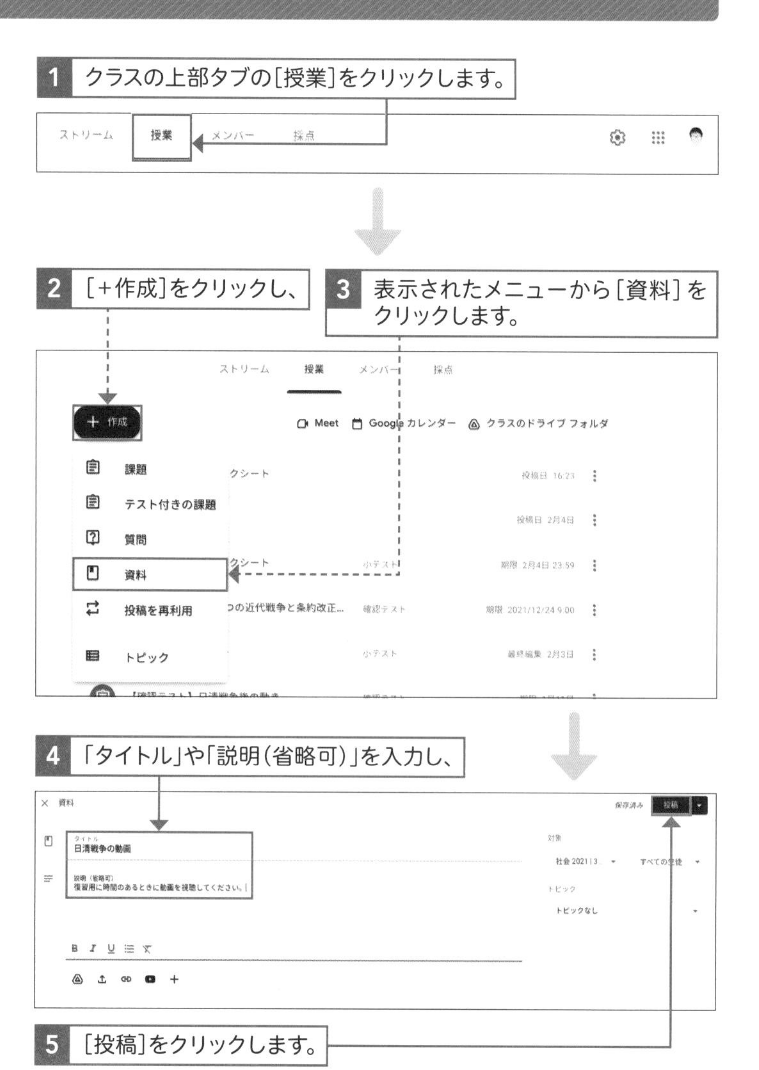

② 動画リンクの付いた資料を配付する

動画選びのポイント

NHK for Schoolでは質の高い映像が無償で提供されていますので便利に利用できます。YouTube にもたくさんの動画がありますが、その都度探すのは難しいので、授業で使えそうなチャンネルをあらかじめ自身でチャンネル登録しておいたり、再生リストを活用したりすることで生徒に情報提供しやすくなります。

1 120ページ手順1～3を参考に、課題作成の画面を表示します。

2 「タイトル」や「説明（省略可）」を入力したあと、動画リンクも共有する場合は、⊖をクリックします。

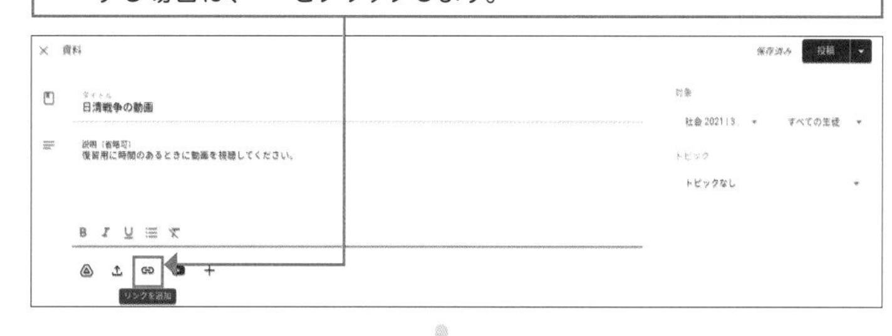

3 参照元となるコンテンツのURLをコピー＆ペースト、または入力し、

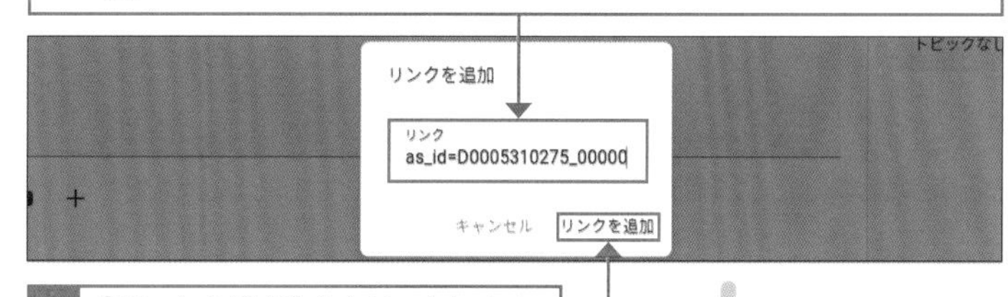

4 [リンクを追加]をクリックします。

対象の選択は効果的に行う

作成した「資料」を誰に配付するかは、クラスや生徒から選択することができます。詳しくは116ページを参照してください。

5 リンク先が正しく挿入されると、サムネイルとリンク先のURLが表示されます。

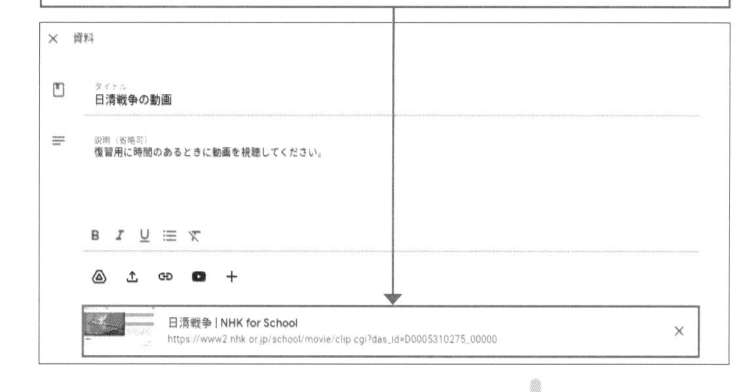

6 [投稿]をクリックします。

トピックの設定

作成した「資料」を整理するためにトピックの設定を行いましょう。詳しくは117ページを参照してください。

Section

38 質問で生徒の状況を把握しよう

ここで学ぶこと

・課題
・質問を投稿する
・質問の詳細設定

授業中、生徒たちの意見が分かれて議論が深めやすい場面で「質問」を活用することで、生徒にすばやく質問への解答を促したり、解答状況を瞬時にクラス全体へ共有したりできます。

① 質問を作成する

解説

質問を利用するメリット

生徒の意見を求めるときには、生徒を指名して意見を板書しながら共有したり、回答ごとに生徒に手を挙げさせてその数をカウントするといった方法が採用されていました。
こうした方法には発言する生徒をクラス全体の中で際立たせることで授業運営をしやすくしたり、生徒に自信を付けさせるよさがある反面、共有にかなりの時間がかかって授業時間を圧迫したり、そもそも回答しない生徒がいて正確な状況が把握できなかったり、あるいはクラス内のやり取りが意見の強い生徒の声に流されがちになるといった課題もありました。
「質問」機能を使うことで共有にかかる時間を大幅に削減するだけでなく、挙手をするのは気恥ずかしいけどパソコンを介してであれば回答しやすいといった生徒たちの声を拾い上げることができます。

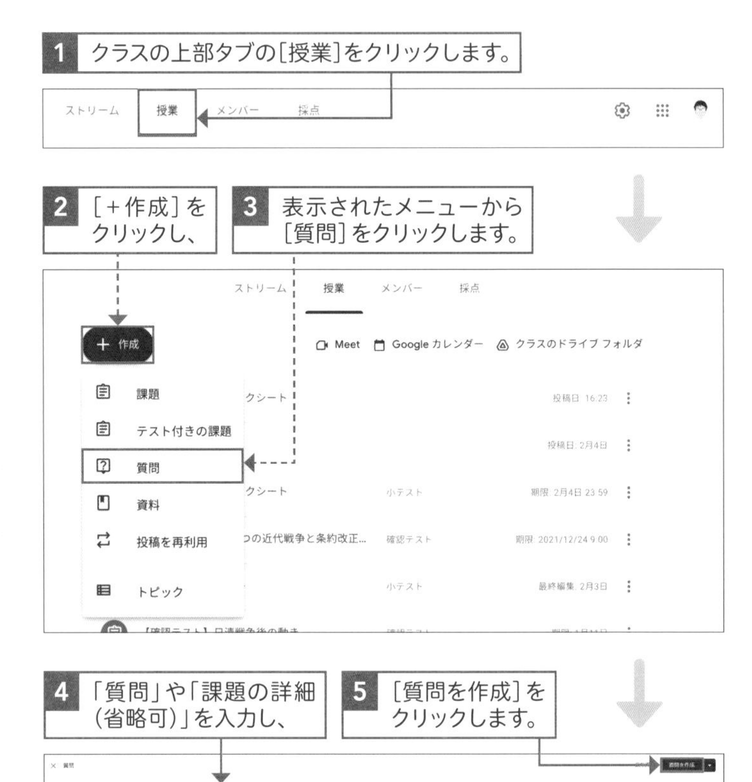

② 質問で生徒の状況を把握する

解説

質問の詳細設定

質問内容や解答状況に応じて、2つの設定を使い分けます。デフォルトでは、「生徒はクラスメートに返信できます」がオン、「生徒は解答を編集できます」がオフになっています。

●「生徒はクラスメートに返信できます」

ある生徒の解答に他の生徒が返信できるかどうかを選択できます。

●「生徒は解答を編集できます」

生徒が提出後でも解答を編集できるかどうかを選択できます。

成績のカテゴリ　点数
カテゴリなし　採点なし
期限
期限なし
トピック
トピックなし
☑ 生徒はクラスメートに返信できます
☐ 生徒は解答を編集できます

授業での変容を確認する

「生徒は解答を編集できます」にチェックを付けておくことで、授業前と授業後で同じ質問に答えてもらい、その変容を確認するといった使い方も可能です。授業を通して自分の理解や他の生徒の考えがどのように変わったのかをすばやく可視化することで、気付きも大きなものになります。

1 122ページ手順1～3を参考に、課題作成の画面を表示します。

2 「質問」や「課題の詳細（省略可）」を入力したあと、画面右側の詳細設定にある［生徒は解答を編集できます］をクリックしてチェックを付けます。

3 ［質問を作成］をクリックします。

生徒用画面

投稿が完了すると、生徒に質問が届いていて、解答のやり取りが行われます。「生徒は解答を編集できます」をオンにしているため、「解答を編集する」が表示されています。

Section

39 課題を配付しよう

ここで学ぶこと

- 課題
- 課題を配付する
- 課題の権限設定

授業を行う際、参考資料やワークシート、動画など、さまざまな資料やツールを組み合わせることで、生徒たちの理解を助けたり、深めたりすることができます。こうした際に課題の配付機能を使うと便利です。

1 課題を作成する

解説

課題の詳細設定

課題作成の画面右側で、課題の詳細設定を行うことができます。配付対象の選択は116ページ、トピックの設定は117ページをそれぞれ参照してください。

●点数の設定

「成績のカテゴリ」や「点数」を設定できます。

●期限の設定

「期限」を設定することで、生徒に取り組みの目安を与えることができます。

●ルーブリックの設定

課題の評価基準（ルーブリック）の設定を行うことができます。

●盗用（独自性）を確認する

生徒が作成したレポートに盗用がないかを確認できます。教師だけでなく、生徒自身も使うことが可能です。

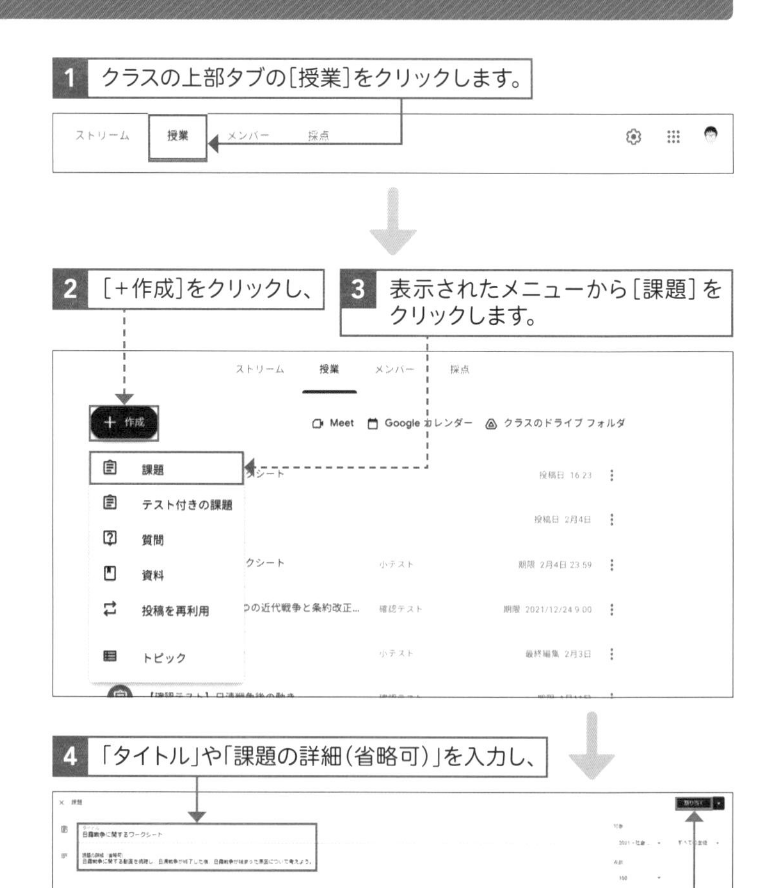

② 課題に権限を設定して配付する

解説

課題の権限の詳細

「課題」の配付時に肝となるのが、データの権限設定です。ドキュメントなどで「課題」を新規作成したり、Google ドライブのデータを挿入して利用したりする場合には、配付するファイルに対して3つのパターンで権限を設定することができます。

●生徒がファイルを編集できる

生徒は Google ドライブ上の同じファイルを共有し、編集することができます。例えば、文化祭の話し合いを行うホームルームの議事録など、ファイルを共同編集して利用する場面ではこの設定が便利です。

●生徒がファイルを閲覧できる

生徒は Google ドライブ上の同じファイルを閲覧のみ行うことができます。先程とは異なり、生徒はファイルの編集を行うことができません。生徒が学習に必要なデータを参照するような課題の場合には、この権限設定が便利でしょう。

●各生徒にコピーを作成

生徒の Google ドライブ上にファイルのコピーを作成することができます。生徒は配付されたファイルを編集することができるので、提出が必要なレポートなどはこの権限で利用するとよいでしょう。

権限設定	利用場面
生徒がファイルを編集できる	共同作業
生徒がファイルを閲覧できる	データの参照
各生徒にコピーを作成	課題の提出

1 124ページ手順1～3を参考に、課題作成の画面を表示します。

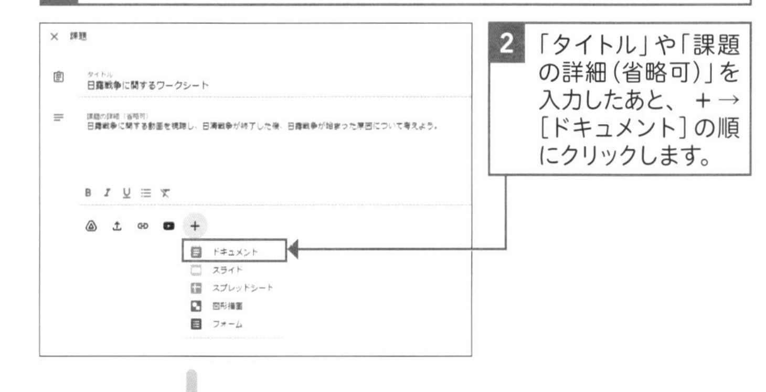

2 「タイトル」や「課題の詳細(省略可)」を入力したあと、＋→[ドキュメント]の順にクリックします。

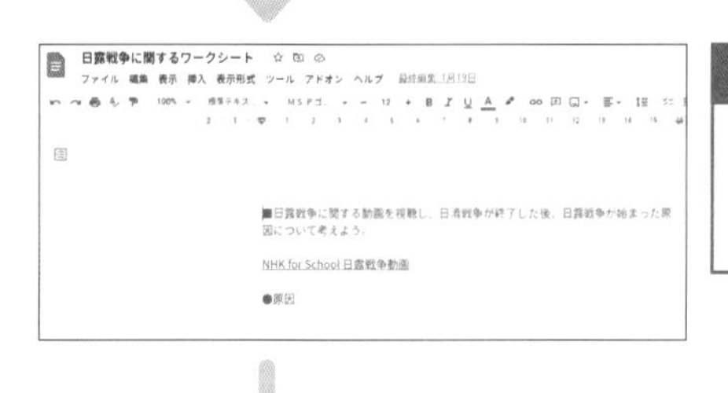

3 ワークシートを作成します。作業が終了したら×をクリックしてドキュメントを閉じます。

4 課題作成の画面にドキュメントが追加されています。ファイルの右側に権限を変更できるタブが表示されているので、[各生徒にコピーを作成]をクリックして選択します。

5 [割り当て]をクリックします。

Section

40 テスト付きの課題を配付しよう

ここで学ぶこと

- テスト付きの課題の配付
- 小テストの作成
- 自動採点の設定

「テスト付きの課題」は、課題作成の際にアンケートや応募フォームなどを手軽に作成できる Google フォームのテストモードを採用します。そうすることで、課題配付から自動採点までを一気に実施できます。

1 テスト付きの課題を作成する

解説

「テスト付きの課題」の特徴

Google フォームのテストモードでは、選択肢ごとに点数を割り当てたり、正解・不正解を自動採点したり、正解・不正解に対してリアルタイムでフィードバックを行うことができます。また回答結果が自動的に分析され、その情報を確認したり、生徒の誤答情報のトピックが表示されたりするほか、テストを受けた生徒の成績をスプレッドシートに書き出すこともできるので、教師がテストの結果をより分析しやすくなります。もちろん、Classroom の課題配付・回収・採点・フィードバックの流れはそのままに、この機能が上乗せされるので、「テスト付きの課題」は2つのアプリのよいとこ取りといえます。

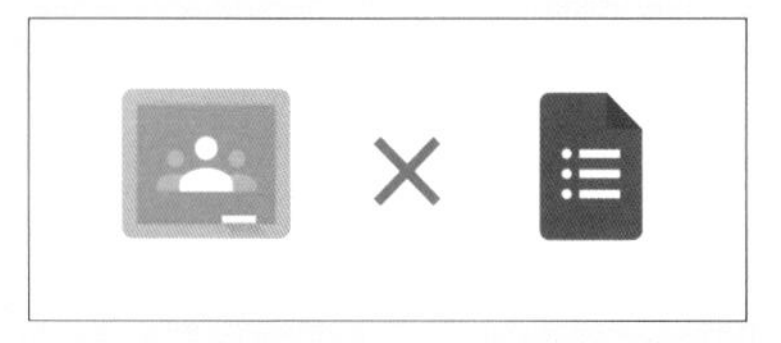

1 クラスの上部タブの[授業]をクリックします。

2 [＋作成]をクリックし、

3 表示されたメニューから[テスト付きの課題]をクリックします。

4 「タイトル」や「課題の詳細（省略可）」を入力します。

5 画面下部に自動的に新規の Google フォームが挿入されています。これクリックし、小テストを作成します。

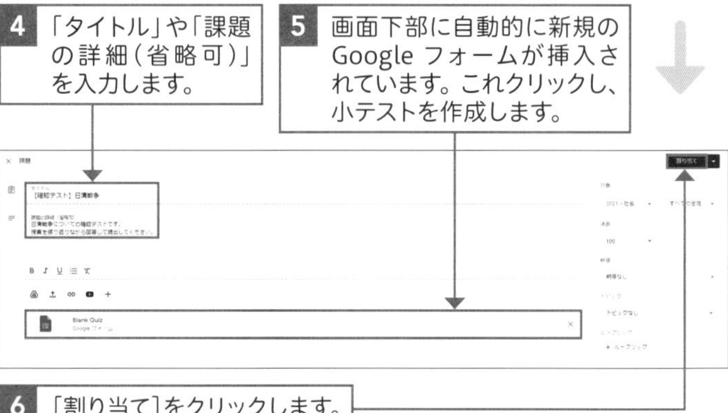

6 [割り当て]をクリックします。

② 小テストを作成し、点数を配点する

解説

採点可能なフォームの回答形式

記述式	
記述式	簡単な記述式の回答形式
段落	1段落以上の記述式の回答形式
リストから選択する形式	
ラジオボタン	選択肢から1つだけを選択する形式
チェックボックス	選択肢から複数選択できる形式
プルダウン	選択肢から1つだけを選択する形式。プルダウンメニューを選択するまで選択肢の内容がわからない
グリッドから選択して回答する形式	
選択式（グリッド）	1行につき1つの回答を選択するグリッドを作成して回答する形式
チェックボックス（グリッド）	1行につき1つ以上の回答の選択が可能なグリッドを作成して回答する形式

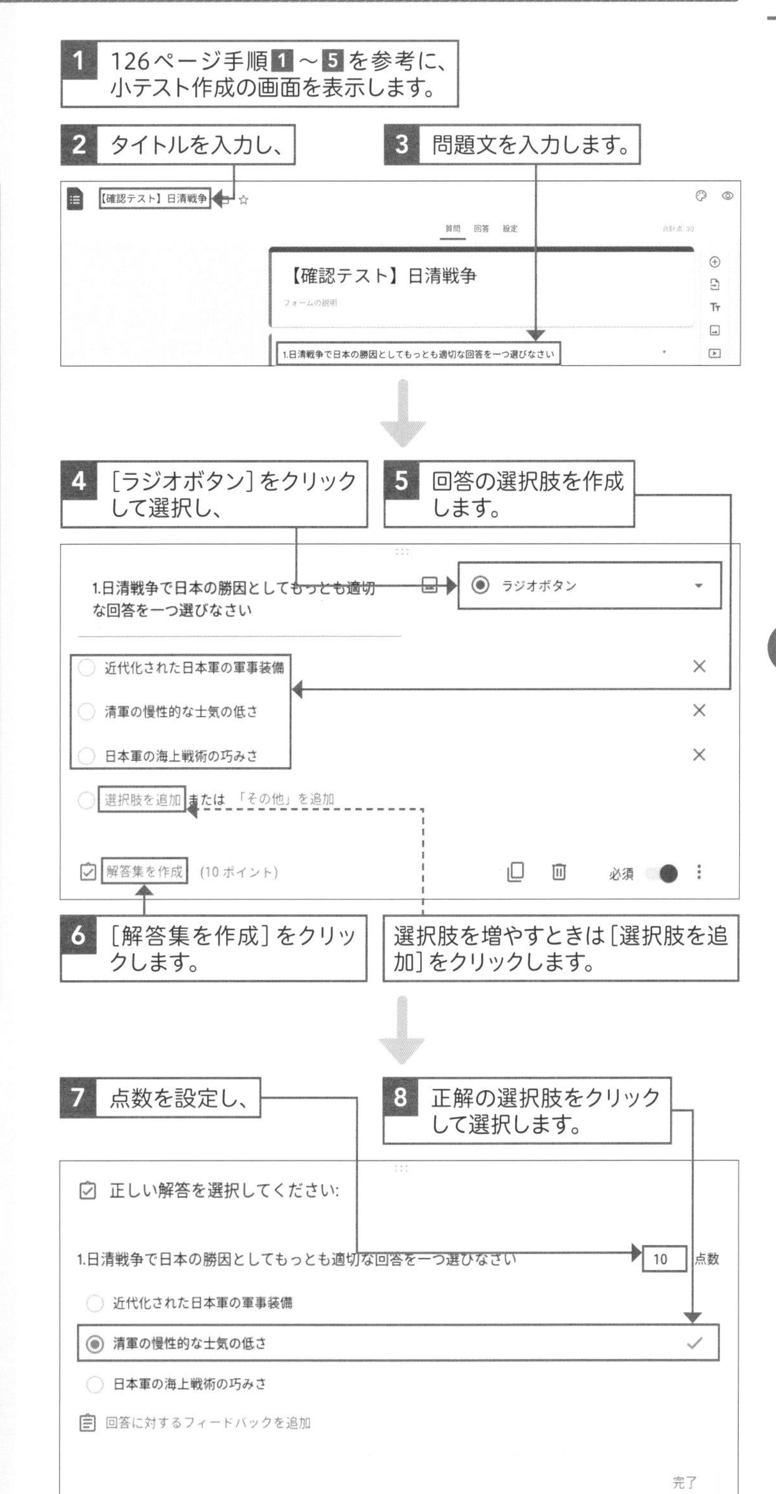

記述式の解答集を作る

自動採点を行うには、生徒が入力した内容が合っているか確認する必要があります。解答集の作成とはそのために必要な手順で、問題の正解を入力します。記述式で解答集を作成する場合には、生徒が回答しそうなものをできる限り想定して作成するとよいでしょう。半角や平仮名、カタカナ、小文字などはその典型例です。

③ 回答へのフィードバックを設定し、配付する

効果的なフィードバック方法

生徒が回答したテストに対して、自動フィードバック機能を用い、すばやいフィードバックを行いましょう。選択肢式のテストの場合には、「正解」「不正解」ごとにフィードバックを設定できるので、クラスの実態に応じて使い分けましょう。また、フィードバックを行う際には、リンクや YouTube の動画も挿入できるので、より学びを深める使い方ができます。なお、記述式のテストの場合には、フィードバックは1つしか設定できません。

テストの採点

テストのすべての回答について、結果の概要が自動的に作成されます。誤答の多い質問、正解の数に関するグラフ、スコアの平均・中央値などがそれに該当します。誤答が多い問題の解説をていねいに行うなど、データに基づいて指導の改善を図ることができます。

ここでは、127ページ手順8の画面から解説します。

1 ［回答に対するフィードバックを追加］をクリックします。

2 「フィードバックの追加」画面で［不正解］または［正解］をクリックして選択します。

3 テキストを入力し、

4 ［保存］をクリックします。

5 各種設定が終了したら、［完了］をクリックします。

6 課題作成の画面に戻るので、［割り当て］をクリックします。

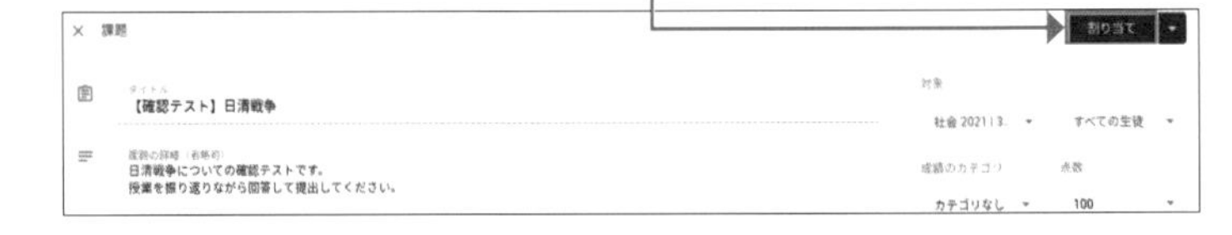

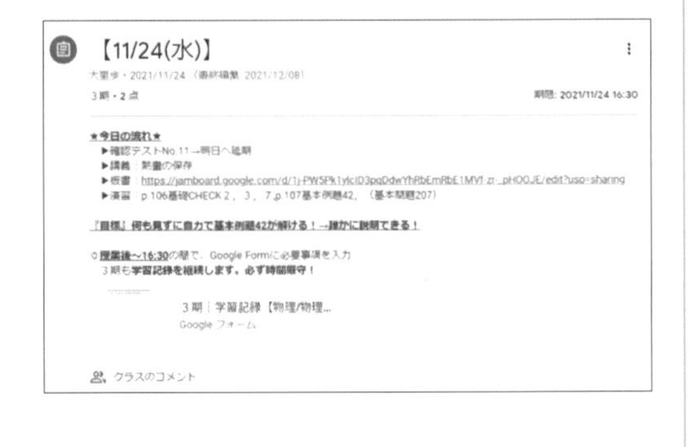

ヒント 実践者からのアドバイス　大里 歩｜自由ヶ丘学園高等学校 理科

毎日の「学習記録」をフォームで作り、毎回の授業で配信し、授業の最後に、振り返りとして取りためています。テスト付き課題の形式ですと、フォーム提出の有無が一目でわかるので管理も楽です。そして、回答スプレッドシートを共有すれば、友達の振り返りも学びのキッカケになります。ただし、フォーム以外の資料を添付してしまうと、「テスト付きの課題」の形式では無くなってしまうので要注意です。資料は、詳細にURLで貼りましょう。多少手間はかかりますが、デモクラスやデモアカウントを活用し、先生同士で生徒役もやってみて検証してからのほうがスムーズかもしれません。

第5章

Google Classroomを活用しよう

この章で学ぶこと

Google Classroom でできること

一元管理が持つ意味

前の章でご紹介したように Google Classroom を使うと、教師は課題の作成・配付・回収・フィードバックをクラス内で一元管理することができ、教師と生徒とのコミュニケーションを円滑に図りながらクラス運営することができます。
この一元管理できるメリットを押さえておくことで、より活用が広がっていくでしょう。
この章では、回収・フィードバックなどを中心に、これまで教師が膨大な時間をかけて実施していたことが、ICTを取り入れることで、よりスピーディーかつ正確に実現できることを具体的に解説していきます。

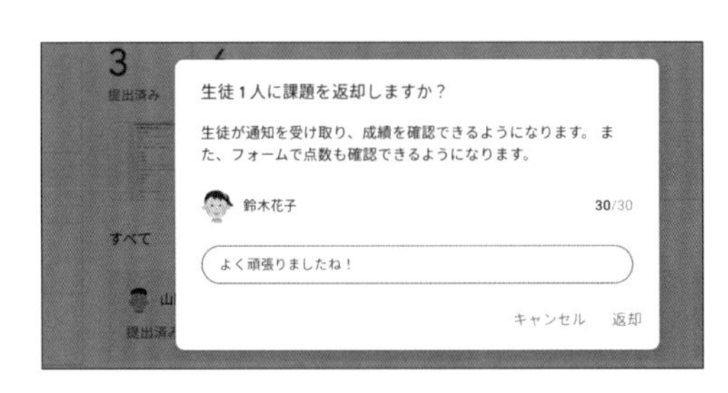

Classroom の一元管理のメリット

	課題作成と配付	回収	採点	返却・フィードバック
教師	・資料が作成しやすい ・リンクを使って重層的な課題作成も可能 ・課題配付のタイミングを自在に選べる ・再配付の手間軽減 ・印刷の手間がなくなる	・即座に回収できる ・回収時間を気にせず授業運営できる ・生徒による紛失の心配なし（心理的安全）	・外出先や出張先などでも確認できる ・採点機能の利用で自動化できる ・採点業務負担軽減 ・教師による紛失の心配なし（心理的安全）	・自動採点ですぐにフィードバック ・ひとことメッセージを添えやすい ・学習を補助するアクションを促しやすい
生徒	・資料や課題を把握しやすい	・提出期限がわかりやすい	・すぐに結果がわかる ・やり直しにすぐに取りかかれる	・すぐに補習に取り組める

オンラインとリアルの垣根を超えて

Classroom が学校現場に爆発的に普及したのは、全国一斉休校になったときでした。
オンラインへの対応を余儀なくされた中、教師と生徒が簡単につながることができたこと、さらに Classroom から簡単に Google Meet に接続できたことが、多くの学校で利用が進んだ理由です。
きっかけがオンラインへの対応だったため、その期間が終わると Classroom の利用も少なくなると思いきや、対面での授業が始まってもなお、多くの教師が Classroom を使い続けています。
その理由は、言うまでもなく、Classroom が便利で使いやすいからです。
「これまでどれだけロスが大きいことをしていたか痛感した」「採点業務から解放されて気分的にホッとしている」「1人1台の端末があるから、その前提を生かしてもっと生徒の学びを支援できるようにしたい」
こうした教師のワークフローが劇的に変化したという声を本当にたくさん聞きます。言い換えれば、便利さを実感してからは、もうあと戻りができないので、そのまま継続的に使っているということです。
そして、継続的に使っている学校では、生徒が登校したら Classroom にアクセスするのが日課になり、教師の授業準備も Classroom での準備に様変わりしている例もあります。利用方法も単なる課題配付だけでなく、本時の授業の目標を事前にシェアして学びに向かう方向付けを行い、授業の流れも示すことで生徒に見通しをもたせるといった活用にシフトしています。

1人1台の端末での Classroom 活用だからこそ、生徒主体の授業へと変わることができる

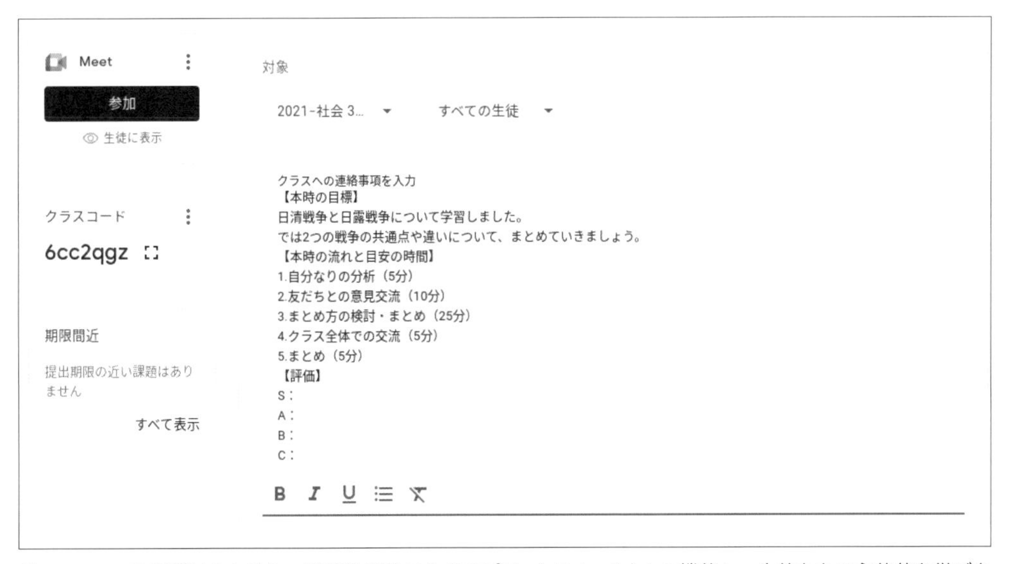

Classroom は授業はもちろん、学校生活そのもののプラットフォームとして機能し、生徒たちの主体的な学びを支える基盤となる可能性を持っているのです。

Section

41 Google Classroom のデザイン設計

ここで学ぶこと

- クラス編成
- クラスの作成
- 生徒の迷子を防ぐ方法

Google Classroom は、授業はもとより学校生活のプラットフォームとなります。学校におけるさまざまなシーンを思い浮かべて、クラスを作成し、運用を図りましょう。

1 クラスのデザイン設計

解説

クラス編成の機能性

Classroom を利用するとオンライン上でのクラス運営を行うことができます。学校内外を問わずすべての組織運営に共通するのが、どのような組織を構成するかで機能性が大きく変わるということです。担任だけでよいのか、副担任も加えるのか、管理職も招待するかなど、組織の機能性を高める選択を行いましょう。

副担任などの権限

招待された教師は、「Classroom の削除ができない」「担任の削除ができない」という権限の違いがあります。

管理職を招待する

重要事項を検討する場合や、特別な配慮が必要な生徒が在籍している場合などは、管理職を招待するのも1つの方法です。

Classroom では、1クラスにつき教師20人、生徒1,000人まで所属することができるので、これを最大限に活用します。

授業のクラス

授業、教科クラス、学年ごとのクラスを作成する。

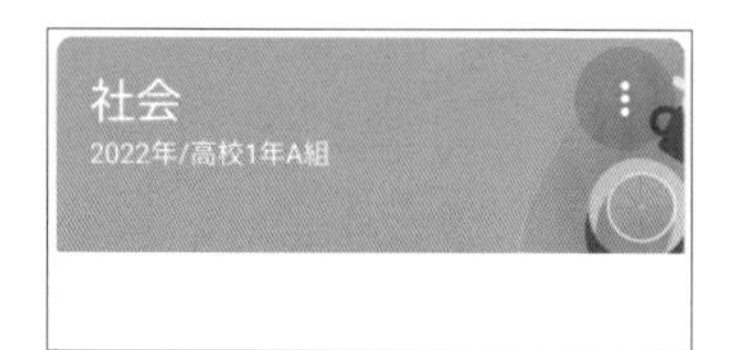

校務関連のクラス

学級、学年、校務分掌などのクラスを作成する。

生徒関連のクラス

部活動、生徒会活動、委員会活動などのクラスを作成する。

② 生徒が Classroom で迷わないための工夫

補足

クラスを並べ替える

学年、クラス、教科、委員会などクラスの並び順を変更することができます。具体的な操作方法については104ページを参照してください。

補足

メインメニュー

クラスの画面左上にある ≡ がメインメニューです。ここをクリックすると、他のクラスに移動することも可能です。

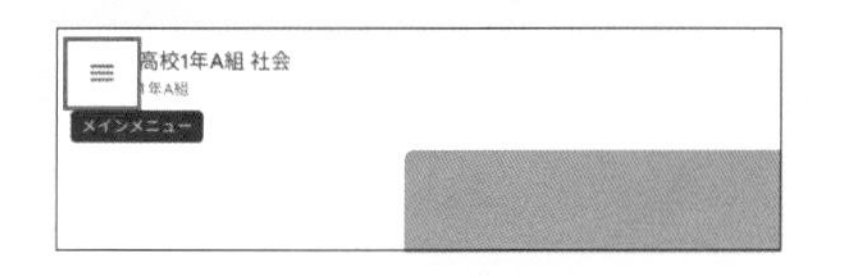

教師が作成したクラスが増えてくると、生徒の混乱を招きやすくなります。Classroom にアクセスしやすいようにチェックすべき項目を明示しておくと便利です。

① To Doを意識させる

生徒用画面のホームメニューにある「To Do」から自分に割り当てられた課題を確認できます。また、「スケジュール」から Google カレンダーを開き、提出期限などを確認することも可能です。

②クラスを並べ替える

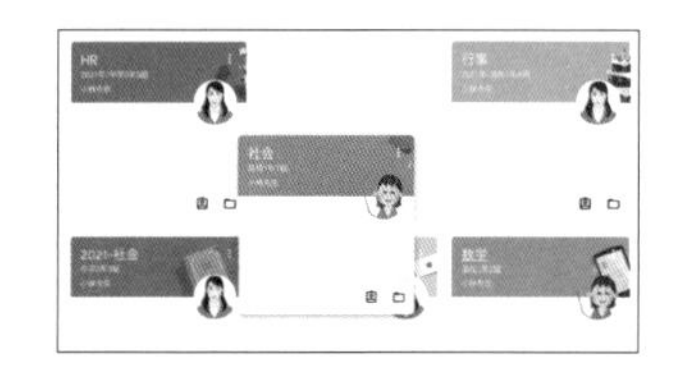

よく使うクラスはよくアクセスするようになるので、特別見やすい位置でなくても問題ありません。更新頻度は低いものの重要事項を伝えることがある学年のクラスなどは上部に配置するよう指導するとよいでしょう。

③スプレッドシートなどで別途共有を図る

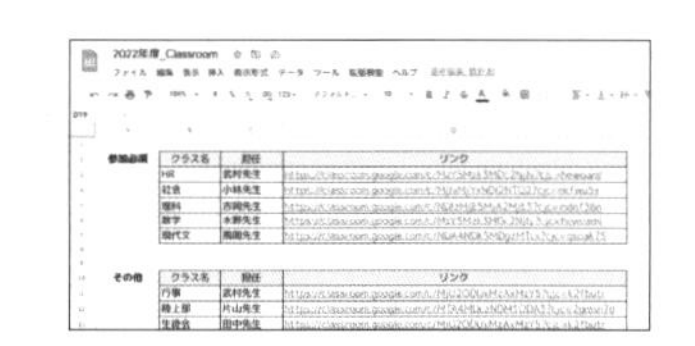

各種情報更新の頻度が上がってきた場合に、さらなる混乱に陥らないためにも重要事項のリンク先をスプレッドシートにまとめておくといった運用も1つの方法です。

応用技 実践者からのアドバイス　末廣 友里｜湘南学園中学校高等学校 理科

授業のクラスごとや、学年全体、部活動で活用しました。プリントや、授業中に見せた動画・画像をシェア。不在だった生徒とも情報の共有ができるのも利点ですね。部活では投稿は生徒が中心です。

クラスを作った際、他のクラスを担当している教員が入っていなかったために連絡ミスがありました。科目全体に関わる連絡は学年全体の Classroom で配信がよいですね。Classroom が増えてくると、生徒もどれを見たらいいのかわからなくなることがあるようなので、どういう目的で、どんなものをアップ予定なのか、最初にデザインしてから Classroom を作るとよいです！

教員が慣れていないのに利用することを心配する親御さんや生徒がいるかもしれませんが、「何か不都合あったら教えて！　先生も勉強中！」ということを恥ずかしがらずに伝えると意外と協力してくれます。楽しみながら活用してみてください！

Section

42 成績の読み込みをしよう

ここで学ぶこと

- 自動採点
- 成績の読み込み
- 返却を完了する

テストの採点作業は、生徒の人数が多くなればなるほど負荷が大きく、時間的にも制約がかかる業務です。自動採点によって、答案用紙の持ち運びや紛失といったリスクを回避しつつ、今よりずっと業務負担を減らすことができます。

1 テスト付きの課題を自動採点する

採点できる課題の種類

Classroom で配付できる4つの課題タイプのうち、「資料」以外は、採点して返却することができます。また、採点可能な「課題」「質問」「テスト付きの課題」のうち、「テスト付きの課題」だけが成績の読み込み機能を使用することができます。

成績を読み込む

「成績を読み込む」を活用することで、提出済みの生徒の回答を一括で採点し、スコアを表示できます。生徒1人1人の課題を開いて採点する必要がなくなるので、採点業務を効率化し、負担を軽減できます。

1 120ページ手順 1 を参考に、「授業」画面を表示し、任意のテスト付きの課題（ここでは「日清戦争後の政治」）の［課題を表示］をクリックします。

2 右上の［成績を読み込む］をクリックすると、

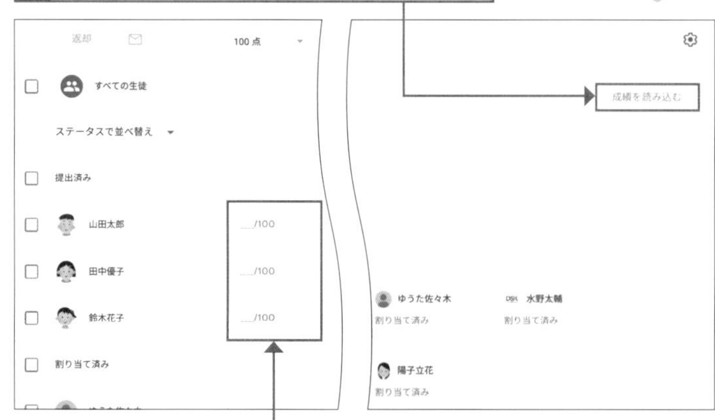

3 自動で採点され、合計点数と各生徒のスコアが左の一覧に表示されます。

② テストを返却する

テストの返却やフィードバックのタイミング

生徒から提出された課題は、すばやい返却とフィードバックを行うことで、復習の時間を確保したり、学習意欲を継続させたりする点で効果的です。

成績を読み込んだあと

「成績を読み込む」を利用した段階では、返却が終わっていない状態となるので、点数部分に「下書き」と表示されています。

生徒に個別にコメントする

手順 3 の画面で［返却］をクリックしたあと、「限定公開コメント」を入力できる画面が表示されます。返却相手となる生徒のみが見られるメッセージのため、その生徒に合わせた適切なフィードバックを送ることが可能です。

生徒 1 人に課題を返却しますか？

生徒が通知を受け取り、成績を確認できるようになります。また、フォームで点数も確認できるようになります。

鈴木花子 30/30

よく頑張りましたね！

キャンセル 返却

ここでは、134ページ手順 3 の画面から解説します。

1 返却したい生徒の □ をクリックしてチェックを付け、

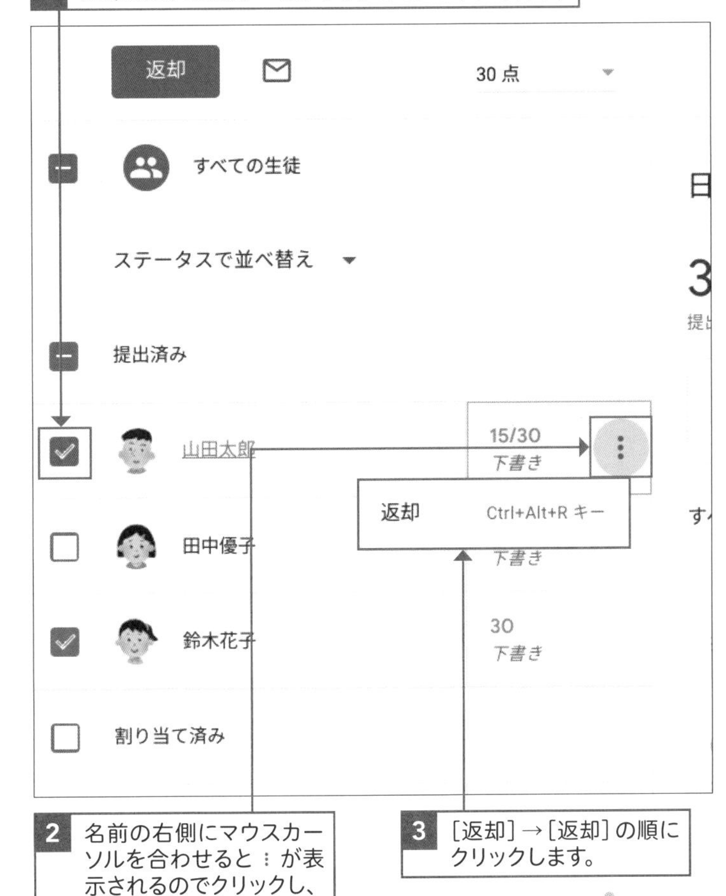

2 名前の右側にマウスカーソルを合わせると ⋮ が表示されるのでクリックし、

3 ［返却］→［返却］の順にクリックします。

4 返却が完了すると、左側の一覧に「採点済み」という項目が追加され、右側の生徒項目には「採点済み」が表示されます。

Section

43 成績を管理しよう

ここで学ぶこと

- 総合成績なし
- 合計点
- カテゴリ別加重

Google Classroom では、「採点」タブから、クラスに所属している生徒の採点結果を一覧表示できます。さらに、「成績の計算」と「成績のカテゴリ」を設定することで、生徒ごとの合計点数が瞬時にわかるので、評価の際に役立ちます。

1 3種類の成績のカテゴリ

成績は3つの種類で表示できます。教科やクラスによって課題の提出方法や件数も異なるので、最適な提示方法を利用しましょう。

Classroom の画面右上にある ⚙ をクリックして設定を開き、「採点」から採点項目をそれぞれ設定します。

採点

成績の計算

総合成績を計算する
採点システムを選択してください。詳細

生徒に総合成績を表示する

成績のカテゴリ
成績のカテゴリを追加

総合成績なし
合計点
カテゴリ別加重

成績の3つのカテゴリ

種類	内容
総合成績なし	課題の取得点数が表示される（デフォルト設定）
合計点	採点機能を使った課題の点数を単純に足し合わせて表示する形式で、総合点数を分母に生徒の獲得した点数を分子にした「総合成績」が表示される
カテゴリ別加重	小テストやレポートといった課題のカテゴリに応じて傾斜配点（%）し、そのカテゴリごとに出た成績を足し合わせた「総合成績」が表示される

成績のカテゴリの設定時期

年度初めのタイミングで、どの単元ではどういった課題を設定し、どのように評価を行うかが見通せるようになると、成績のカテゴリを上手に運用できるようになります。

成績の算出期間

成績はクラスを開設している期間を通じて自動的に計算されます。学期ごとに成績を別に管理したい場合には別のクラスを作成する必要があります。クラスのコピーを行うと、現在のクラスの設定がそのまま引き継がれるので便利です。

② 課題ごとの点数を確認する(総合成績なし)

成績の書き出しの種類

成績の書き出しでは、そのクラスで配付したすべての課題の成績をインポートする「すべての成績を …」と、開いている課題のみの成績を書き出す「これらの成績を …」の2種類から選択することができます。

「採点」画面のデフォルト設定は「総合成績なし」になっており、それぞれの課題に対する取得点数が表示されています。この採点画面から一覧で確認できますが、Google スプレッドシート上に書き出すことも可能です。

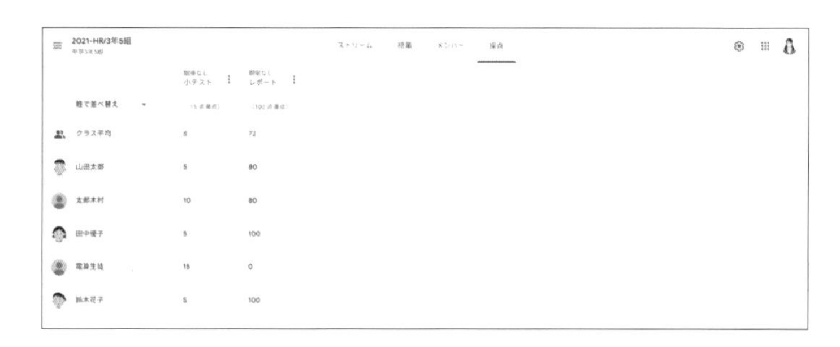

スプレッドシートに書き出す

1 134ページ手順 **1** ～ **2** を参考に、任意のテスト付きの課題を表示します。

2 右上にある ⚙ →[すべての成績を Google スプレッドシートで開く]の順にクリックします。

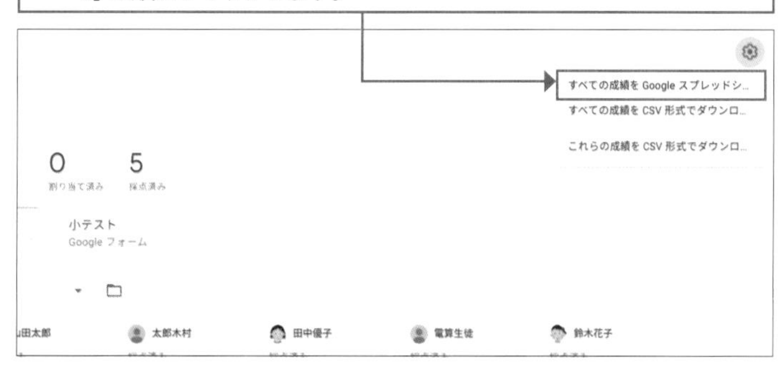

3 新しい Google スプレッドシートのファイルが自動生成され、各生徒のそれぞれの点数をまとめた表が表示されます。

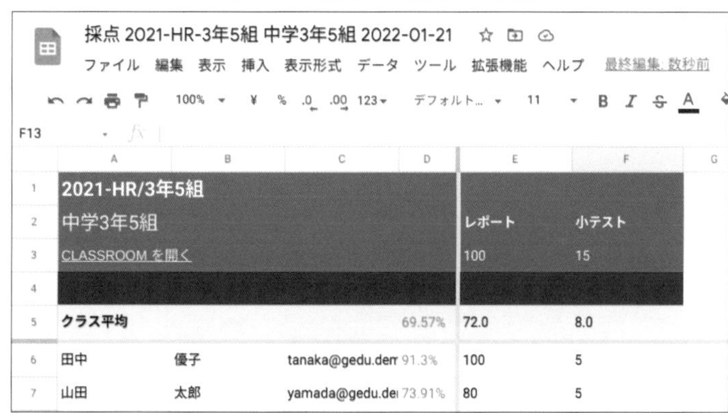

Excelで成績処理する

もちろんスプレッドシートだけでなく、CSV形式でダウンロードが可能なので、Excelで開けば今までどおり成績処理ができます。手順 **2** の画面で[すべての成績をCSV形式でダウンロードする]か、[これらの成績をCSV形式でダウンロードする]をクリックします。必要に応じて使い分けてみましょう。

3 採点結果の合計点をチェックする（合計点）

解説

合計点の効果

採点結果を瞬時に可視化することで、教師はクラス平均を確認しながら個別の対応が必要な生徒に手厚くフォローアップできます。また、生徒は自分の成績を確認することで、さらにやる気がアップするような使い方もできるようになります。

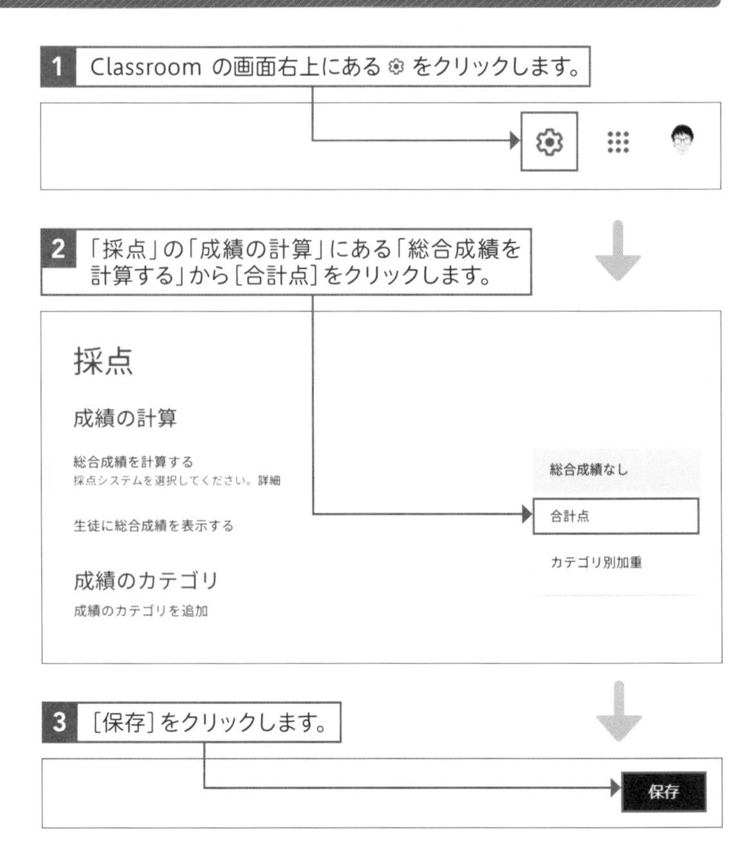

ヒント

生徒も点数を確認する

生徒用画面にも各課題の合計点が表示されるようになります。自分の立ち位置を確認しながら、学習に取り組めるようになります。

3 ［保存］をクリックします。

保存

「合計点」を設定した「採点」画面

生徒名の右側に合計点数がパーセンテージで表示されるようになります。

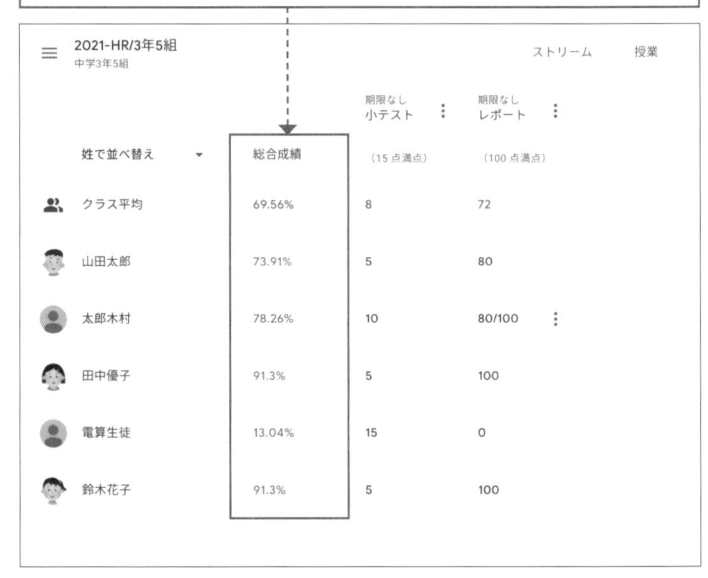

注意

反映されるのは採点済みのみ

すでに採点済みの部分のみ、総合点数と獲得点数が反映されるしくみになっており、未採点だったり未提出の課題があったりした場合には、総合点数の分母に反映されないので、その点には留意しましょう。また、満点を超える設定も可能なため、総合成績が100%を超える場合もあります。

④ 課題に重み付けをして、傾斜採点する（カテゴリ別加重）

解説

課題をカテゴリに振り分ける

「カテゴリ別加重」を選択した場合、個々の課題に対しても成績のカテゴリを割り振る必要があります。すでに提出した課題に対して設定を行う際は、「授業」画面を開き、各課題の ⋮ →［編集］の順にクリックします。

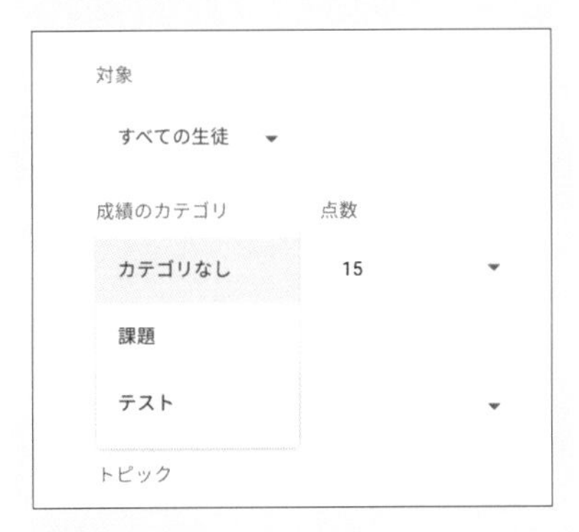

1 138ページ手順 **1** を参考に、「設定」画面を表示します。

2 「採点」の「成績の計算」にある「総合成績を計算する」から［カテゴリ別加重］をクリックします。

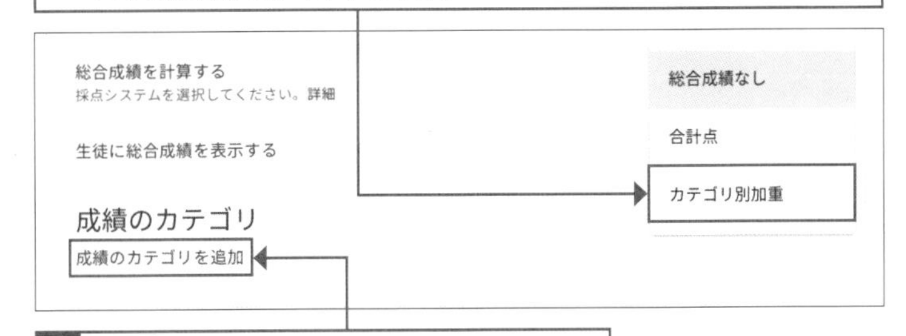

3 ［成績のカテゴリを追加］をクリックします。

4 「成績のカテゴリ」「パーセンテージ」に任意の項目と値を入力します。

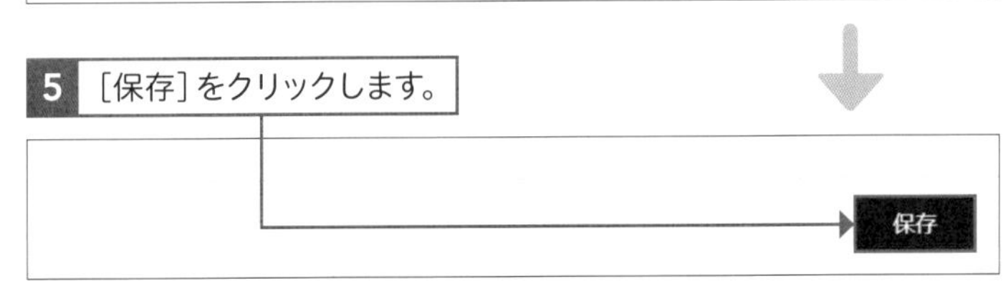

5 ［保存］をクリックします。

保存

補足

成績のカテゴリを追加する

カテゴリはいくつも設けることができますが、合計が100%になるよう設定を行います。カテゴリ別に成績を集計を行い、それぞれの比率に合わせた形で総合成績を表示させることが可能です。

補足

電算くんと鈴木さんの結果比較

右図のカテゴリ別の総合評価の結果が極端に現れているのがこの2人です。小テスト満点（15点満点｜全体の70点分の重み）でレポート0点（100点満点｜全体30点の重み）の電算くんの総合成績は70%です。一方、小テスト0点でレポート満点の鈴木さんは、総合成績が30%となっています。

「カテゴリ別加重」を設定した「採点」画面

最低限の提出物と、理解度を図る小テストを同じ点数で評価したくないときには、「カテゴリ別加重」を用いて傾斜配点することで、課題の重み付けを設定することができます。

HR
2021年/中学3年5組
ストリーム　授業　メンバー　採点

姓で並べ替え	総合成績	期限なし 小テスト テスト（15点満点）	期限なし レポート 課題（100点満点）
クラス平均	49.11%	6.67	60
山田太郎	47.33%	5/15	80
電算生徒	70%	15	0
鈴木花子	30%	0	100

Section

44 ルーブリックを利用しよう

ここで学ぶこと

- ルーブリックの効果
- 採点基準の設定と作成
- ルーブリックに基づく採点と返却

Google Classroom では、評価基準を明確にする「ルーブリック」を設定して課題を配付できます。課題のルーブリック（評価基準）を明確にすることで、教師は課題を評価・採点しやすく、生徒は課題に取り組みやすくなります。

1 ルーブリックの効果を理解する

重要用語

ルーブリック

ルーブリックとは、学習到達度を測るための評価方法の1つです。左列に評価項目を配置し、それに対応する形で評価基準（レベル）や採点が書かれた表のことで、評価項目ごとにどの程度の基準に達しているかによって、配分される点数がわかるようになっています。

解説

ルーブリックを利用する視点

ルーブリックは一般的に、知識や技能を問う問題よりも、「思考・判断・表現」や「関心・意欲」などを評価する際に用いると便利だといわれています。

ヒント

課題作成時にひと工夫

課題の詳細に、レポート作成の際には「【ルーブリック】を参照すること」と入力しておくことをおすすめします。生徒自身が回答を見直したり、改善したりする契機につながるはずです。

ルーブリックで学校全体での採点基準を明確にすることによって、教師の採点が格段にラクになります。大量のレポートを採点していると、3点にしようか2点にしようか迷ったり、基準が曖昧になったりするケースが少なくありません。しかし、ルーブリックを設定していれば、ブレずに採点を行うことができます。
さらに、ルーブリックは教師だけのものでもありません。生徒にも評価基準を事前に共有することで、生徒はどうすれば高評価が得られるのかが明らかになるため、取り組み内容が向上するといった効果が期待できます。また、自分の答案が返却された際に、どの部分がどのような理由で採点されて、結果この点数になったのかという確認をすることもできるので、自分の苦手な部分や間違いを明確に把握することができます。

ルーブリックの設定項目

項目	内容
評価基準の名前（必須項目）	採点基準を入力する
評価基準の説明	設定した評価基準の補足説明が必要な場合は入力する
ポイント（必須項目）	設定した採点基準に対する点数を入力する
レベルのタイトル	ポイントを取得するための条件を入力する
説明	レベルのタイトルに入力した条件の補足説明が必要な場合は入力する

② 採点基準を作成する

解説

ルーブリックの作成方法

[+ルーブリック]をクリックすると、3つの方法からルーブリックを作成することができます。必要に応じて使い分けてください。

・ルーブリックを作成
ルーブリックを新規作成できます。各ルーブリックには最大50個の評価基準を作成でき、各評価基準には最大10個の評価レベルを作成できます。なお、ルーブリックを作成する際には、課題にタイトルを入力しておく必要があります。

・ルーブリックを再利用
過去に作成したルーブリックを再利用することが可能です。再利用するルーブリックのタイトルを選択すると、内容を編集できます。

・スプレッドシートからインポート
他の教師が作成したルーブリックをスプレッドシート経由でインポートすることができます。

補足

課題の詳細設定

手順8のあと、手順2の画面に戻るので、必要に応じて画面右側の詳細設定で「期限」や「トピック」などを設定し、[割り当て]をクリックして課題を配付しましょう。

1 124ページ手順1～4を参考に、課題を作成します。

2 ＋→[ドキュメント]の順にクリックし、レポートの課題を作成します。

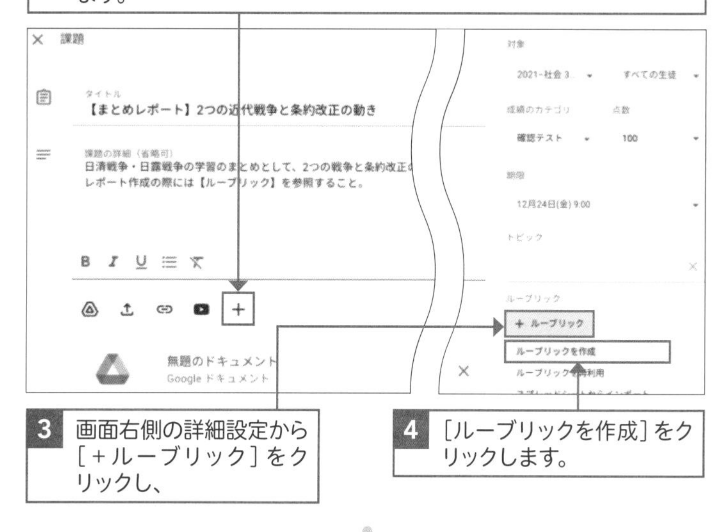

3 画面右側の詳細設定から[＋ルーブリック]をクリックし、

4 [ルーブリックを作成]をクリックします。

5 設定画面に遷移します。「評価基準の名前」「評価基準の説明」などの項目を入力します。

6 「ポイント」「レベルのタイトル」「説明」などの項目を入力します。

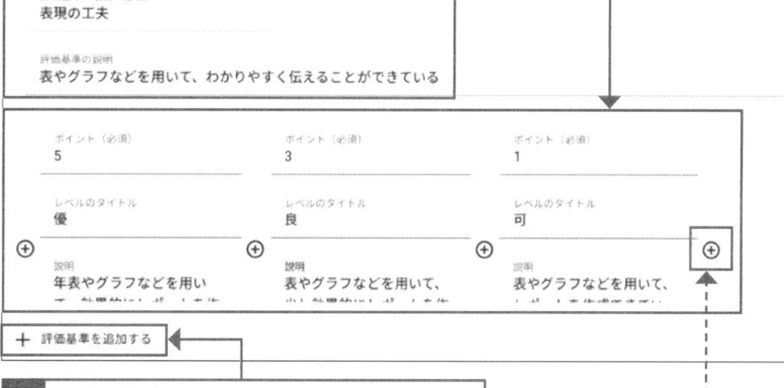

7 評価基準を追加する場合は、[＋評価基準を追加する]をクリックします。

レベルを追加できます。

8 画面右上の[保存]をクリックして、課題作成の画面に戻ります。

③ ルーブリックに基づいて採点する

補足

採点はすぐに反映される

入力した採点機能とも連動しているため、返却すれば自動的に採点簿に反映されます。

解説

評価基準の説明を確認する

手順3の画面では、評価基準、評価基準ごとの配点、合計点数だけが表示されていますが、各評価基準の右側の ∨ をクリックすると、評価基準の説明や、レベルごとの採点基準なども確認できます。いつでも評価基準を確認できる点が教師の採点時の安心につながります。

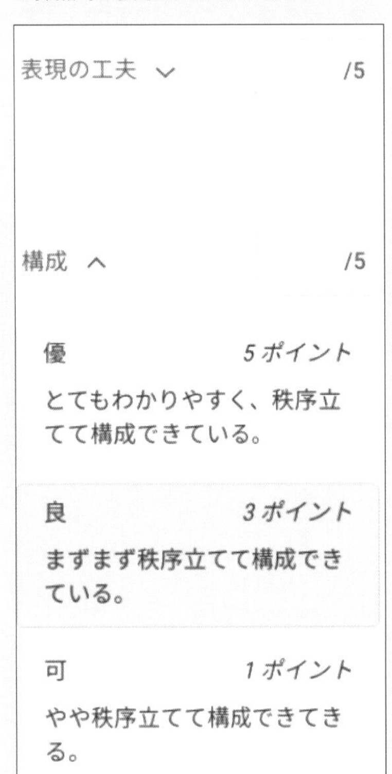

1 134ページ手順1を参考に、課題の確認画面を表示します。

2 「提出済み」と表示されている生徒のファイルをクリックします。

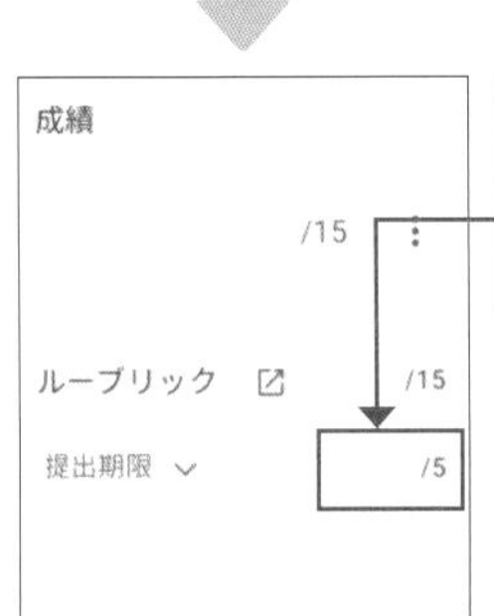

3 画面右側に表示された「ルーブリック」に沿って採点を行います。評価基準ごとに、該当する採点基準のボックスをクリックすると、点数が反映されます。

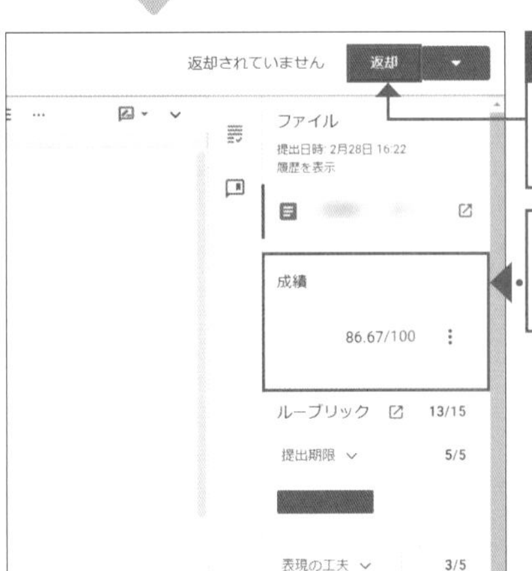

4 ここでは、15点満点中13点で採点し、[返却]をクリックして生徒に返却します。

「成績」の欄は自動的に計算結果が反映されるため、入力は不要です。

④ 課題のルーブリックと返却物を確認する

補足

課題作成時に採点基準をチェックする

手順2の画面では、評価基準やその説明、基準ごとの配点を確認することができるので、生徒は配付された課題の意図をしっかりと汲んで取り組むことができるようになります。

生徒用画面でルーブリックを確認する

1 Classroom を開き、「授業」画面に表示されている課題をクリックし、ルーブリック（ここでは［ルーブリック：条件3個・15ポイント］）をクリックします。

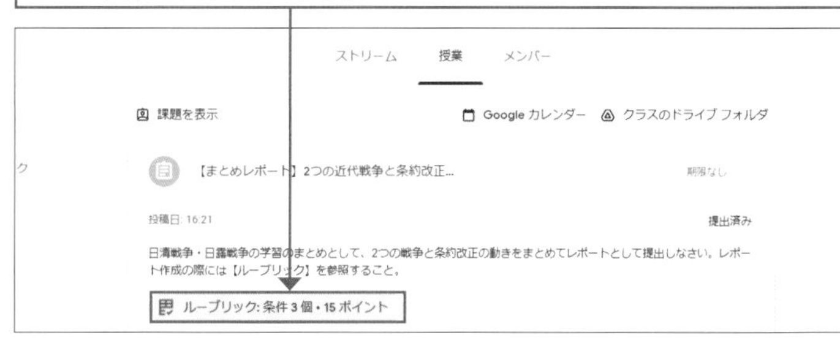

2 課題のルーブリック（採点基準）を確認できます。

生徒用画面で返却物を確認する

1 Classroom を開き、「授業」画面に表示されている課題をクリックし、［課題を表示］をクリックします。

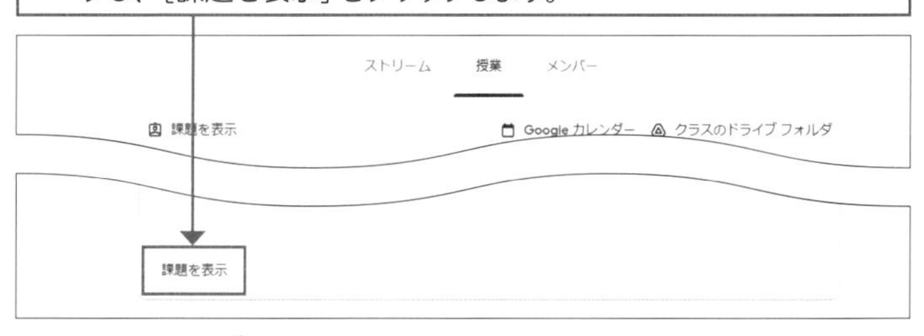

2 採点結果やコメントを確認できます。

補足

根拠が明白で復習や改善につなげやすい

生徒に課題が返却されたときには、ルーブリックに基づいた採点結果が示されます。このためどこの項目が高評価を受け、どの部分が足りなかったかが明白で、復習に取り組みやすかったり、課題の改善につなげやすかったりといったメリットがあります。

Section
45 独自性レポートを活用しよう

ここで学ぶこと

- 独自性レポート
- 検索機能
- 結果の確認方法

Google Classroom にはさまざまな機能が備わっていますが、その中でもユニークな機能に、Google の検索技術を生かして、生徒のレポートに引用の不備がないかをすばやくチェックする「独自性レポート」があります。

1 独自性レポートとは

独自性レポートとは、Google 検索の機能を活用し、生徒の提出物に盗用の可能性がないかどうか、「オリジナリティ」を簡単に確認することができる機能です。
従来は、生徒が提出したレポートの中にコピー＆ペーストがないか、怪しい部分を1つ1つ確認する必要がありました。大変な手間と労力を要する作業なので、レポートや記述問題を課題にすることすら億劫になっていた方もいるでしょう。
しかし、課題を配付する前に独自性レポートをワンクリックするだけで、Google が自動的に報告対象の文献をまとめてくれるので、先生方の作業負担を大きく軽減してくれます。

独自性レポートを設定する

1 124ページ手順1～4を参考に、課題を作成します。

2 ＋→［ドキュメント］の順にクリックし、レポートの課題を作成します。

3 画面右側の詳細設定で［盗用（独自性）を確認する］をクリックしてチェックを入れます。

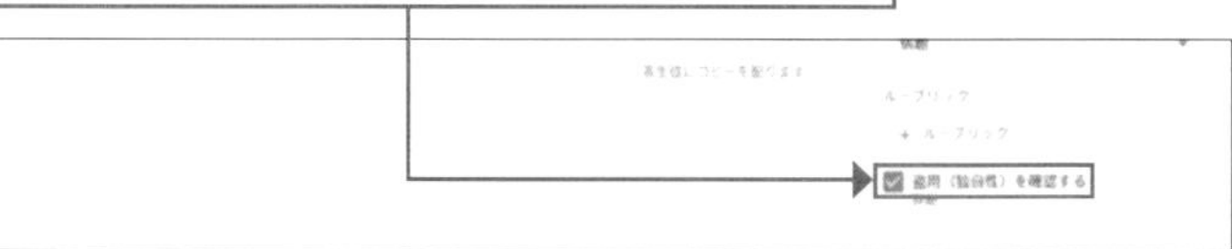

解説

独自性レポートの検索対象

独自性レポートを設定すると、Google 検索でヒットする1兆を超えるWebページと、Google ブックスがアクセスできる4,000万冊以上の書籍を対象に、生徒のファイルと照合され、記載が被っている引用元が報告されます。また検索する対象は、ドメイン内の他の生徒の提出物も含まれているので、友達の回答をコピーしていないかという点についても検知してくれます。

ヒント

レポート対象のファイル

独自性レポートを反映させることができるのは、Google ドキュメントと、Google スライドだけです。どちらかを利用した課題に活用するとよいでしょう。

② 独自性レポートの結果を確認する

独自性レポートの結果

課題の独自性レポートを利用すると、インターネット上に一致する文献があるものの、生徒が適切に引用しなかった可能性のある候補が件数と割合(%)で表示されます。生徒のレポートと盗用の可能性がある対象サイトを比較して確認したり、引用率(%)が高い場合には正しく引用を促したりといった活用ができます。

独自性レポートの制限

無償エディションである Google Workspace for Education Fundamentals の場合、最大5回までしか使えない機能です。無制限に独自性レポートの機能を利用したい場合は、有償エディションを利用する必要があります(詳しくは29ページ参照)。

生徒も独自性レポートを利用できる

教師側だけでなく生徒側も利用することができるのが、この独自性レポートの特徴です。生徒はレポートを作成し終えて、正しい引用ができているか、盗用の可能性がないかをセルフチェックすることができます。「無意識の引用」がないか、この機能を使って確認することで、引用する際のルールを改めて意識させることができます。また、提出物のオリジナリティに対して正当な評価が与えられることにより、課題に対する学習意欲の向上にもつながります。

1 142ページ手順 1 ～ 2 を参考に、「提出済み」と表示されている生徒のファイルをクリックして開きます。

2 「成績」「限定コメント」に加えて、「報告対象の文章」という項目が表示された場合、独自性レポートの機能により、盗用の可能性を検知します。画面右上の[報告対象の文章]をクリックします。

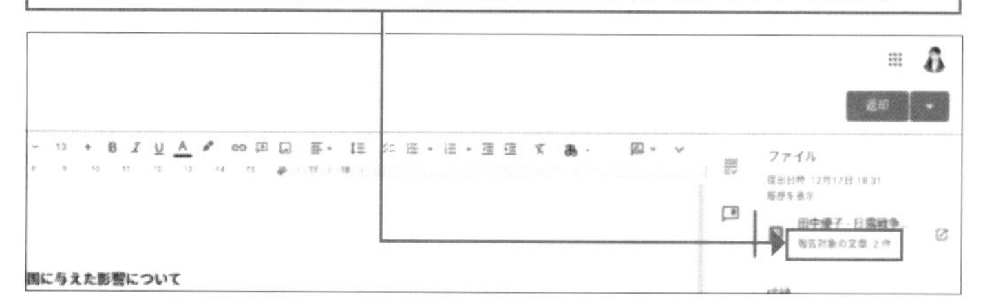

3 報告対象の文献数と引用率のパーセンテージが表示されます。それぞれの項目を確認し、採点の参考にできます。

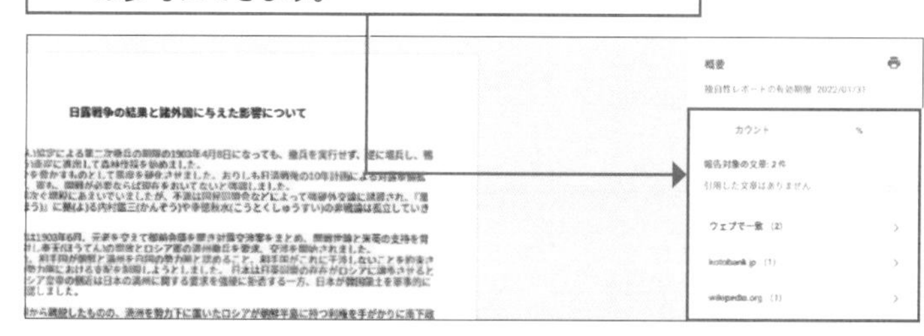

報告対象のWebサイトURLと盗用の可能性がある部分を表示

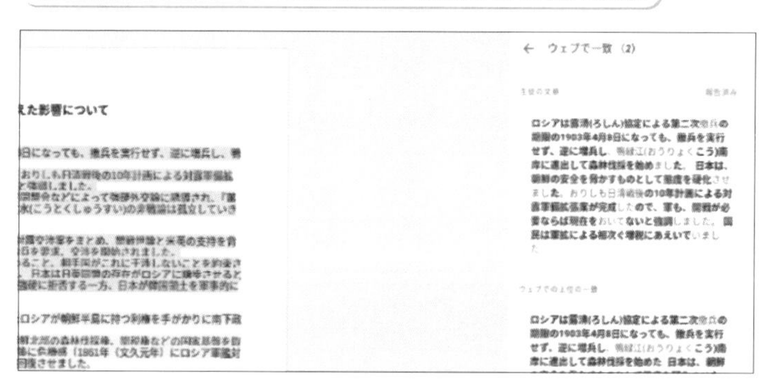

報告対象のサイト別に盗用の可能性をパーセンテージで表示

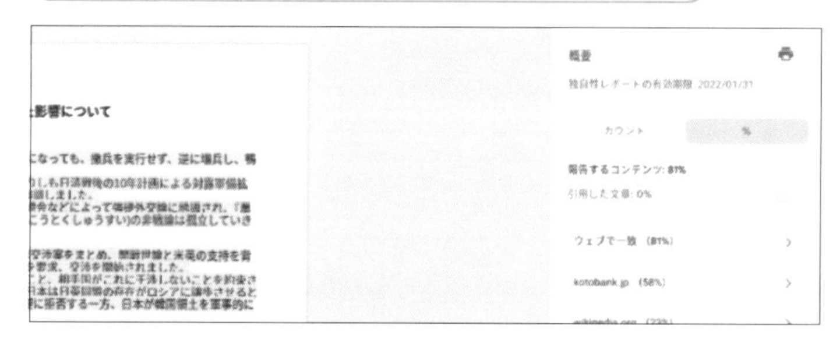

Section

46 Google カレンダーを利用しよう

ここで学ぶこと

- Google カレンダー
- カレンダーの表示
- 自分のカレンダーへの反映

Google Classroom では、Google カレンダーを連携させて、課題の期日を設定したり、授業の予定を確認したりすることができます。また、所属クラスごとに予定を確認したり、自分のカレンダーに予定を反映させたりすることも可能です。

1 カレンダーを表示する

補足

カレンダーの使い分け

カレンダーに追加する予定には会議や委員会、部活動などの予定を登録しておくとよいでしょう。手順 1 を参考に、カレンダーを立ち上げます。担当しているクラスを選択すると、Classroom のみのカレンダーを表示することができます。

補足

期限間近

提出期限の近い課題は、Google カレンダーだけでなく、「ストリーム」画面左側の「期限間近」の項目からも確認できます。

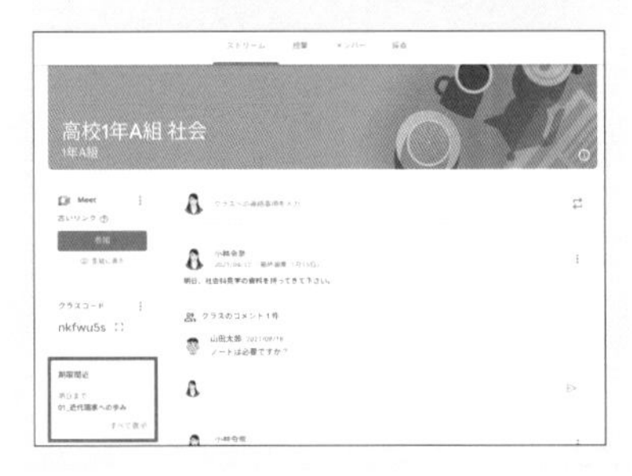

1 120ページ手順 1 を参考に、「授業」画面を表示し、[Google カレンダー] をクリックします。

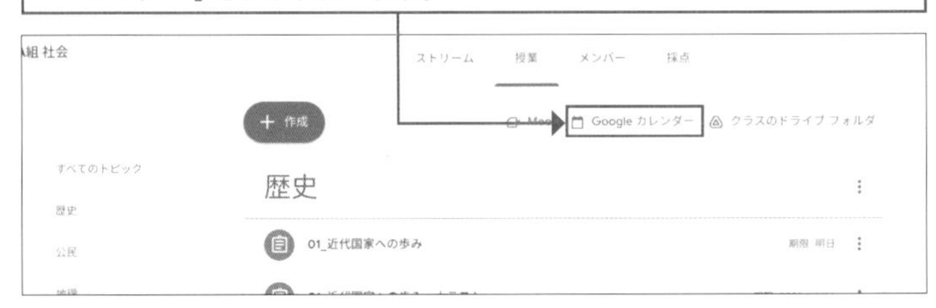

2 クラスの予定や課題の提出期限が表示されます。

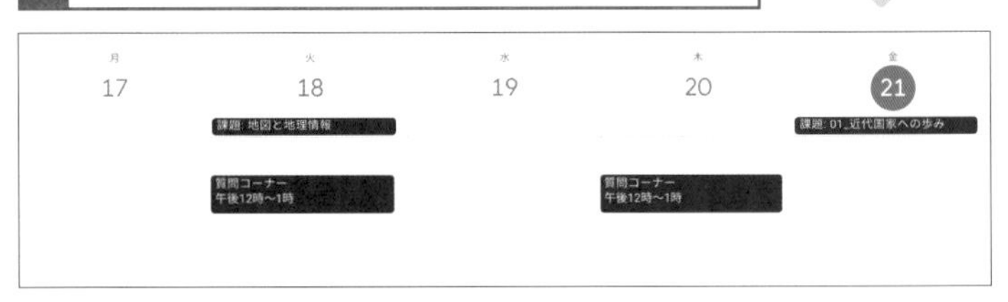

カレンダーの左側には、自分の所属するクラスのカレンダーが一覧で表示されています。予定を確認したいクラスのチェックボックスをクリックしてチェックを付けると、自分のカレンダーに提出期限や予定を反映させることができます。

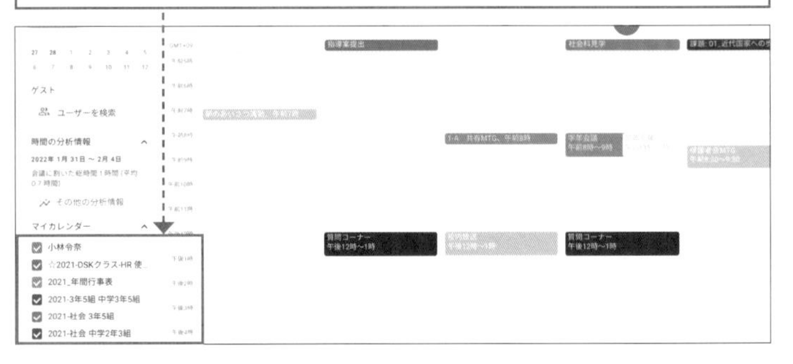

Section

47 Google ドライブを利用しよう

ここで学ぶこと

- Google ドライブ
- クラスのドライブ
- ドライブの階層

Google Classroom では、Google ドライブ内に各クラスごとのフォルダが自動で生成されるため、取り扱ったファイルを整理された状態で管理することができます。なお、ドライブはアプリランチャー経由でも開くことが可能です。

1 ドライブの場所を理解する

補足

アプリランチャー

Google アカウントの左横にある ⁝⁝⁝ を「アプリランチャー」といいます。アプリランチャーにはさまざまなコアアプリが表示されています。なお、クラスのドライブフォルダを確認する際、アプリランチャーの中のドライブ経由でもフォルダを開くことができます。

1 120ページ手順 1 を参考に、「授業」画面を表示し、[クラスのドライブフォルダ] をクリックします。

2 クラスで配付した課題やファイル、生徒の提出物などが格納されています。

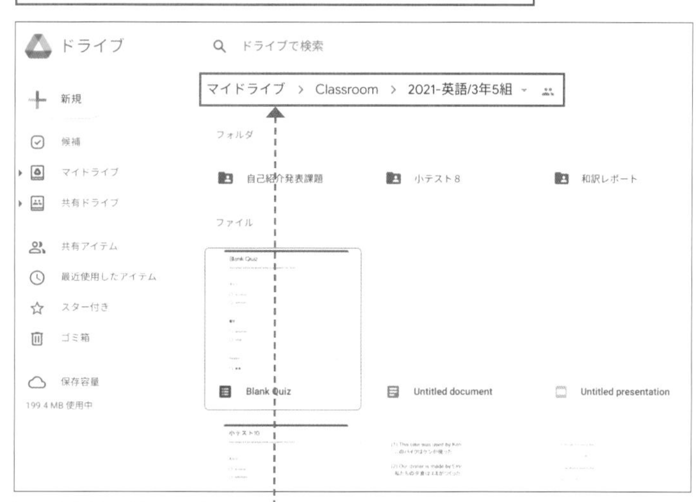

クラスのドライブでは、「マイドライブ→ Classroom →クラス名 (+セッション名)」という階層でフォルダが作成されてます。

Section

48 オンライン授業で活用しよう

ここで学ぶこと

・Google Meet
・ノート提出の実践
・Meet の管理

Google Classroom では、そのクラス専用のURLを所持した Google Meet を生成することができます。同じ場所にいなくとも、クラス内でのコミュニケーションを取ることができます。

1 Google Meet を生成する

解説

Google Meet のリンクを生成する

Classroom を作成すると、「ストリーム」画面の左側に Google Meet の「リンクを生成」という項目が表示されます。ただし、この状態ではクラスで Meet を活用できないので、[リンクを生成]をクリックしてURLを生成しましょう。

補足

URLをリセットする

生成したURLはリセットすることができます。例えば、生成した Meet のリンクがこのクラスに所属していない生徒たちに流出してしまい、混乱が生じたときなどは、URLをリセットすることで解決するかもしれません。

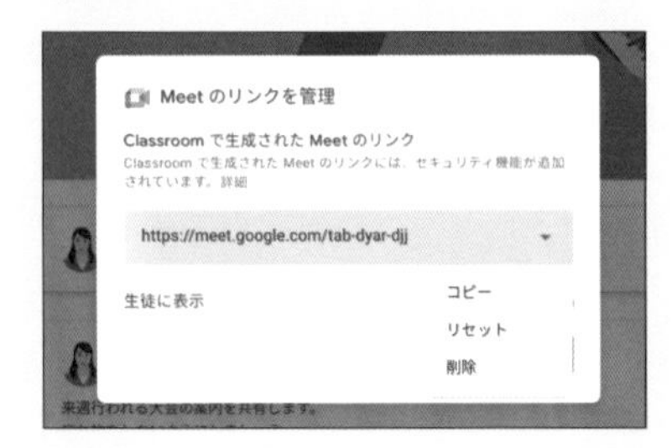

1 クラスの上部タブの[ストリーム]をクリックします。

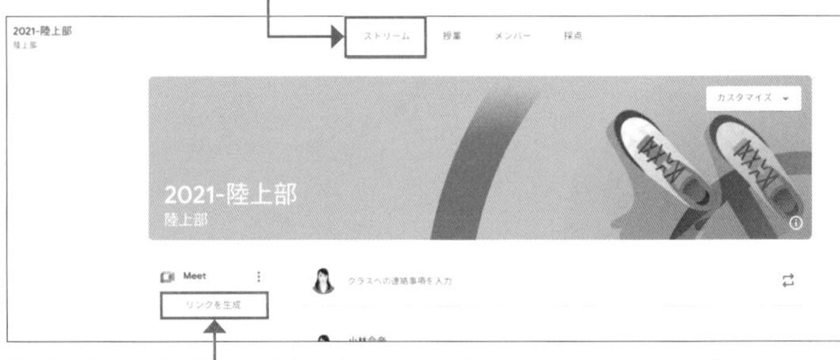

2 [リンクを生成]をクリックします。

3 「Meet のリンクを管理」画面が表示されるので、「生徒に表示」から生徒用画面に Google Meet を表示するかどうか選択し、

4 [保存]をクリックします。

② Google Classroom × Google Meet を組み合わせて活用する

解説

Meet でノートを大写しする

オンライン授業になったからといって、対面授業で行っていたことがまったくできなくなるわけではありません。例えば、教室の授業で、実物投影機で生徒のノートを大写しにすることは日常的に行っていたと思います。そこで、Classroom で提出されたノートを Meet で大写しする方法を解説します。

1 124ページ手順 1 ～ 4 を参考に、課題（ここでは「ノート提出」）を作成し、[割り当て]をクリックします。

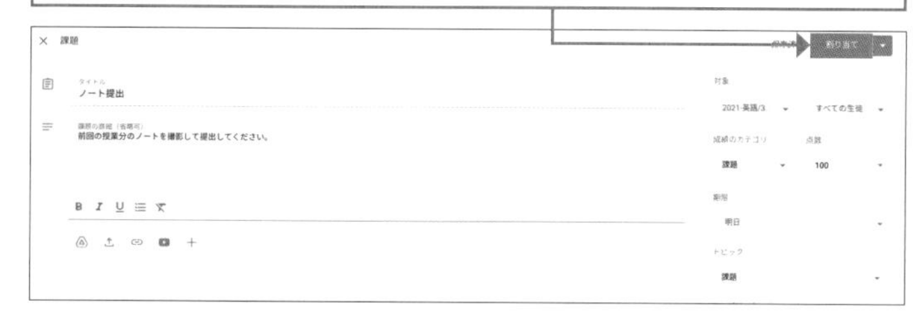

2 120ページ手順 1 を参考に、「授業」画面を表示し、[課題を表示]をクリックして「提出済み」と表示されている生徒のファイルをクリックします。生徒の添付ファイルを開き、画面共有の準備をしておきます。

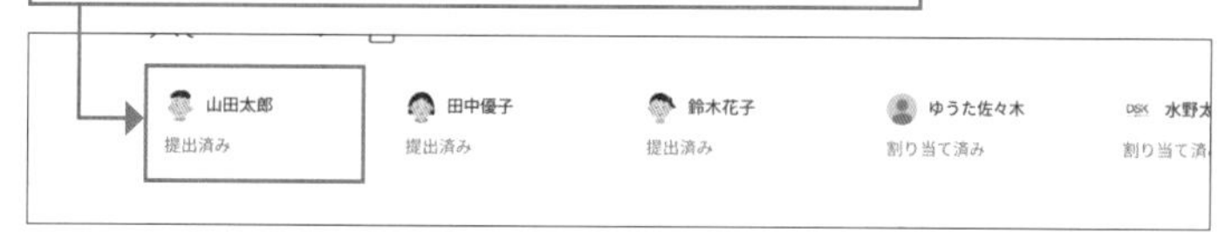

3 クラスで Google Meet を開催し、■をクリックして画面共有を始めます。

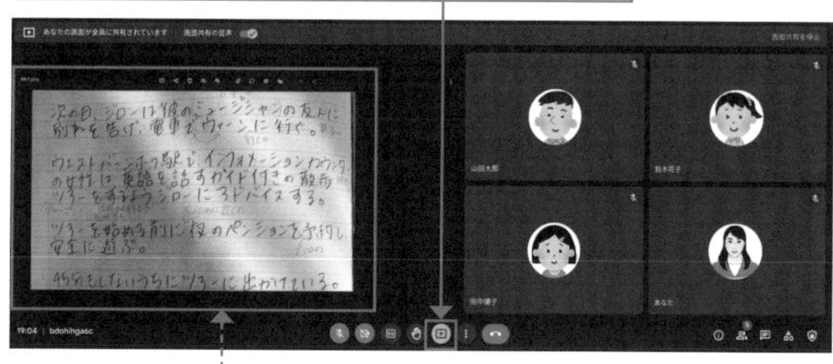

ノート大写しを行い、生徒に発言を促します。

生徒側の操作

Chromebook のカメラで自分のノートを撮影します。次に、Classroom のノート提出の課題を開き、[追加または作成]→[ファイル]の順にクリックして、撮影したデータをアップロードし、[提出]をクリックします。

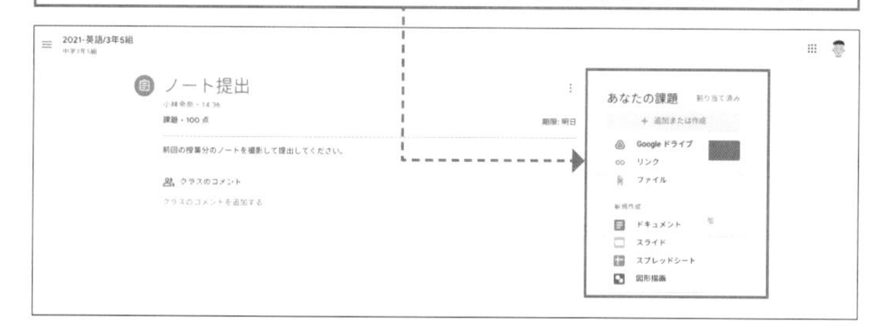

ファイルの挿入

課題作成では、必ずしもファイルを用意する必要はありません。生徒側は、自分の端末や Google ドライブからファイルを挿入し、提出することができます。

③ 生徒側の Google Meet を管理する

主催者は複数登録できる

副担任の教師が所属している場合、そのクラスの Meet では、自動的に共同主催者となり、担任の教師がいないときでも Meet を開催することができます。

Meet の主催者

Meet の主催者には、会議や授業のオーナーシップを取りやすく、ファシリテーションしやすいような工夫が機能として実装されています。

無償版の機能	主催者ができること
会議への参加	承認・拒否
挙手	参加者の手を下げる
参加者の画面共有	オン／オフの切り替え
参加者のチャットメッセージの送信	オン／オフの切り替え
参加者のマイク	オン／オフの切り替え
参加者のビデオ	オン／オフの切り替え

有償版の機能	主催者ができること
録画	録画の実施
ブレイクアウトセッション	ルームやメンバーの割り振りなどの設定全般
アンケート	アンケートの投稿
Q&A	Q&A の投稿
出席状況の確認レポート	オン／オフの切り替え

教師が来るまで待機画面になる

クラスで開催される Meet では、そのクラスに所属する教師が常に主催者となります。教師より先に Meet に入室した生徒がいた場合でも、教師が来るまで待機する形になるため、先に Meet に入室される恐れもなく、安全に Meet を開催することができます。

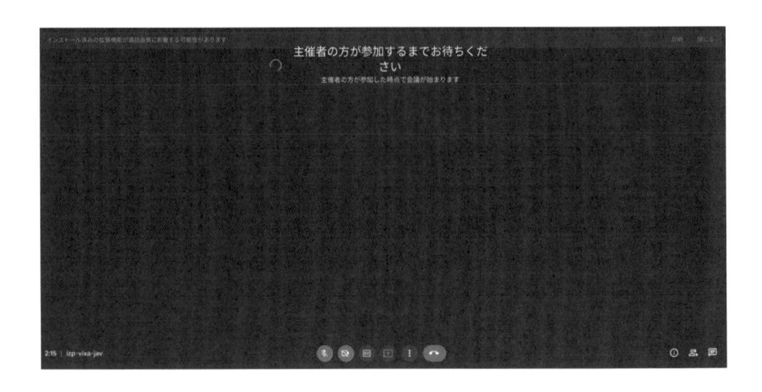

授業後は全員を退出させる

オンライン授業が終わり、クラスから生徒を一斉に退出させたい場合、全員を退出させることが可能です。これにより、生徒だけが Meet に居残り、おしゃべりをしてしまうといった事態を回避することができます。

1 Meet 画面下にある をクリックします。

2 ［通話を終了して全員を退出させる］をクリックすると、生徒たちも含めて全員を Meet から退出させることができます。

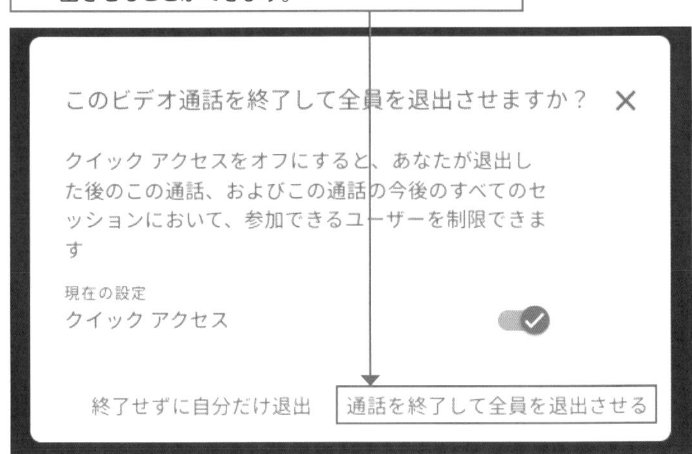

第 6 章

Google アプリを活用しよう

この章で学ぶこと

Google アプリを活用しよう

まだまだある Google アプリ

スマートフォンで利用したことがある Google のアプリを尋ねると、多くの人は YouTube や Google Map などと答えるのではないでしょうか。それだけ私たちの生活の身近な場面で Google アプリは活躍しています。
3章で紹介したアプリ以外にも、さまざまな Google アプリがあり、その数は70種類近くになるといわれています。

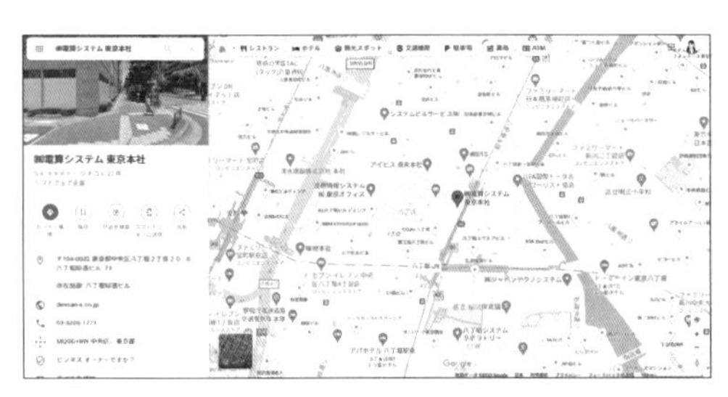

授業や校務で使える Google アプリ

Map	地図情報提供サービス。場所を検索したり、目的地への行き方を調べたりすることができる
Earth	バーチャル地球儀。世界各地の衛星写真を地球儀を回す感覚で閲覧することができる
YouTube	動画共有サイト。各種動画を視聴することはもちろん、自分が制作者として表現することもできる
Keep	メモアプリ。簡単なメモを付けるだけでなく、音声入力機能なども搭載している
フォト	写真や動画を大量に保存・整理できる
翻訳	翻訳サービス。テキストを瞬時に他言語に翻訳できる
サイト	ホームページ作成ツール。専門的な知識がなくても、ドラッグ&ドロップでホームページを制作できる
アシスタント	AIが搭載されたアシスタント。調べたい情報や済ませたい用事を手伝ってくれる

普段使いしている「前提」を利用する

●Google アプリを利用するメリット

アプリに対する一定の理解がある

普段使いしている YouTube や Google Map を、「授業で使っていますか？」と聞くと、利用している人の率はぐっと下がるのではないでしょうか。
普段使いしているということは、教師も生徒もアプリで実現できることに一定の理解があり、操作方法も習熟しているということです。さらにいうと、そのアプリの便利さを享受しているうえ、こういった使い方はよくないなということも肌身で実感したり、推察できるはずです。操作を覚える必要もなく、操作を教えることに腐心することなく、アプリで実現できることだけにフォーカスしていけばよいので、もっと思い切って授業や校務に利用していくことで、“より”効果的な活用ができるのです。

時間や空間、端末にとらわれず利用できる

Google の各アプリはクラウドをベースにしています。インターネット環境さえあれば、いつでも、どこからでも、どの端末からでも利用できます。例えば、教師は日常のありふれたワンシーンをカメラで撮影し、Google フォトで加工すれば、教材として配付できます。生徒に共有もできるので、意見交流なども手軽に実現できます。

●新たな知の獲得に YouTube を利用する

YouTube を例に挙げると、今や映像を視聴し学習をすることは当たり前の世の中です。教育 YouTuber と呼ばれる教えることに特化したコンテンツを提供している人もたくさんいます。
知の巨大図書館ともいえる YouTube を利用し、生徒の再生履歴を教育や学習モノで埋め尽くそうぐらいの感覚で取り組むことで、生徒たちは新しい学び方を身につけたり、自分なりの学習方法を見つけていくことができるでしょう。
本章では、普段使いしている Google アプリ の授業や校務での活用法を紹介していきます。

Section

49 Google Map を活用しよう

ここで学ぶこと

- Google Map
- 基本機能
- オリジナル地図

Google Map は、行き先を検索することはもちろん、行き先までの時間を確認したり、調べた場所を保存したりできます。地域学習で活用したり、修学旅行のグループ別行動には欠かせないアプリです。

1 Google Map の基本を知る

経由の詳細

目的地までのアクセスは、電車や徒歩、自転車など、いくつかの方法で調べることができます。また、端末の「現在地設定」を許可することで、現在地からのルート検索が可能となります（許可されていない場合は、始点と終点の場所名を入力する必要があります）。

検索

場所名を検索すると、住所や電話番号などの基本情報から、営業時間や混雑状況なども確認できます。

ビューの回転

ストリートビューを回転するには、画面右下の で調整します。

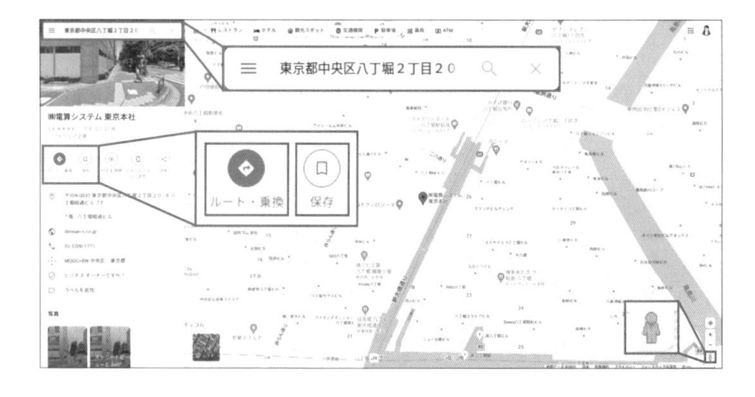

検索

左上の検索バーに場所名を入力すると、位置情報を確認できます。

ルート・乗換

ルート検索すると、現在地から目的地までの行き方や移動にかかる時間、距離を調べることができます。複数の候補が表示されます。

ストリートビュー

右下の を目的地上に配置すると、周辺の画像を360度見渡すことができます。道路上の矢印をクリックすると、その方向に進みます。

保存

検索バーで表示した場所は、「お気に入り」や「行ってみたい」など任意のリストに保存できます。保存した場所は左上のメニューの「マイプレイス」に登録され、他の人に共有することも可能です。

② Google Map のその他の機能

右クリックの表示

Google Map 上で場所を選択して右クリックすると、下図のような画面が表示されます。この項目から行き方を調べたり、印刷したりすることもできます。

35.72145, 139.79563
ここからのルート
ここへのルート
この場所について
付近を検索
印刷
地図に載っていない場所を追加
自身のビジネス情報を追加
データの問題を報告する
距離を測定

地図のカスタマイズ

Google Map からマイマップを表示できます。自分用にカスタマイズした地図を作成し、編集や共有することが可能です。

解説

災害情報の表示

現在表示している地図内で実際に災害が発生している場合、発生中の災害に関する最新情報や安全情報を含むアラートが表示される場合があります。発生中の災害には、山火事、洪水、地震などがあります。

距離を測定

直線距離を測ることができます。

自身のビジネス情報を追加
データの問題を報告する
距離を測定

1 Google Map 上で、右クリック→[距離を測定]の順にクリックします。

2 測定マークが表示されるので、終点となる位置をクリックすると直線距離が表示されます。

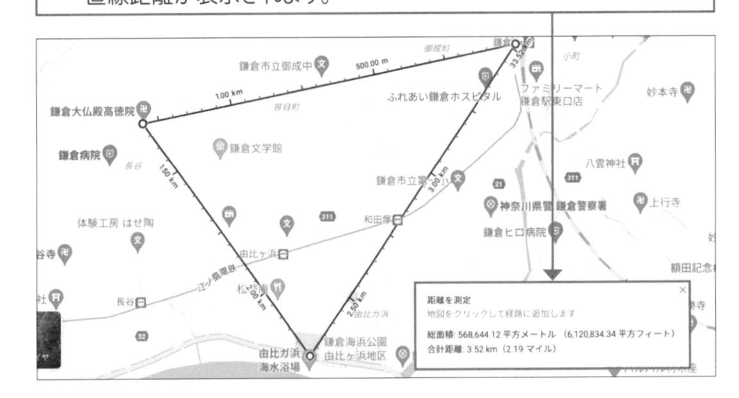

インドアMap

施設における各階の配置を確認することができます。

1 調べたい施設の場所を検索し、拡大します。

2 1階の配置が表示されるので、右側の階数を表す数字(ここでは[3])をクリックします。

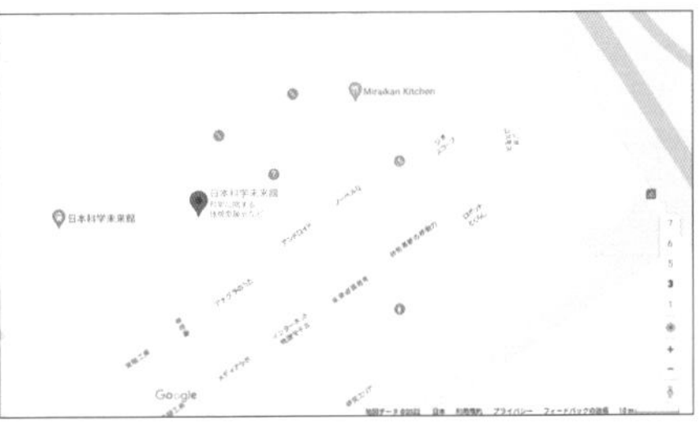

3 3階の配置が表示されます。

③ マイマップでオリジナル地図を作成する

レイヤ

マイマップに登録する場所をグループでまとめることができます。手順3の画面で［レイヤを追加］をクリックすると、複数のグループを作成することができます。

場所の説明

場所を登録した際に、✎をクリックすると、説明文を入力することができます。場所の補足説明が必要な場合はここに入力し、［保存］をクリックしましょう。

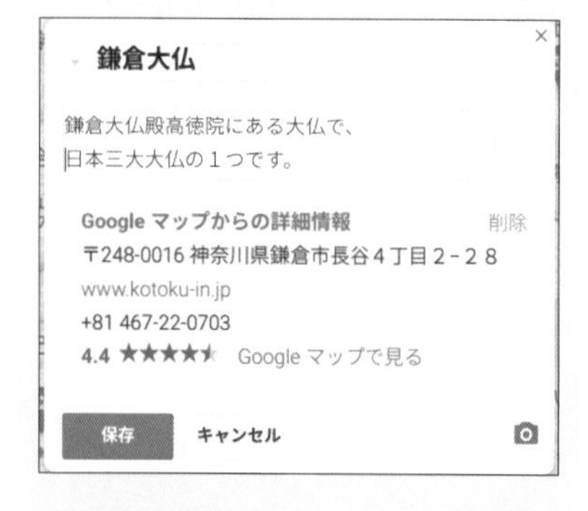

ヒント オフラインMap

ネットワークが接続された環境下で、あらかじめダウンロードしておいたMapは、ネットワークがない状態でも、表示することができます。また、ルート検索や場所検索なども可能です（AndroidおよびiOSアプリで利用可能な機能です）。

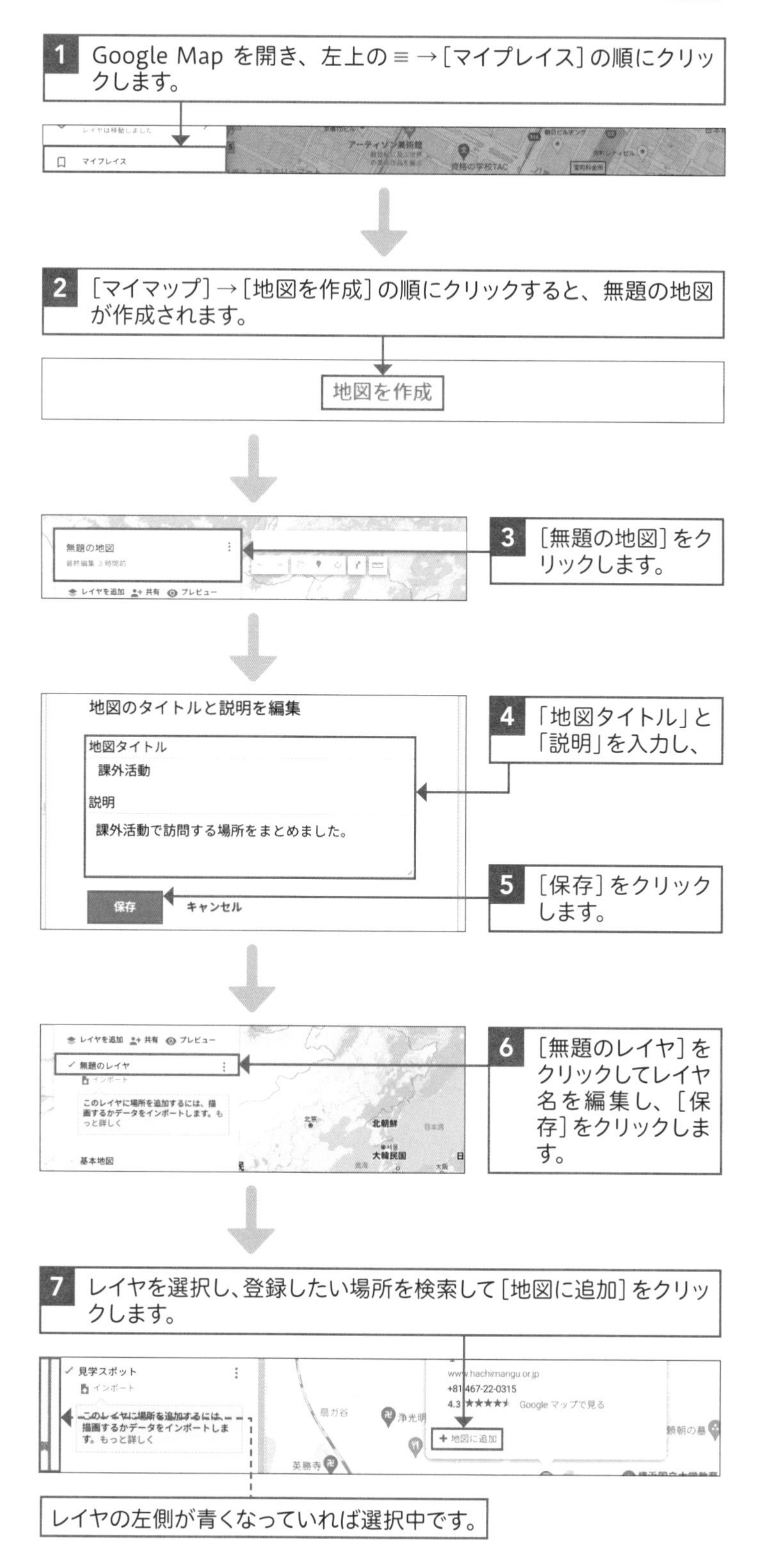

④ マイプレイスを共有する

色とアイコン

登録した場所にカーソルを合わせ、右側に表示されるマークをクリックすると、ピンの色とアイコンのマークをそれぞれ設定することができます。

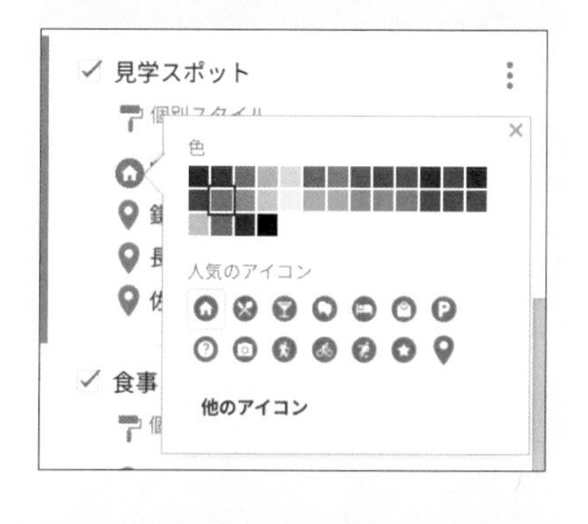

1 共有したいマイマップを開き、［共有］→［ドライブで共有］の順にクリックします。

2 共有したいアカウントのアドレスを入力します。

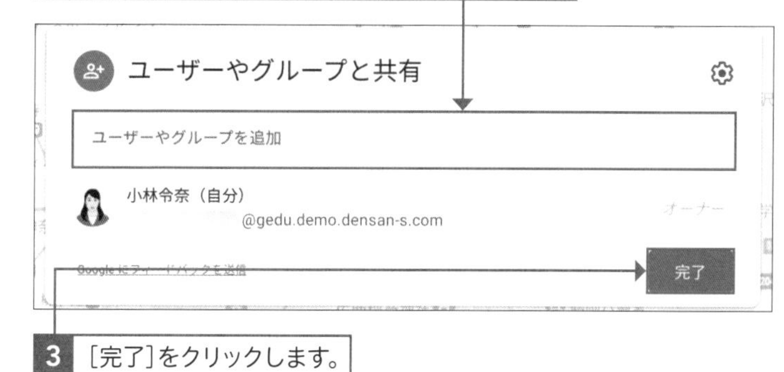

3 ［完了］をクリックします。

応用技　マイマップでルートを設定する

マイマップ内に目的地までのルート（道順）を設定することも可能です。手順**1**の画面で をクリックすると、「無題のレイヤ」という項目が表示されます。［車］［自転車］［徒歩］の中から任意の移動手段をクリックして選択し、次に「A」に始発点、「B」に目的地を入力します（なお、既にスポットを登録している場合は、地図上にある家のマークをクリックすると、自動で反映されます）。タイトルの右側にある ⋮ →［詳細なルート］の順にクリックすると、設定した移動手段での行き方や所要時間を確認することができます。

ヒント　実践者からのアドバイス　松下 直樹｜愛光中学・高等学校 社会科

生徒が地図にしたい「もの」や「こと」について、オリジナルの地図を作成し、コンテストを開催しました。年度初め、生徒同士が地図を通して互いを知り合う機会になったのが何よりでした。また、地理選択者の有志が、コロナ禍で売り上げが落ち込む松山市内の飲食店の支援を目指して、テイクアウトMapを作成しました。松山市内のインフルエンザワクチン接種可能な医療機関情報を地図化して、保護者向けに案内したりもしています。授業中に、共同編集で地図を作成していたときに、データが全部消えてしまうというトラブルがあったり、スプレッドシートに入力したデータをマイマップにインポートしようとしたときに、位置情報の入力が不正確で地図化が上手にできないことなど失敗も多々ありましたが、今となってはすべて楽しい思い出です。

Section

50 Google Earth を活用しよう

ここで学ぶこと

・Google Earth
・プロジェクト
・共有

Google Earth は、3D地図を表示させることができ、世界中のあらゆる場所を検索し、映し出すことができます。また、テキストや写真などで自分だけの地図やストーリーの作成も可能です。

1 Google Earth の基本を知る

水中散歩

ストリートビューでは、街中と同じように宇宙や海の中でも360度パノラマで風景を見ることができます。例えば、岩手県小袖海岸を訪れると、伝統衣装を身につけた海女さんが海の中を泳ぐ姿が見れます。ぜひ探してみてください。

Google Earth を開き、「起動」すると、まずは宇宙の中にある地球が映し出されます。
そこから拡大していくと国名が表示されるようになり、これをさらに拡大していけば都市名、建物名などの、より詳細な情報を見ることができます。

Google Earth の基本的な操作と機能

移動	クリックした状態でカーソルを動かす
拡大・縮小	タッチパッドを使って、スマートフォンと同じようにズームイン・ズームアウトする
検索	検索したい場所まで拡大し、その場所名をクリックする。または、左側の検索バーに場所名を入力する
距離と面積を検索	ポイントを取得するための条件を入力する
ストリートビュー	右下のをクリックしたまま、好きな場所まで移動させると、360度パノラマで風景を見ることができる

② プロジェクトを作成する

解説

プロジェクト

テキスト、写真、動画を使って、世界各地で自分だけの地図やストーリーを作成できます。また、作成したプロジェクトはリンクを共有することで、他の人に見てもらうことができます（161ページ参照）。

修学旅行

コロナウイルスの影響で行けなくなってしまった修学旅行や海外旅行などを、バーチャルで再現することができます。旅行先の自由行動の行き先をまとめて、下見資料として活用することも可能です。

表紙の作成

表紙の作成では、オープニングに表示されるタイトルや背景画像などを設定できます。作成が完了したら、右上の［プレビュー］をクリックし、完成形を確認しましょう。

1 画面左側のメニューにある をクリックし、

2 ［作成］→［Google ドライブでプロジェクトを作成する］の順にクリックします。

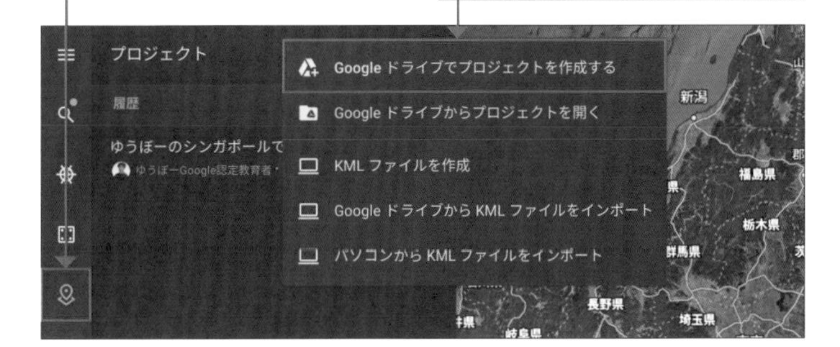

3 「プロジェクトのタイトル」と必要に応じて説明を入力します。

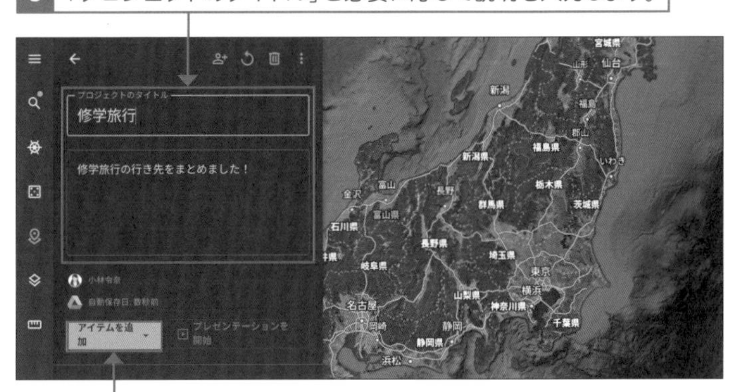

4 ［アイテムを追加］→［全画面スライド］の順にクリックし、表紙を作成します（左の補足参照）。

5 次に、［アイテムを追加］→［検索して場所を追加］の順にクリックし、場所名を入力して検索します。

プロジェクトに追加した場所の解説

手順7の画面で、プロジェクトに追加した場所に詳細な解説を加えることができます。テキストを入力するだけでなく、動画やリンクを挿入することで、重層的なコンテンツとして仕上げることができます。

目印や行程を追加する

地図上の目印をマークしてプロジェクトに追加できるので、出発点や待ち合わせ場所などをマークしておくことができます。また、地図上に線を引いて行程をわかりやすく共有することも可能です。

プロジェクトの保存先

作成したプロジェクトはGoogle ドライブに自動保存されます。ファイル検索などもできるので便利です。

6 検索した場所が表示されたら、左下の をクリックします。

7 検索した場所にカーソルを合わせてクリックすると、場所のタイトルや画像を設定することができます。

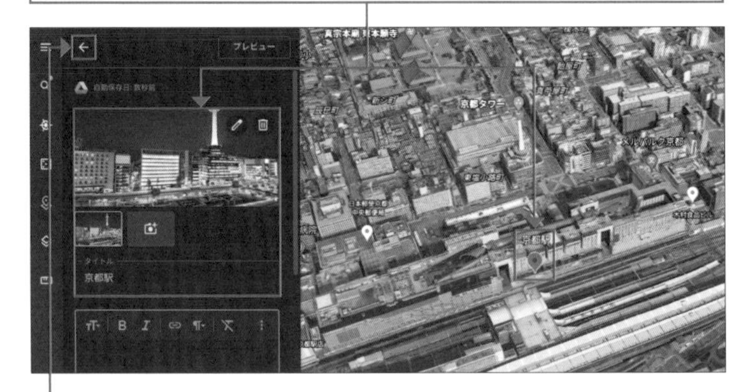

8 をクリックすると、「プロジェクト作成」画面に戻り、追加した場所名が表示されます。

9 159ページ手順1～160ページ手順8を参考に、場所を追加していくと、「プロジェクト作成」画面に一覧で表示されます。

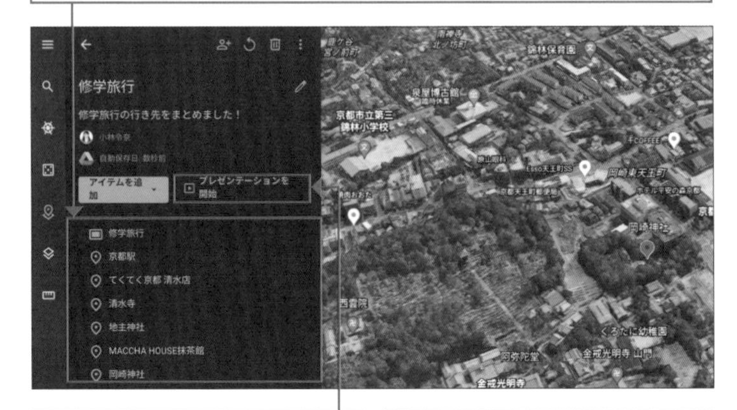

10 ［プレゼンテーションを開始］をクリックすると、

11 追加した場所とプレゼンテーションが表示されます。

③ 作成したプロジェクトを共有する

解説

編集権限と通知

プレゼンテーションを共有する際、そのアカウントの編集権限を、閲覧のみ可能（閲覧者）、または編集可能（編集者）から設定できます。また、[通知]をクリックしてチェックを付けると、共有した旨をメッセージとともに送信することも可能です。

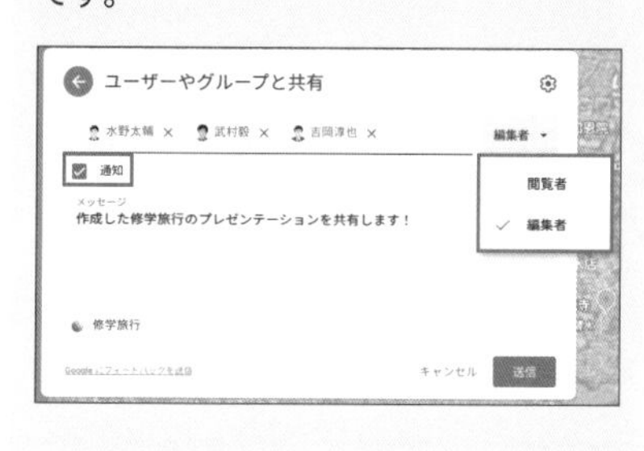

1 共有したいプロジェクトを開き、をクリックします。

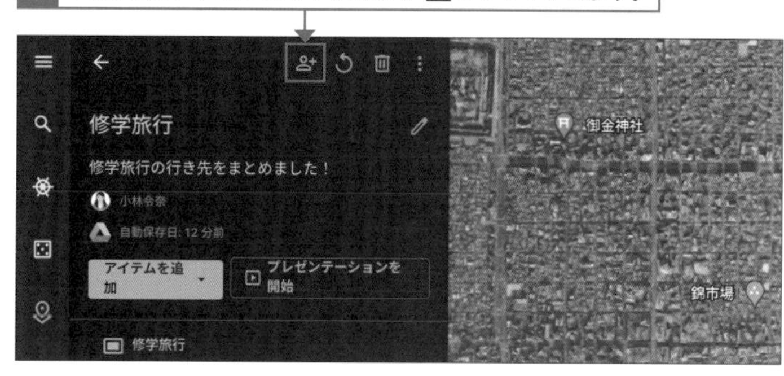

2 「ユーザーやグループを追加」に、共有したいアカウントのアドレスを入力します。

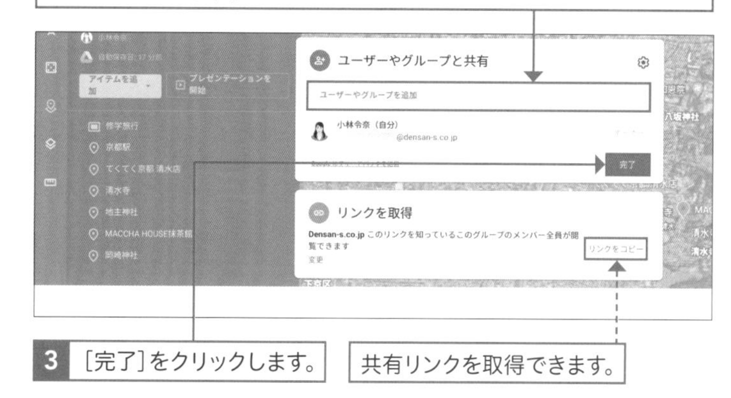

3 [完了]をクリックします。

共有リンクを取得できます。

ヒント **実践者からのアドバイス** 新井 啓太｜ドルトン東京学園中等部・高等部 美術科

画面左側にあるメニューの（I'm Feeling Lucky）をクリックし、世界中のどこかへジャンプして、そこを拠点に「これは何？」という景色を探索に出かけています。導入にはEarth View from Google の Webページがおすすめです。衛星画像だけが魅せる、地球の美しくありえない視点の驚きを紹介してくれます。Google Earth は映像に触れるように操作をすることができます。実は場所や角度を少し変える度にURLがひっそりと変更されているのです。そのため、発見した景色をクラスでシェアする際はURLを伝え合うだけ。とても簡単です。旅行に行きにくい今だからこそ、オンライン授業での展開も期待できます。通信データが重いので、その点だけ注意してください。

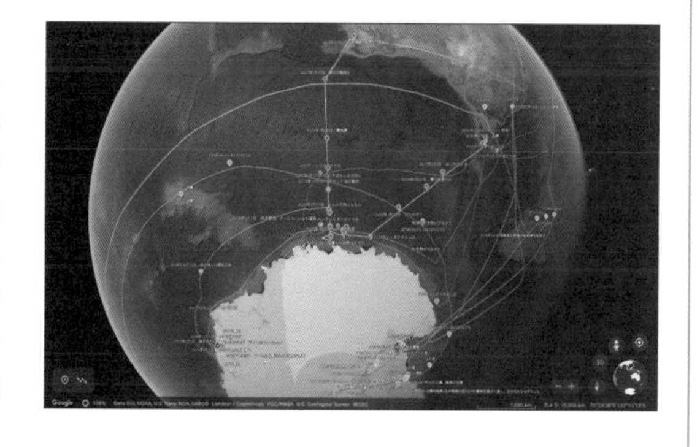

端末によってはオリジナルの地図を Google Earth 上に描くことのできる「プロジェクト機能」にも対応しています。世界で一番詳しい地球儀は学び方のワクワクと自由度を広げてくれます！

Section

51 YouTube を活用しよう

ここで学ぶこと

- 動画の撮影
- 動画の公開
- 再生リスト

YouTube では自らが制作者として情報発信を行うことができます。また公開されているさまざまな種類の動画を生徒と共有して学習に利用したり、教師間の共有でスキルを高め合ったりすることも可能です。

1 動画を撮影する

解説

動画を撮影するには

スマートフォンで撮影する場合は、画質のよいアウトカメラを使うのか、写りを確認できるインカメラを使うのか、撮影シーンに合わせて使い分けるとよいでしょう。また、Google Meet の録画はインターネット環境が安定している場所で行う、画面越しに何かを提示するときには部屋の明るさを意識するなど、視聴しやすい動画の撮影を心がけましょう。

Google Meet の録画機能を使って撮影

Google Meet を開催し、画面共有などを活用した授業を実施します。その様子を録画機能を使って撮影し、録画を終えてタブを閉じると、録画データは自動で Google ドライブに保存されます。

※ Google Meet の録画機能は Google Workspace for Education の有償版エディションである Education Plus と Teaching and Learning Upgrade で提供されています。

Chromebook やスマートフォンで撮影

スマートフォンのカメラ、または Chromebook のカメラを使って、資料を映しながらホワイトボードなどを活用して撮影します。

②動画を公開する

解説

YouTube チャンネル

YouTube で動画を公開するには、事前にYouTube チャンネルの作成が必要です。YouTube を開き、右上の Google アカウントのアイコン→［設定］の順にクリックして、［チャンネルを作成する］をクリックし、自分のチャンネルを作成します。

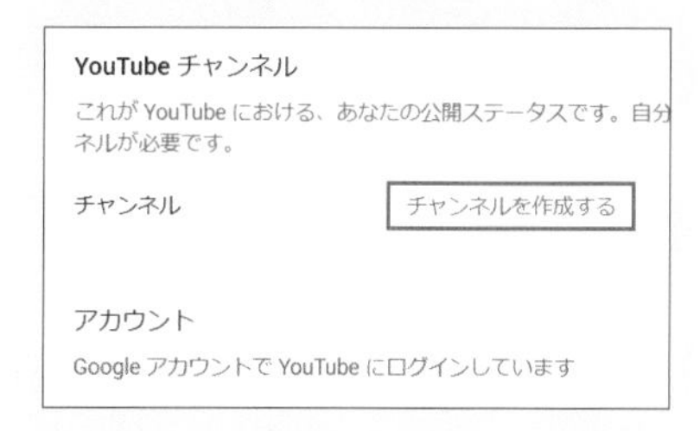

概要欄

手順3の画面の「詳細」の下にある「説明」は「概要欄」とも呼ばれます。動画についてテキストで補足したいときには、概要欄を活用するのがよいでしょう。動画の流れを紹介したり、さらに参考となる動画のURLなどを貼り付けたりすることもできます。

サムネイルの設定

手順4の画面で「タイトル」「説明」の下に「サムネイル」の項目が表示されます。［サムネイルをアップロード］をクリックし、事前に用意した画像データを設定しましょう。サムネイル画像にこだわりがない場合は、YouTube が自動的に動画のワンシーンを切り取ってサムネイルに設定します。

1 右上の →［動画をアップロード］の順にクリックします。

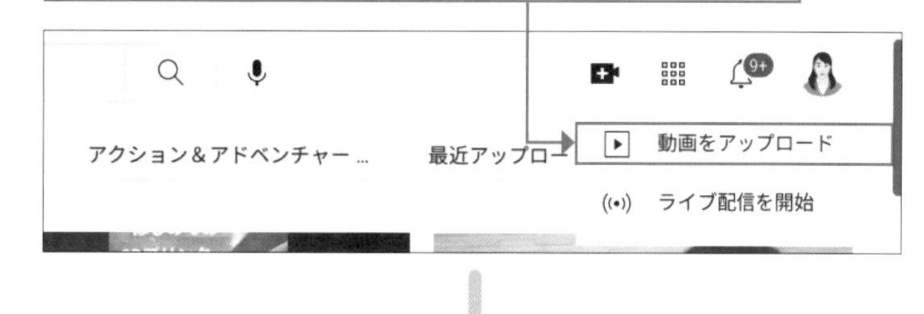

2 ［ファイルを選択］をクリックし、Google ドライブや端末に保存された撮影データを選択し、アップロードします。

3 「詳細」で動画の「タイトル」や「説明」を入力し、

4 ［次へ］→［次へ］の順にクリックします。

動画を共有する

動画を YouTube チャンネルにアップロードできたら、Classroom や Google チャットなどで生徒や他の教師に共有しましょう。例えば、動画のリンクをコピーし、Classroom で「資料」を作成し、リンクを挿入して配付します。

おすすめ教育系YouTuber

①学習系
- とある男が授業をしてみた
https://www.youtube.com/c/toaruotokohaichi/featured

- ムンディ先生
https://www.youtube.com/c/HistoriaMundi

②スキル系
- GIGA ch
https://www.youtube.com/c/gigachannel2020

- 高木俊輔
https://www.youtube.com/channel/UCGnCn2Ah_VDhrSuL6V7VT2A/featured

- ゆうぼー
https://www.youtube.com/channel/UC4xYpcg_SmtJoHxMW4yN7gw

③その他
- どこがく
- DSK Cloud サービス

5 「チェック」で問題が検出されなかった場合は［次へ］をクリックします。

6 「公開設定」で任意の公開範囲をクリックして選択し、

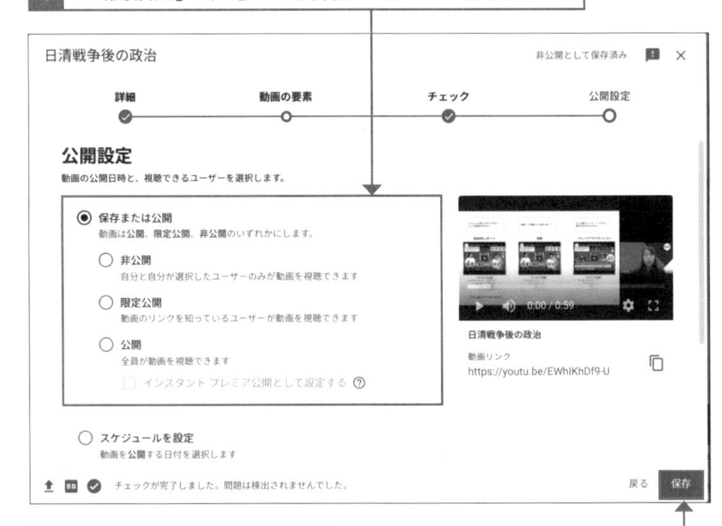

7 ［保存］をクリックします。

公開設定の種類

投稿する動画の公開設定は、学校で YouTube を活用していくうえで大事なポイントです。

設定の種類	アクセス可能なユーザー	想定される利用場面
非公開	自分と選択したユーザーのみ視聴可能	授業映像や学習発表会の様子
限定公開	動画のURLを知っているユーザーのみ視聴可能	学校説明会の様子
公開	YouTube を利用しているすべてのユーザーが視聴可能	学校紹介や部活動紹介

③ 再生リストを作成する

解説

再生リスト

YouTube 上で公開されている動画をリストとしてまとめることで、生徒の学習に生かしたり、校内の同僚との情報共有を円滑に進めたりすることができます。なお、新たにリストを作成せずとも、事前に作成しておいた再生リストに動画を追加することも可能です。

保存先...

- 後で見る
- GWS学習用
- 参考動画

1 再生リストに登録したい動画を開き、画面右下の［保存］→［新しい再生リストを作成］の順にクリックします。

2 再生リストの「名前」を入力して、「プライバシー設定」を設定し、

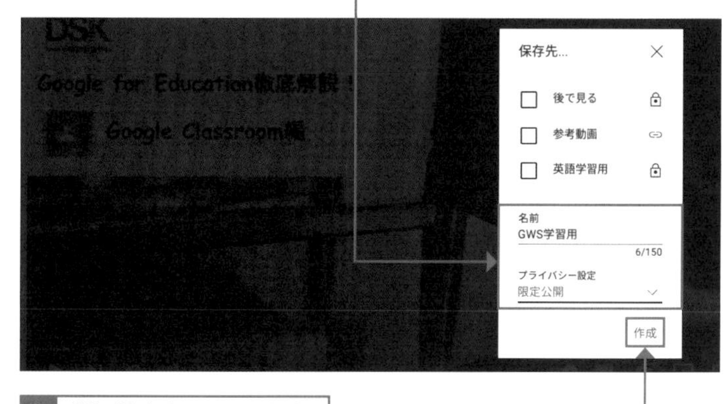

3 ［作成］をクリックします。

再生リストの共有方法

YouTube 左上の ☰ をクリックし、共有したい再生リストをクリックします。⮫ をクリックすると、共有リンクが表示されます。

ヒント **実践者からのアドバイス** 小林 勇輔｜湘南学園中学校高等学校 情報科

非公開設定にすることで学内限定公開ができるので、学園祭等のイベントでも安心して利用が可能です。また、教科や単元ごとの再生リストを作成しておくと、動画教材の利用の幅がぐっと広がります。「公開設定」さえ気を付ければ、観せたい相手にだけ観せることができるのでとても便利です。本校では「非公開設定」を利用して、面接に代わるプレゼン動画を中学入試でも用いています。
まだまだ「教育利活用」のイメージが薄い YouTube ですが、現代の図書館と呼ばれるほどに「学び」についての情報があふれています。「公開・限定公開・非公開」を上手に使い分け、用途に合わせて安心安全に使ってみてほしいですね。

Section 52

Google フォトを活用しよう

ここで学ぶこと

・基本機能
・アルバムの作成
・アルバムの共有

Google フォトでは、クラウド上に写真や動画データを格納しておくことができます。さらに、Google ドライブなどと同様、共有アルバムを作ることができるので、簡単に複数人でデータを共有することが可能です。

1 Google フォトの基本を知る

解説
写真や動画をクラウドに保存する

突然、端末が故障したり、スマートフォンなどを紛失してしまった場合でも、Google フォトに保存されているデータはクラウド上にあるため、消えてしまうことなくいつでも閲覧することができます。

ヒント
写真の編集

写真をクリックすると、画面右上に左から「共有」「編集」「情報」「お気に入り」「削除」「その他のオプション」の項目が表示され、必要な編集や設定を行うことができます。

⠿ →[フォト]の順にクリックして Google フォトを開きます。

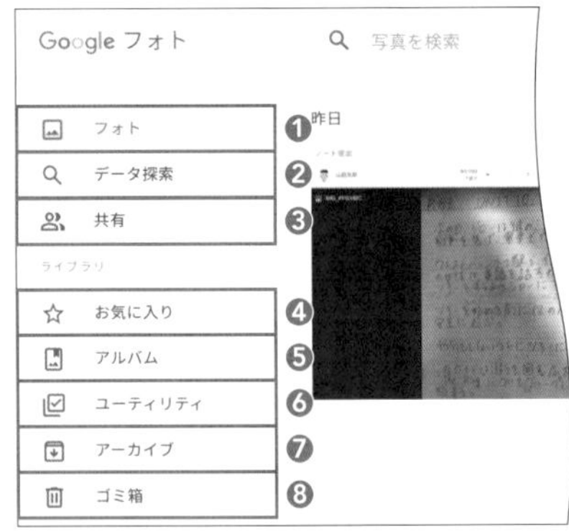

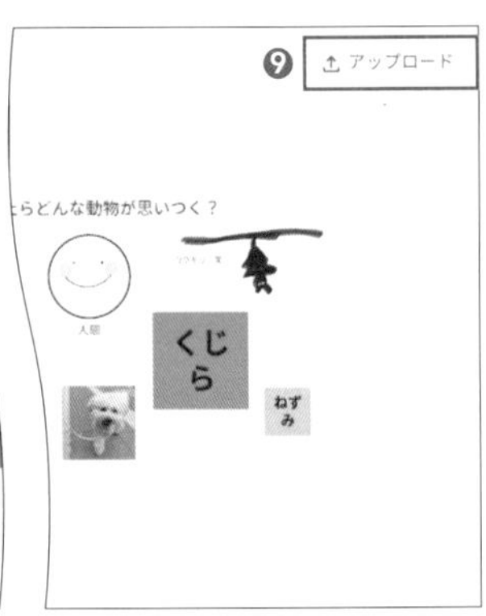

❶フォト	アップロードした写真や動画が表示される
❷データ探索	数あるデータから必要なものを検索する
❸共有	共有された写真や動画が表示される
❹お気に入り	お気に入り登録した写真や動画が表示される
❺アルバム	アルバムを作成してデータをまとめる
❻ユーティリティ	写真を使ってムービーやコラージュを作成する
❼アーカイブ	写真や動画を一時退避させる
❽ゴミ箱	削除した写真や動画が一定期間保存される
❾アップロード	写真や動画をアップロードする

フォトにアップロードした写真や動画は、撮影日や撮影場所、人物などのカテゴリで自動的に分類されます。また、「アルバム」を作成すれば、複数の写真や動画をまとめることができ、簡単に整理を行うことができます。

② アルバムを作成して共有する

補足

コメントを追加して共有する

アドレスを入れて共有する際に、コメントを添えて通知することができます。

補足

いいねとコメントを付ける

共有された写真や動画にはいいねやコメントを付けることができるので、クラスでアルバムを作成して共有すると、新たなコミュニケーションが生まれます。写真をクリックして表示させると、ハートマーク（いいね）とコメント記入欄が表示されます。

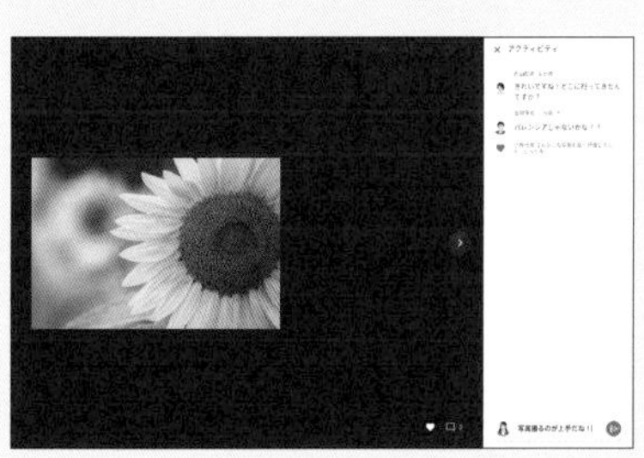

1 左側のメニュー一覧から［アルバム］をクリックし、

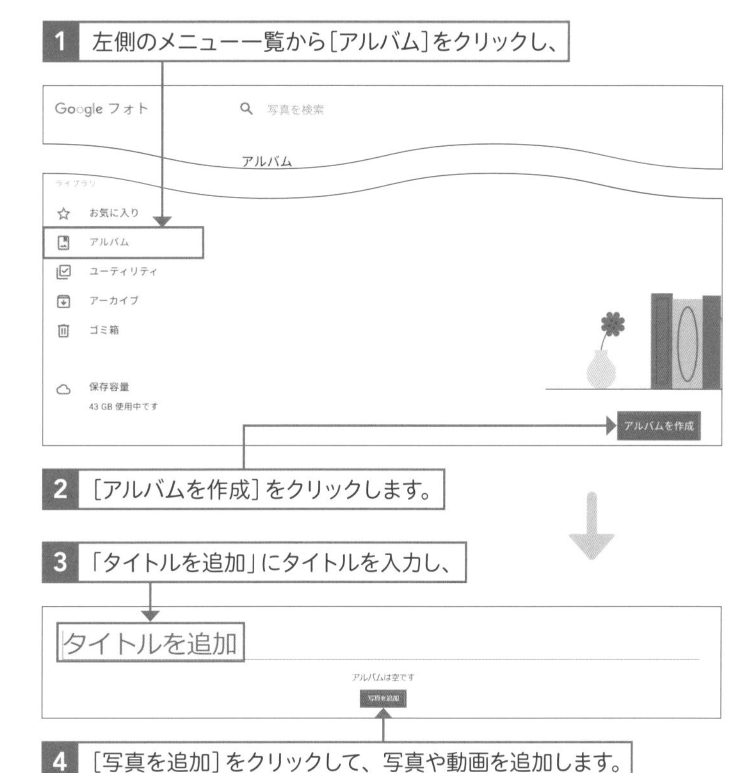

2 ［アルバムを作成］をクリックします。

3 「タイトルを追加」にタイトルを入力し、

4 ［写真を追加］をクリックして、写真や動画を追加します。

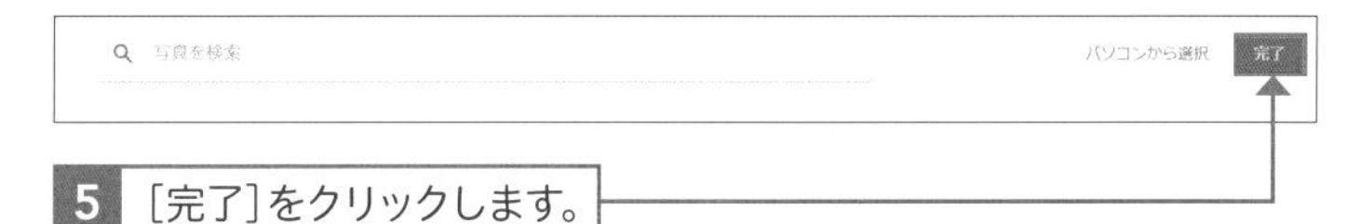

5 ［完了］をクリックします。

6 右上の < をクリックし、アルバムを共有したいアカウントのアドレスを入力して招待します。

アルバムに参加しているメンバーが表示されます（まだ参加していないメンバーは薄く表示されます）。

アクティビティでは、いつ、誰が写真を格納したかや、いいねやコメントを送ったかを確認できます。

Section

53 Google Keep を活用しよう

ここで学ぶこと

・Google Keep
・基本機能
・アプリ連携

Google Keep では、手軽にメモを作成したり、編集したりできるため、タスク管理にも活用可能です。テキスト入力はもちろん、手書きにも対応しています。他の人とも共有できるので、業務の効率アップにもつながります。

1 Google Keep の基本を知る

Google Keep は、シンプルな見た目と感覚的に操作できる点が特徴のメモツールです。

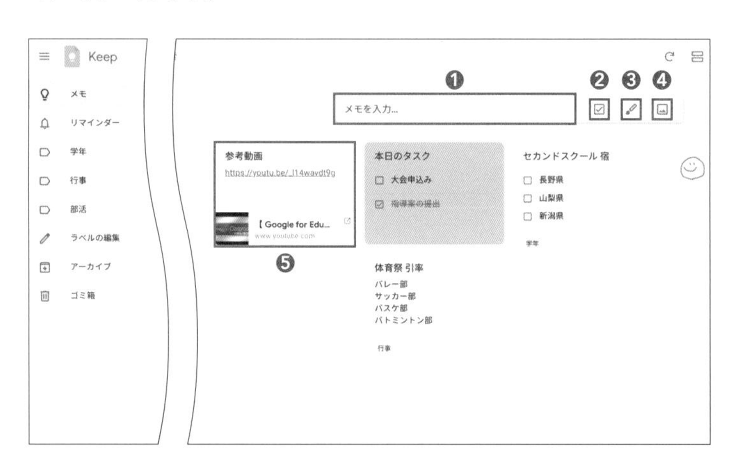

Google Keep のメモの種類

❶テキストメモ	メモの基本となるテキスト入力式のメモ。「メモを入力…」に直接入力する
❷新しいリスト	リストメモを入力できる。入力したチェックボックスにチェックを付けることで、完了済みとして表示される
❸図形描画付き新規メモ	手書き文字やイラストを挿入したメモを作成することができる
❹画像付きの新しいメモ	画像を挿入したメモを作成することができる。メモの入力画面で同じアイコンをクリックしても可能
❺ URLメモ	メモの入力画面に YouTube やWebサイトなどのURLを貼り付けると、自動で画像サムネイルが表示される

解説

メモを入力する

[メモを入力…] をクリックすると、下図のような表示に変わります。「タイトル」にメモのタイトル、「メモを入力…」にメモの内容を入力して、[閉じる] をクリックすると、画面中央に作成したメモが追加されます。

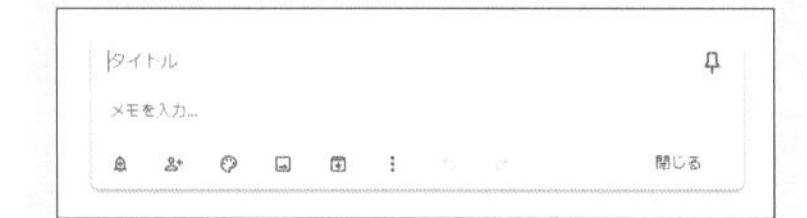

② Google Keep のその他の機能

メモを固定する

メモを作成していくうちに、大事なメモがどんどん下の方へ流れていってしまうことがあります。そのようなときは、メモの右上にある 📌 をクリックして 📌 にしておくことで、最上部に固定できます。

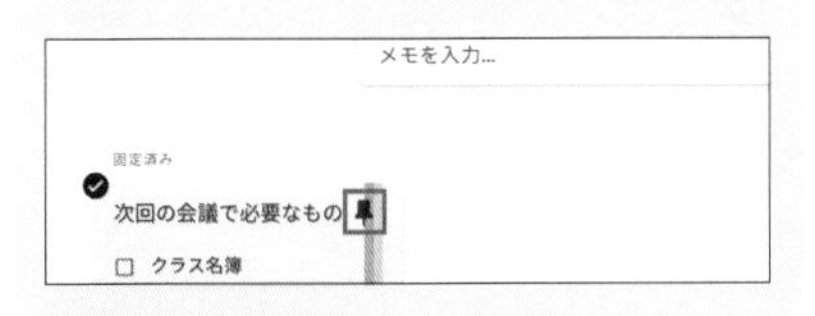

ラベルを編集する

画面左側のメニュー一覧にある［ラベルの編集］をクリックすると、メモをまとめるラベルを作成することができます。

ラベルの編集
新しいラベルを作成
学年
行事
部活
完了

アーカイブを解除する

画面左側のメニュー一覧にある［アーカイブ］をクリックすると、アーカイブしたメモの一覧が表示されます。復元したいメモにカーソルを合わせて、 をクリックすると、アーカイブを解除できます。

Google Keep では、メモを作成するだけでなく、作成したメモを複数人と共有したり、ラベルや色を付けて整理したり、自分で使いやすいように運用することができます。

メモの入力画面

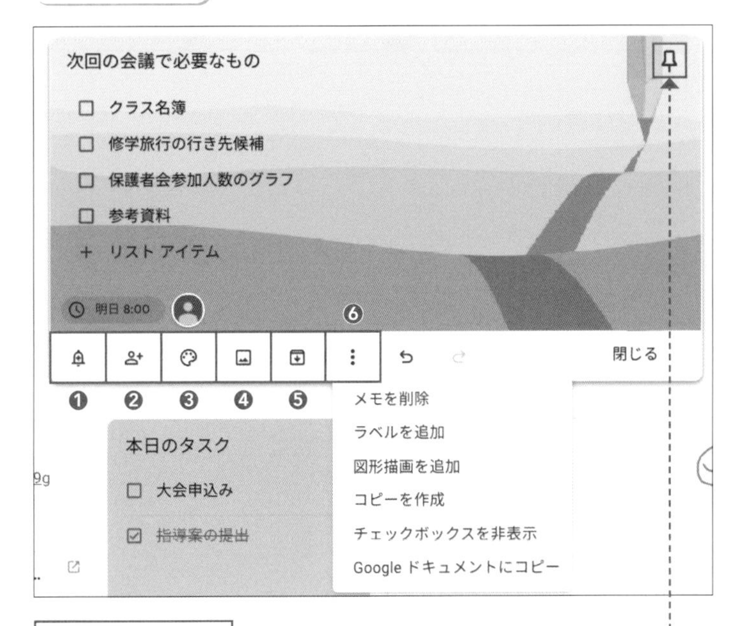

ピン留めできます。

❶リマインダーを追加／編集	設定した日付・時間に通知を表示させることができる。「場所」の設定も可能で、その場所に近付くと通知が届く
❷共同編集者	共有したいアカウントのアドレスを入力することで共有できる。共同編集も可能
❸背景オプション	11種類の単色と、9つの背景画から背景を設定できる
❹画像を追加	メモに画像を追加できる
❺アーカイブ	当面は必要ないメモを非表示にできる（復元については左下の補足を参照）
❻その他のアクション	あとから画像の挿入やチェックボックスの追加ができる。また、入力したメモ内容を Google ドキュメントにコピーも可能

画像のテキスト抽出

「画像付きの新しいメモを作成」で、紙に書いた手書きのメモや、PDF ファイルを画像として挿入し、 ⋮ →［画像のテキストを抽出］の順にクリックすると、画像内のテキストを自動的にメモに抽出できます。

応用技 Google Keep とその他アプリとの連携

Google Keep に入力したメモは、他のアプリケーション上に表示させることができるので、メモの内容を表示させながらタスク管理や資料作成を行うことが可能です。また Gmail から、メールへのリンク付きメモを作成することもできます。

Gmail のサイドパネルに Google Keep を表示させる

1 をクリックします。

2 Google Keep が表示されます。

メールへのリンク付きメモを作成する

1 メモしたいメールを開き、サイドパネルに Google Keep を表示させておきます。

2 [メモを入力 ...]をクリックします。

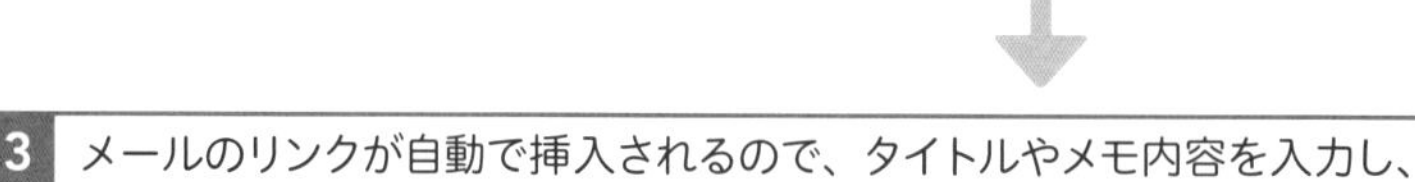

3 メールのリンクが自動で挿入されるので、タイトルやメモ内容を入力し、

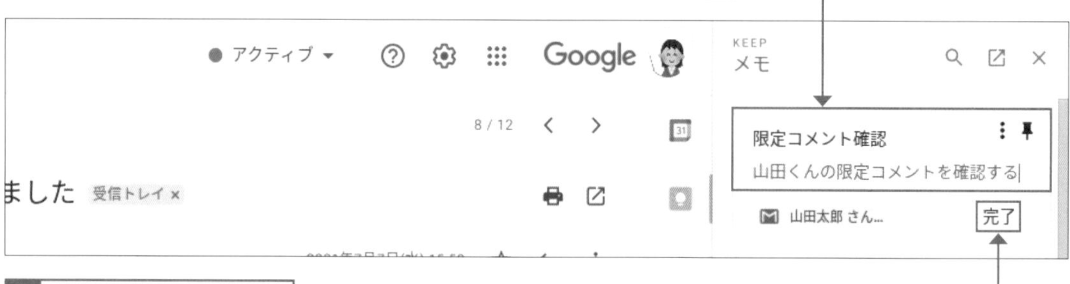

4 [完了]をクリックします。

第 7 章

保護者とコミュニケーションを取ろう

この章で学ぶこと

保護者とコミュニケーションを取ろう

デジタルシフトへ舵を切る

●2年の月日が教えてくれること

2020年2月に全国一斉休校になったとき、多くの学校で起こった出来事の1つに、生徒に大量の学習用プリントが配られたことがあります。あの時、保護者は「学校はとてつもなくアナログな社会」なのだと痛感したと思います。

あれから2年が経ち、1人1台の端末と高速な情報通信ネットワークが学校に整備され、通信環境に不安のある家庭には自治体からポケットWi-Fiを貸し出すしくみなども整えられました。そして、保護者の多くは、ニュースや報道で学校でのICT活用の様子を知ることになり、これまで以上にGIGAスクール構想による学校の変化を注視することになりました。

もちろん環境整備が急速に進んだことで、学校現場がたくさんの困難に見舞われたり、多くの苦労があることも承知しているはずですが、2年前はアナログな社会であるがゆえに、仕方がないで済まされていたことの多くが、看過される状況ではなくなってきました。

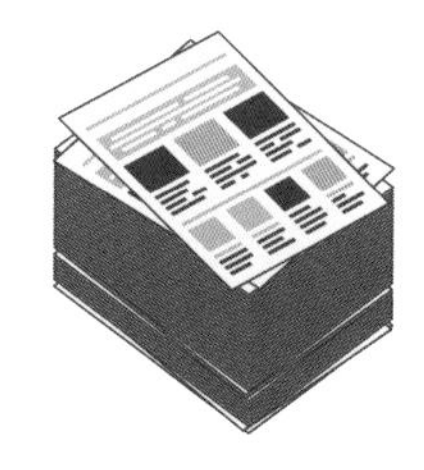

大量に配られたプリント課題は、果たしてどの程度生徒たちにフィードバックされたのだろうか。

●理解とセットで協力体制を構築

今や、授業参観に行っても端末が活用される気配すらなかったり、授業でICTが使われている様子がまったく見えなかったり、端末の持ち帰りすら行われていない状況は、批判の対象となっても仕方のないことと理解すべきでしょう。

こうした状況を乗り越えるには、大人総がかりでこの大事な転換期を乗り越えていくという姿勢を示し、保護者との協力体制を築くことが肝要です。そのためには、まずは情報共有が大切で、学校が行っている教育内容を学校ホームページで徹底的に開示しおくだけでも保護者は安心するものです。そして、学校も保護者もデジタルの力を利用することで、スリム化できるところは徹底して実行することで、学校や教師の負担を軽減してGIGAの大きな波に立ち向かっていくしかないのです。

保護者との共通理解を図る

学校が保護者とともにGIGAスクール構想に対応していくためには、端末の活用の前提として確認しておくべきことや、万が一に何かトラブルがあった場合の対処方法など、しっかりと保護者に説明したり、理解を得たりしなければならないことがあります。
また、学校の働き方改革の側面からは、学校と保護者の連絡手段をデジタル化する取り組みが推奨されており、学校がデジタル化していくうえで大切にしたい項目は、保護者にすばやく丁寧に共通理解を図ることで、円滑に学校運営や学級運営につなげることができます。

GIGAスクール構想への理解を図る

1人1台の端末活用が目指している目標やそれによって実現する子供の学びの姿をより具体的に提示することで、大きな変革の時期にあるということを保護者にも理解してもらう。

働き方改革の現在地を共有する

学校が置かれている生の状況を直視してもらい、効率性などの点から授業だけでなく校務やその他の取り組みにもICTを積極的に利用することを保護者に理解してもらう。

端末を活用するうえでのルールづくり

端末活用の目的は学習であり、持ち帰りも学習の一環であることや、端末を安全に使うといったことについて保護者にも理解してもらう。また、万が一、破損や故障が起きた際の対処方法を保護者に周知を行う。

端末やクラウドを利用する意味の理解する

セキュリティ問題やネット利用に関するトラブルや危険性を保護者にも理解してもらう。また、万が一、そうした事態に陥った際の対処方法を保護者に周知を行う。とくにIDやパスワードの意味や使い方などは都度指導するだけでなく、保護者の協力も得ながら大切に扱うよう体制を整える。

健康面に配慮した活用を行う

姿勢を正しく端末を使ったり、しっかりと画面からの距離を保って操作したり、長時間作業しないなど健康面での配慮事項を保護者にも共通認識してもらい、家庭内でも同様の心がけをしてもらう。

学校も保護者もデジタルシフトの舵を切る最適のタイミングです。本章では具体的な活用場面とアプリの活用の仕方をセットでご紹介していきます。

Section 54

Google サイトで情報を共有しよう

ここで学ぶこと

・Google サイト
・情報の一元化
・情報の共有方法

学校のホームページや学年通信などを手軽に作成することができる Google サイトで、効率よく情報共有しましょう。Google フォームや Google カレンダーなど、他のアプリを挿入して表示できるところも便利です。

1 情報を一元化する

日々の教育活動や保護者会の案内、校外学習のお知らせなどに Google サイトを使うことで、クイックに情報発信を行うことができます。また、生徒からの伝達漏れやプリントの紛失といったトラブルを減らすことができます。

学校行事についてのお知らせや活動の様子がわかる記事を写真入りで掲載します。

欠席や遅刻などの連絡を Google フォームで受け取るようにすることで、業務の効率化を図ります。

学校休業日や学校行事の予定、短縮授業の有無、給食の有無などをカレンダーに表示することで、スムーズに予定を確認することができます。

補足

Google サイトへの挿入

サイトへは、以下の Google アプリの挿入が可能です。

- YouTube
- Google カレンダー
- Google ドキュメント
- Google スライド
- Google スプレッドシート
- Google フォーム
- Google Map

校務で活用している Google Workspace アプリのデータを集約させ、情報の一元化を実現できます。また、欠席連絡用の Google フォームを挿入することで保護者からの連絡をスムーズに受け取ることなどもできます。

ヒント

ページの追加

サイトはトップページの他に、サブページを追加できます。学校全体に関する情報などをメインページに、学年単位・クラス単位の情報をサブページに設定することで、よりスムーズに情報提供できます。

② 情報を共有する

解説

公開の範囲を設定する

公開の範囲は3つあります（右側の囲み内）。学校のホームページは公開範囲を「③インターネット上のすべての人に公開する」に設定し、学年通信や学級通信などの場合は「①特定のユーザーに限定する」に設定するなど、目的に合わせた運用が可能です。

サイトで情報の一元化をしたら、漏れのない情報共有をしましょう。Google サイトでは公開範囲の以下の中から任意で選択することができます。

①特定のユーザーに限定する（制限付き）
②ドメイン内のユーザーに限定する（電算システム _Edu チーム）
③インターネット上のすべての人に公開する（リンクを知っている全員）

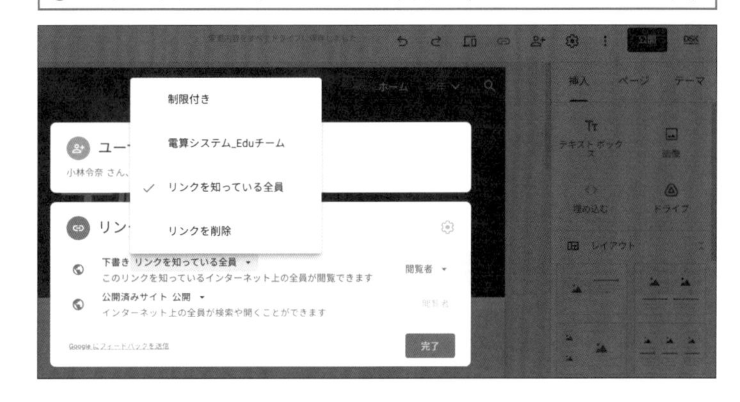

お知らせバナー

作成したサイトの⚙→［お知らせバナー］の順にクリックして、設定します。リンクの他、サイト内の別ページを選択することも可能です。

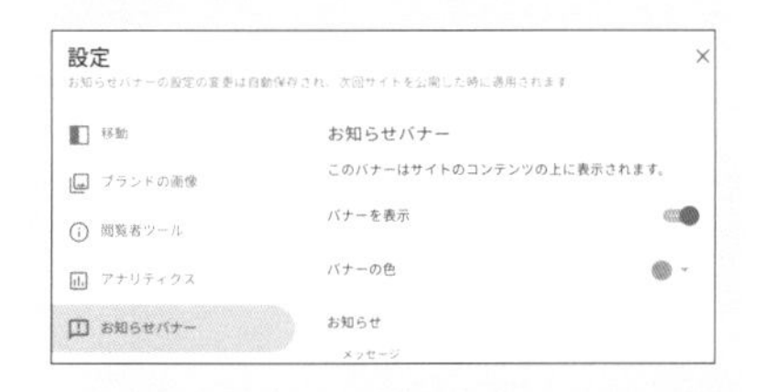

また、サイト内で更新した内容や、とくに共有したい内容をわかりやすくするために「お知らせバナー」機能を使うことも効果的です。この機能を使うことでトップページ上段にバナーと、バナー内に共有したい内容のリンクを挿入したボタンが表示されます。

③ 運用のポイント

更新の頻度を設定する

更新の頻度が少なくなると、比例して保護者の閲覧頻度も少なくなる可能性があります。事前に更新内容・更新箇所に関する役割分担や、更新曜日などを設定して、鮮度の高い情報を保護者へ提供していきましょう。

保護者がサイトを閲覧する端末はさまざまです。公開前にプレビュー画面から「スマートフォン」「タブレット」での見え方も確認して、配置を整えておきましょう。

スマートフォン画面

タブレット画面

Section 55

Google Classroom で保護者にメールを送付しよう

ここで学ぶこと

- 保護者の招待
- Google アカウント
- メール送信

Classroom では、生徒だけでなく保護者を招待して情報を共有することができます。クラスに所属する保護者は、そのクラスの活動概要や自分の子供の課題提出状況を確認することが可能です。

1 保護者をクラスに招待する

解説

保護者のメールアドレス

招待する保護者のメールアドレスは、Google アカウント（Gmail）であることが望ましいです。Gmail であれば、「保護者宛の概要説明メール」の配信頻度やタイムゾーンを設定することができます。もちろん Gmail 以外のメールアドレスの場合でも、クラスに招待することは可能です（配信頻度は「毎週」で固定となります）。

補足

保護者の招待を承認する

クラスに招待された保護者には、メールに通知が届きます。メール内の［承諾］をクリックすることで、概要メールや教師からの連絡事項等を受信することができます。

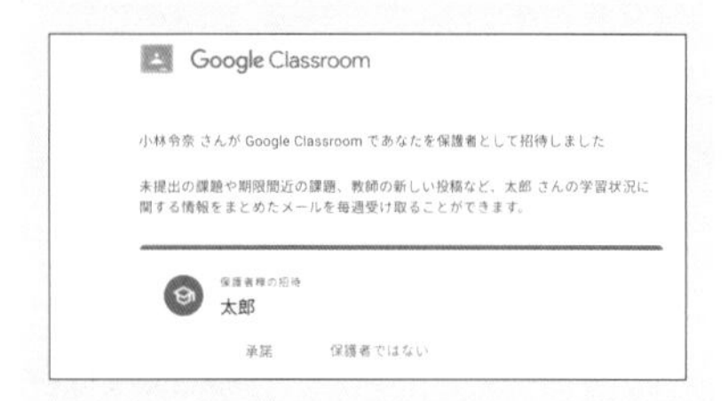

1 クラスの上部タブの［メンバー］をクリックします。

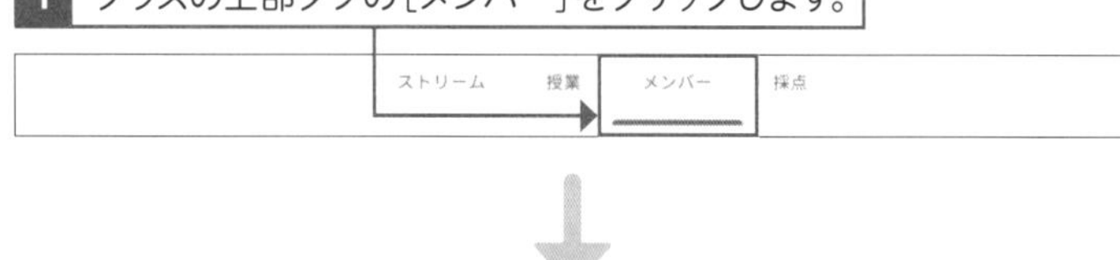

2 「生徒」に生徒一覧が表示されます。生徒名の右側にある［保護者を招待］をクリックすると Gmail が表示されるので、招待したい保護者のメールアドレスを入力し、メールを送信します。

教師
小林令奈
生徒
操作
すべての保護者にメールを送信
山田太郎 山田花子
武村毅 保護者を招待
風間祐李 風間陽子
片山聡美 片山理恵

保護者がクラス招待を承認すると、保護者の名前が表示されます。

2 特定の保護者にメールを送信する

ヒント

生徒をミュートする

手順1の画面で[○○さんをミュート]→[ミュート]の順にクリックすると、その生徒の所属が他の生徒たちには表示されない状態になります。課題や限定コメントを通して教師とのコミュニケーションを取ることはできるので、必要に応じて活用してみましょう。

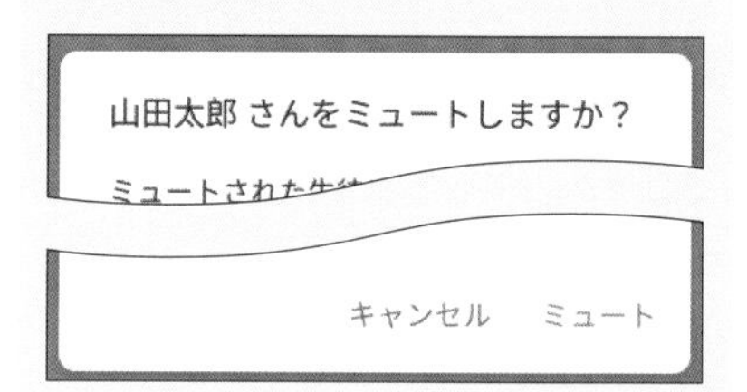

1 特定の保護者にメールを送付したい場合は、対象の生徒の右側にある ⋮ をクリックし、

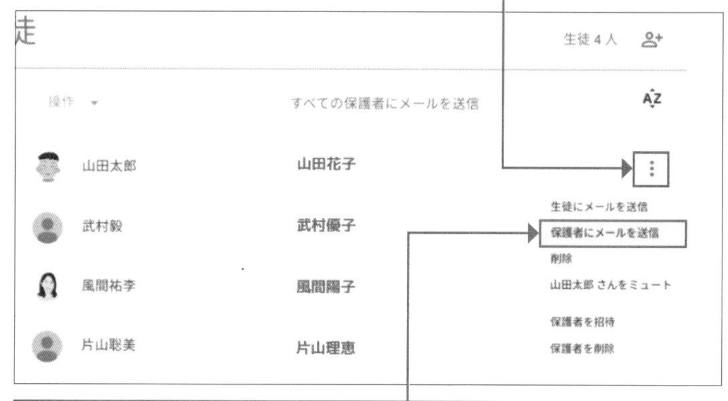

2 [保護者にメールを送信]をクリックします。

3 「宛先」に特定の保護者が設定された状態で Gmail が表示されるので、任意のメール内容を入力し、送信します。

3 すべての保護者にメールを送信する

重要用語

Bcc

Bccは、ブラインド・カーボン・コピー(Blind Carbon Copy)の略です。Bccに入力されたメールアドレスは、他の受信者には表示されません。他の保護者のメールアドレスを隠した状態で、複数の保護者に一括でメールを送ることができます。

1 所属しているすべての保護者にメールを送付したい場合は、生徒一覧の上にある[すべての保護者にメールを送信]をクリックします。

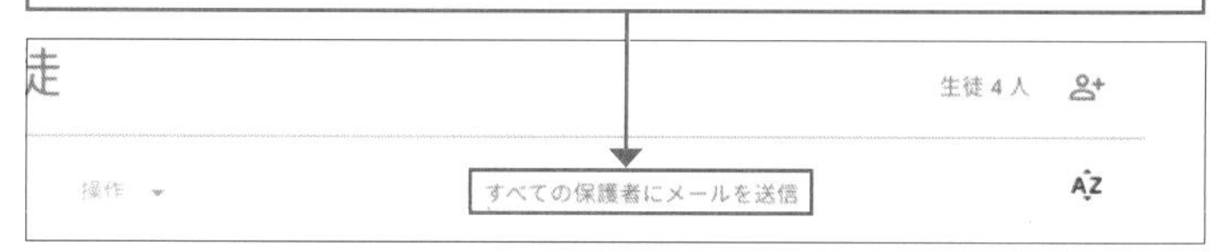

2 「Bcc」にすべての保護者が設定された状態で Gmail が表示されるので、任意のメッセージを入力し、送信します。

新規メッセージ
宛先
Bcc @gedu.demo.densan-s.com × @gedu.demo.densan-s.com ×
件名

Section 56

Google Classroom で保護者面談の日程を決めよう

ここで学ぶこと

- Google カレンダー
- 保護者面談の連絡
- 保護者の予約作業

Google Classroom と Google カレンダーを使い、保護者面談の日程調整をスムーズに行うことができます。希望日を聞いたり、調整したりする手間も減り、業務効率も大きくアップします。

1 保護者面談の枠を準備し、連絡する

1 146ページ手順 1 を参考に、クラスのカレンダーを表示します。

2 77ページのヒントを参考に、カレンダーで面談の予約枠を設定し、予定をクリックします。

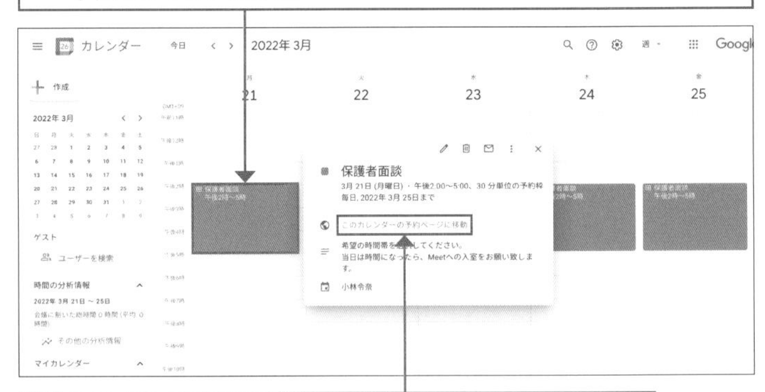

3 ［このカレンダーの予約ページに移動］を右クリックし、リンクをコピーします。

4 177ページを参考に、「授業」画面で［すべての保護者にメールを送信］をクリックします。保護者宛の案内を入力し、予約ページのリンクを貼り付けて送信します。

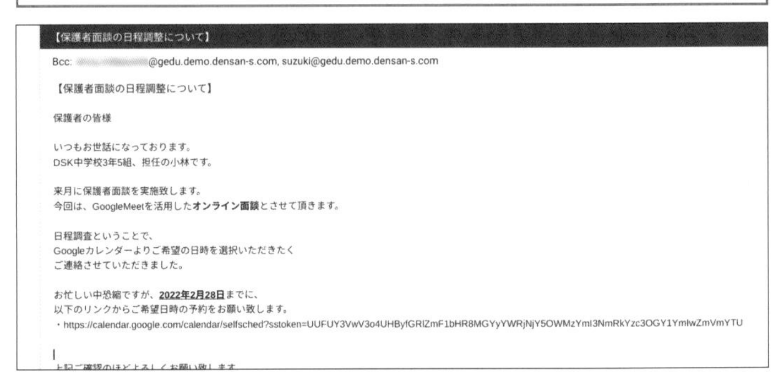
【保護者面談の日程調整について】

Bcc: @gedu.demo.densan-s.com, suzuki@gedu.demo.densan-s.com

【保護者面談の日程調整について】

保護者の皆様

いつもお世話になっております。
DSK中学校3年5組、担任の小林です。

来月に保護者面談を実施致します。
今回は、GoogleMeetを活用した**オンライン面談**とさせて頂きます。

日程調査ということで、
Googleカレンダーよりご希望の日時を選択いただきたく
ご連絡させていただきました。

お忙しい中恐縮ですが、**2022年2月28日**までに、
以下のリンクからご希望日時の予約をお願い致します。
・https://calendar.google.com/calendar/selfsched?sstoken=UUFUY3VwV3o4UHByfGRlZmF1bHR8MGYyYWRjNjY5OWMzYml3NmRkYzc3OGY1YmIwZmVmYTU

ヒント

クラスごとにカレンダーを選択する

複数クラスを自分のカレンダーに表示している場合、どのクラスの予定なのかを切り替えるには、カレンダーの予定の詳細で 📅 をクリックします。クラスの候補が表示されるので、任意のクラスをクリックして選択します。

- 2021-ホームルーム/3年5組
- ICT活用研修 全学年
- ホームルーム 2021 | 3年5組
- 社会 2021 | 3年4組
- 社会 2021 | 3年5組
- 体育 2021 | 3年5組

補足

右クリック

Chromebook での右クリックは、タッチパッドを2本指で1回タップします。

② 保護者が面談の予約をする

予約枠を検索

予約枠のリンクを開くと、その日の日付が表示されます。予約枠が表示されていない場合は、[今後の予約枠を検索]をクリックし、予約枠の日付（ここでは「保護者面談の日程」）まで移動しましょう。

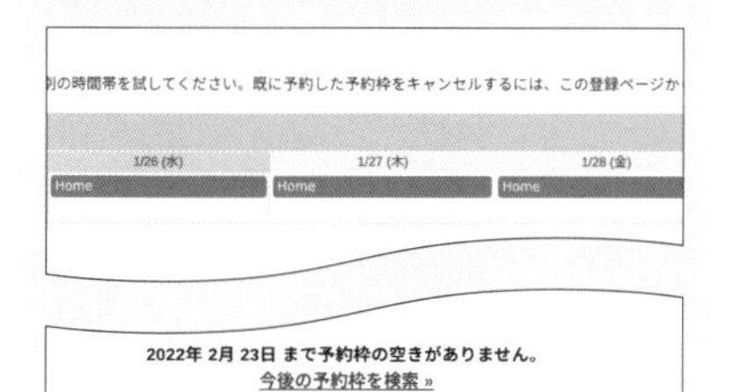

埋まっている予約枠

予約枠は先着順で埋まっていくので、すでに予約されている予約枠は、空白になって表示されます。ただし、キャンセルされた予約枠は、すぐに復活して表示されるので、他の保護者がその日時の枠を確保することができます。

3/21 (月)	3/22 (火)
保護者面談	保護者面談
保護者面談	
保護者面談	保護者面談
保護者面談	保護者面談

面談を予約する

1 Gmail を開き、メールに添付されたリンクをクリックします。

2 表示された予約枠から希望の日時をクリックします。

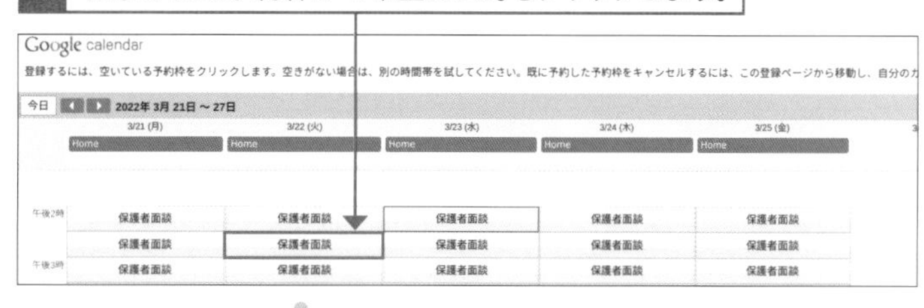

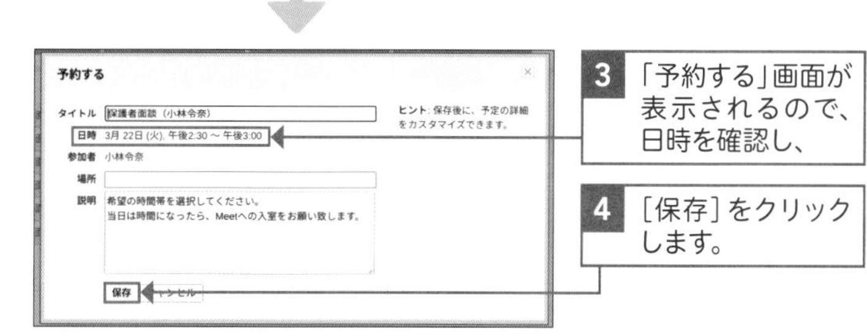

3 「予約する」画面が表示されるので、日時を確認し、

4 [保存]をクリックします。

予約をキャンセル、または変更する

1 Google カレンダーを開いて面談予定日をクリックして表示し、🗑 をクリックすると予定がキャンセルされます。

予約を変更できます。

2 [送信]をクリックすると、予定のキャンセルについて相手に通知が送信されます。

予定のキャンセルについて Google カレンダーのゲストにメールで通知しますか？

編集に戻る　送信しない　送信

Section

57 Google フォームで アンケートを収集しよう

ここで学ぶこと

- Google フォーム
- アンケート調査
- セクションの追加

Google フォームでアンケートを作成すれば、遅刻や欠席の連絡や学校行事に関わる情報収集などを行うことが可能です。フォームを活用し、保護者とのオンライン上でのコミュニケーションを円滑にしましょう。

1 遅刻・欠席連絡フォームを作成する

ヒント

Google サイトを活用する

遅刻・欠席フォームのように、常に稼働するフォームは学校ホームページに挿入して運用するのも1つの方法です。その際、パスワードを設定しておけば、認証をクリアした人だけがフォームを送信できるようになります。

応用技

フォームにパスワードを設定する

パスワードを入力する記述式の設問を作成しておくことで、認証にクリアした人のみが回答できるようになります。回答形式を「記述式」に設定した設問を作成し、右下の ⋮ →[回答の検証]の順にクリックします。「形式」「条件」を選択したら「パスワード」「誤りの際に表示するメッセージ」を入力して設定します。

1 フォームを開き、タイトルを入力したら、「生徒名」「連絡内容」の設問をそれぞれ作成します。

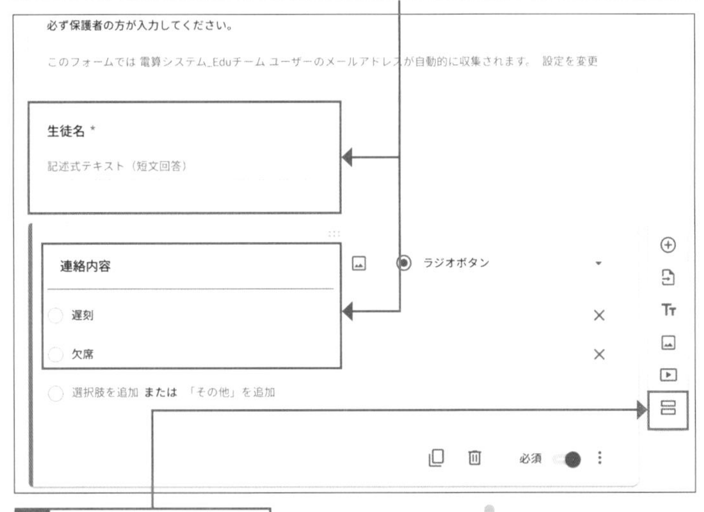

2 ⊟ をクリックします。

3 セクションが追加されるので、セクション名を「遅刻」とし、セクション内で「理由」「登校予定時刻」などの設問を作成します。

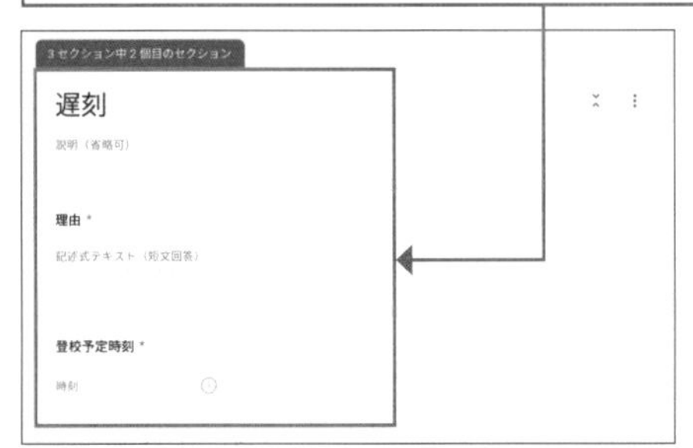

4 再度 ⊟ をクリックしてセクションを追加し、「欠席」の設問を作成します。

プレビューを確認する

画面右上にある[プレビュー]をクリックすると、回答者が見る画面を確認することができます。Google フォームで設問を作成し終わった際には、プレビューで最終確認をしましょう。

回答結果を確認する

回答結果は、遅刻、欠席それぞれの集計結果が表示されるので、わかりやすく管理することができます。

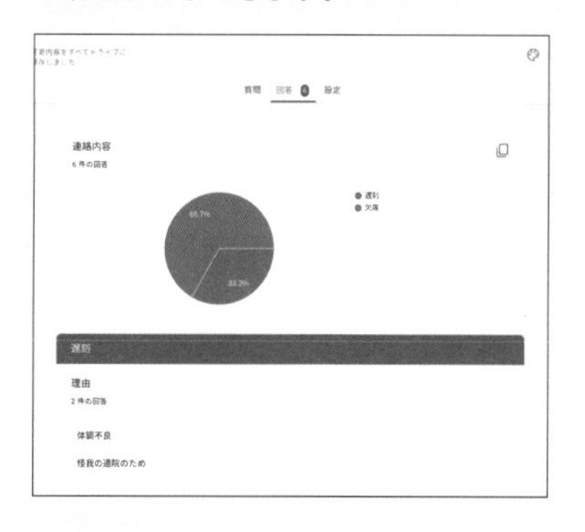

保護者クラスを作成する

Classroom は、教師の意向に沿ってさまざまな種類のクラスを作成することができます。保護者を生徒として招待したクラスを作成して運用していくと、よりスムーズにコミュニケーションを取ったり、情報共有したりすることができます。

5 180ページ手順 **1** の画面に戻り、 ⋮ →[回答に応じてセクションに移動]の順にクリックします。

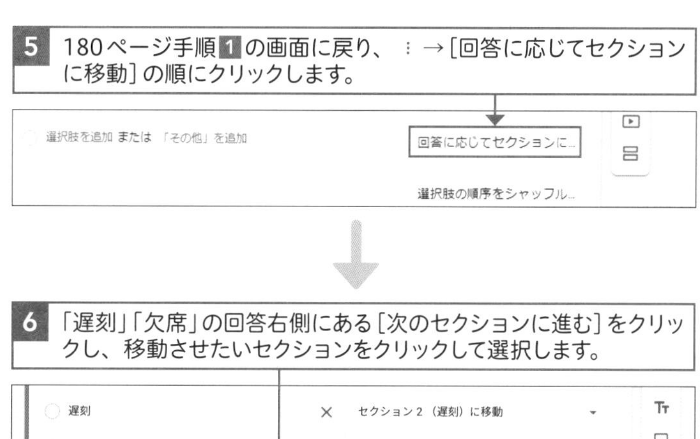

6 「遅刻」「欠席」の回答右側にある[次のセクションに進む]をクリックし、移動させたいセクションをクリックして選択します。

7 「遅刻」「欠席」のセクションは、最後の設問左下にある「セクション○以降」の項目で[フォームを送信]をクリックして選択し、

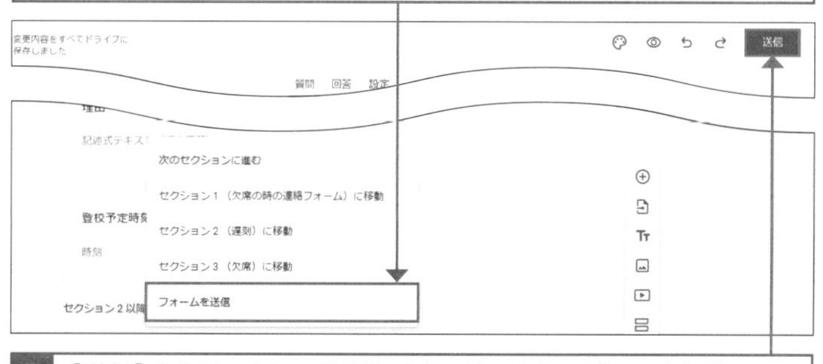

8 [送信]をクリックし、必要に応じてリンクをコピー、またはメールを送信します。

作成したフォームを Classroom で活用する

作成したフォームを、177ページのように Classroom から課題で配付したり、メールでリンクを貼り付けて送信したりすることで、電話での対応を減らし、遅刻や欠席の連絡を受けることができます。

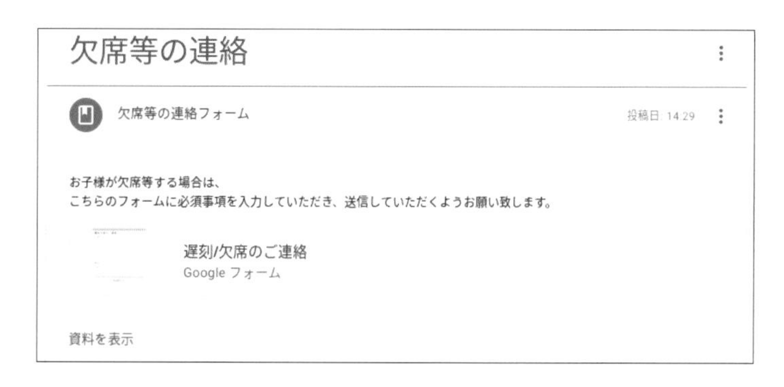

② 学校行事のアンケートを収集する

解説

保護者向けのアンケートを作成する

フォームは、選択式や記述式だけではなく、評価点を確認しやすい「均等目盛」や「グリッド」といった回答形式があるのでそれらを活用した保護者向けのアンケートを作成できます。

補足

グリッドの回答形式の種類

「選択式（グリッド）」は、1行につき1つの回答を選択できる回答形式です。「チェックボックス（グリッド）」は、1行につき複数の回答を選択できる回答形式です。

ヒント

グリッドの回答結果

「選択式（グリッド）」で収集した回答は、それぞれの項目に対する回答がグラフ化されて表示されます。

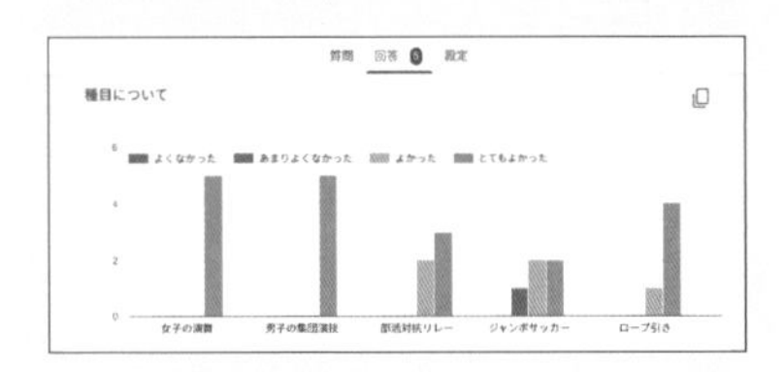

補足

コピーしたリンク

手順8の画面でコピーしたリンクは、Classroom などを使って、保護者に共有するとよいでしょう。

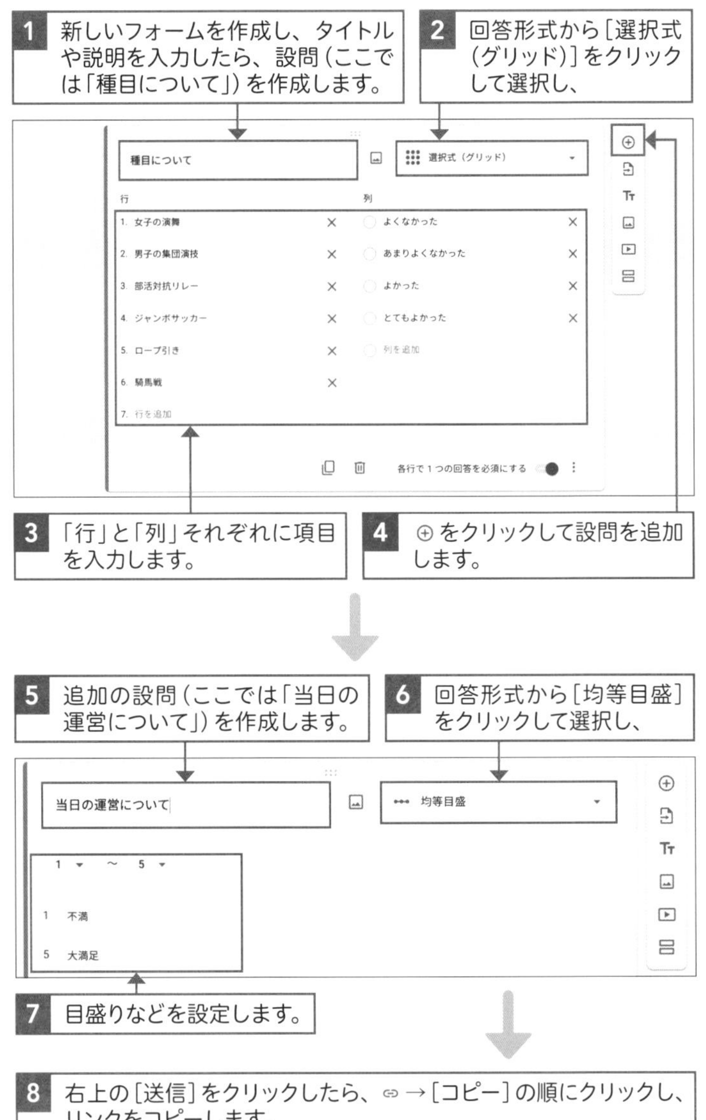

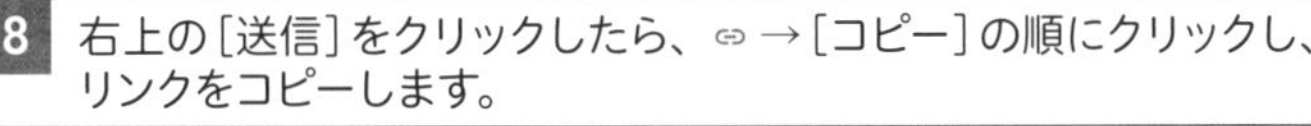

第 8 章

Google for Educationの担当者・管理者の心得を学ぼう

この章で学ぶこと

担当者・管理者の業務内容

担当者・管理者の心構え

●新時代のキーパーソンに

GIGAスクール構想によって1人1台の端末が配付され、学習者主体の学びに転換していく時代にあっては、ICT担当者やICT管理者こそが新時代の学びを支えるキーパーソンです。
とはいえ、中には突然そのロールが降ってきて戸惑っている人がいるかもしれません。あるいはただ若いからという理由だけでその任務を任された人がいるかもしれません。でも、畏れることはありません。子供たちが新しい学習環境で学んでいくのと同様に、大人もまた、学びのサイクルを回していけばよいだけです。

●教師も仲間とつながり、学びを広げる

今回の整備で、全国にはたくさんのICT担当者やICT管理者が輩出されることになりました。その多くが戸惑いを覚えながらも、仲間と情報交換したりつながったりしながら、一歩ずつ着実に足を踏み出しています。
例えば、地域の教育者がオンラインやオフラインの交流を通じて共に学び、情報を交換し、互いを高め合うためのコミュニティとして、「Google 教育者グループ(GEG)」があります。世界各地に広がるこのグループは、日本だけでも70以上のグループが構成されています。すでに立ち上がっている地域ではそこに参加することもできますし、自らがリーダーとなって地域を引っ張っていくこともできます。Google 教育者グループでは、次のキーワードを大切にしているといいます。

・学ぶ
・共有する
・影響しあう
・能力を高める

高め合える組織に身を置くことで、新しい自分を作っていくきっかけにしましょう。

世界に広がる「Google 教育者グループ」

Google for Education ホームページより引用

担当者・管理者に求められること

ICT担当者やICT管理者の役割は多岐に渡ります。自分がどういった担務を行い、本来の守備範囲はここまでだということは、まずは校内の全職員に知っておいてもらうべき事柄です。そして、授業など本来の業務に加えて、これだけの担務をこなすとなると、当然、一筋縄ではいかないことが多くあります。
遠慮は必要ありませんので、管理職やその他分掌担当と連携しながら、巻き込み型のマネジメントで組織が機能するよう働きかけましょう。

●ICT担当者・ICT管理者の主な業務

機器に関わること	・端末や機器の購入相談 ・端末や機器の設定 ・端末や機器の更新
指導に関わること	・情報モラル指導 ・情報セキュリティ指導 ・情報活用能力の育成計画の策定 ・ICT活用計画の策定
校内指導に関わること	・校内研修の指導 ・校内に向けた情報発信
活用ルールに関わること	・校内での端末活用ルールの作成 ・家庭での端末活用ルールの作成 ・保護者からの問い合わせ対応
トラブル対応	・端末や機器のトラブル対応 ・同僚からの相談
その他	・教育委員会との連絡調整 ・ICT支援員との連絡調整

● ICT担当者・ICT管理者の担当業務と思われがちなこと

・端末や機器のメンテナンス
・端末や機器の使い方指南

とくに、トラブルについては予期せぬ出来事が多々起こります。中には保護者を巻き込んだ事案も発生するかもしれません。だからこそ保護者とどう向き合うかは常日頃から考えておくべきでしょう。
そこで本章では、ICT担当者やICT管理者が準備・対応したり、意識すべきことのうち、より重要度の高いものを取り上げて対応方法をご紹介します。

Section 58

教師の意識を改革しよう

ここで学ぶこと

・情報発信
・スモールステップ
・アジャイル思考

GIGAスクール構想によって整備された豊かな環境を有効活用していくには、まずは教師の意識を改革することが大切です。宝の持ち腐れにならないよう、校内の足並みを揃えて活用を推し進めましょう。

1 情報発信する役割を担う

解説

教師の長時間労働問題

教師の長時間労働は古くから指摘されている問題です。2021年3月に文部科学省が発行した「全国の学校における働き方改革事例集」では、ICTを活用した改革の具体例が数多く紹介されています。

・文部科学省「全国の学校における働き方改革事例集」
https://www.mext.go.jp/a_menu/shotou/hatarakikata/mext_01423.html

2022年2月には「改訂版 全国の学校における働き方改革事例集」が発行されました。関連資料として、ICTを活用した校務効率化に取り組む学校のドキュメンタリー映像も紹介されています。

・文部科学省「改訂版 全国の学校における働き方改革事例集」
https://www.mext.go.jp/a_menu/shotou/hatarakikata/mext_00001.html

現実を直視する

多忙な学校現場にあって、GIGAスクール構想を前向きに受け止めることができる人とそうでない人がいると思います。こうした状況のまま校内でGIGAスクール構想を強引に推し進めようとすると、どこかで歪みが生じ、持続できなくなる可能性があることを、しっかりと認識する必要があるでしょう。

寄り添って考える

まずは、前向きに受け止められない人の理由に寄り添うことが必要です。理由はさまざま考えられますが、「GIGAスクール構想の中身が理解できない」「ICTを使うのが苦手」「授業でICTを使う優先度が低い」といったようなことが挙げられるのではないかと思います。こうした壁を低くするための第一歩が校内における情報発信です。利用すると便利さが実感できること、ちょっとしたアイデアでICT活用が楽しくなること、少しの工夫で業務改善につながることなどを小出しにして定期的に職員室でつぶやき続けましょう。

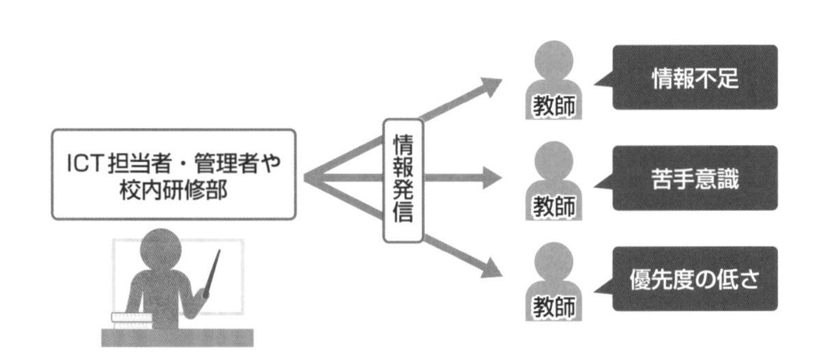

② スモールステップで示す

分解する

目標設定を行い、ステップを設定したとき、それが到達できたかどうかもしっかりとチェックする必要があります。ここでも各ステップで実施できたことを分解して整理することで、足りていなかったことや改善すべき点などが明らかになります。分解をくり返すと、小さなステップを乗り越えたことによる達成感を味わうことができ、取り組む意欲を維持させることにもつながります。

細かく分解する

情報発信の役割分担を担ったら、次にすべきことは、到達したい目標に向けて、ステップを細かく「分解」することです。
一足飛びに目標に到達することはなく、ましてやGIGAスクール構想そのものへの理解が進んでいなかったり、イメージが共有できていなかったりする局面では、大きなお題目はあまり必要がありません。より現実的な悩みがどこにあるかを探し、その解決方法をセットで提供するのが効果的です。

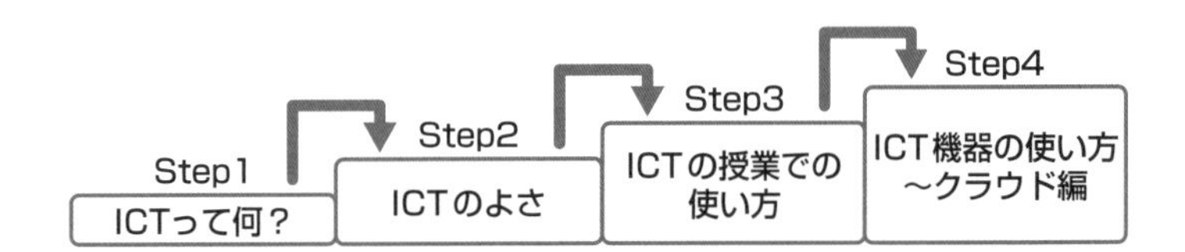

小さな発見を大切にする

例えば、2020年2月に全国一斉休校になったとき、いきなりあらゆることをオンラインに置き換えたわけではなかったはずです。いったい何をオンラインでできるか整理・分析し、予行演習し、試しにやってみて、もっとよい方法があったら共有して、改善していくということをものすごいスピード感で実践したことと思います。
小さな発見を大切にし、やってよかったという気持ちのくり返しがあのときの原動力になったはずです。
小さな積み重ねりはやがて大きな力になる――。「1人の1歩より、100人の1歩」とはよくいったものです。学校現場は人事異動があり、新任採用などでも入れ替わりが多い職場環境になりますので、小さなステップをたくさん踏むことで、持続可能なICT活用の姿を描くことができるでしょう。

実践者からのアドバイス　藤澤 佑介｜土佐塾中学校・高等学校 英語科

Google のサービスを使うと選択肢が増えます。例えば、情報を共有するときに、チャットなのか、Gmail なのか、ドライブへのアップロードなのか、ドキュメントへのリンクの埋め込みなのか、Google サイトなのかといった具合です。私のこれまでの業務への意識は前例をいかに綺麗に、円滑に踏襲するかでしたが、選択肢が増えたことで、意図によって「どれを使ったら一番うまく機能しそうか？」と問い続けることになりました。こうなるといろいろなことを変えてもよいかもしれないモードになり、結果として帰宅時間が2時間以上早くなりました。ただ、周囲から「え、そんなスピードで変わられると、ちょっと戸惑うし寂しい……」といった心の声が漏れ聞こえてきました。なので、1人で走るのではなく、周囲といっしょにディスカッションしながら「気付いていく」というプロセスを共創できたらよいのかなと思っています。

③ アジャイル思考を取り入れる

重要用語

アジャイル開発

これまでのソフトウェア開発では、一般的に「ウォーターフォール開発」という手法が採用されてきました。ウォーターフォール開発とは、1つのシステムを作るのに要件定義→設計→実装→テストというフェーズを順番に行う手法で、各工程が完了したら次の工程に進むという方法です。この方法だと、確実にステップを踏んで進めることができるものの、細かな調整がしづらい点やスピード感に課題がありました。「アジャイル開発」はそうした課題を克服するために、設計・実装・デプロイを短いサイクルでくり返し、トライアルアンドエラーで行われる開発手法です。

改善のサイクルをすばやく回す

分解を終えて、次に取りかかるのは「実行」ですが、最初から完璧である必要はありません。そのため、試すことで失敗や発見をし、実行と改善のサイクルをすばやく回していくことが大切です。
IT用語でソフトウェア開発の手法に「アジャイル開発」という言葉があります。「計画・設計・実装・テスト」という工程を小さいサイクルでくり返しながら行う手法のことで、すばやく開発ができるほか、変化にも対応しやすいため、現在のソフトウェア開発の主流になっています。ぜひ、この考え方を校内に取り入れたいものです。

●アジャイル開発

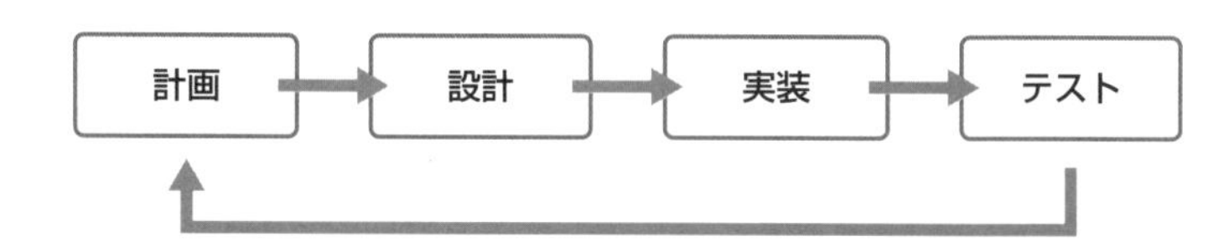

また、参考となるマネジメント手法に「OODAループ」もあります。主に意思決定のプロセスで用いられ、「Observe（観察）」「Orient（方向付け）」「Decide（意思決定）」「Act（行動）」の4つで構成されています。学校現場でよく用いられている「PDCAサイクル」とは、計画がない点が大きな違いです。

●OODAループ

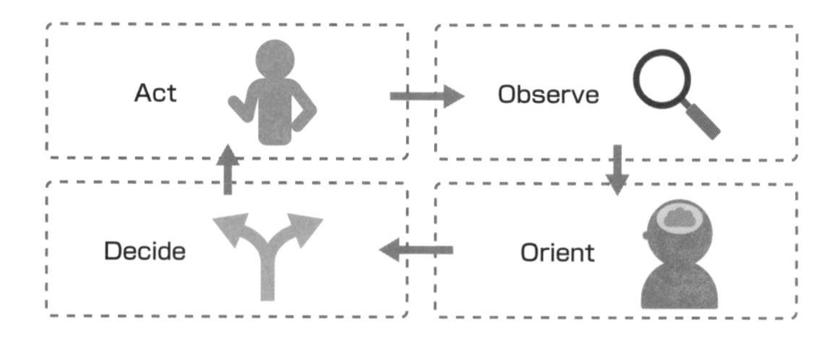

前向きに取り組む雰囲気づくり

担当者・管理者の役割という視点では、最優先事項を現場で判断して適宜対応できるようにすることが肝要です。アジャイル思考やOODAループなどを用いて、考え方を共有することで、今置かれている状況の理解が深まることにもなるでしょう。
そして何より大切なのが、失敗しても大丈夫だという安心感や前向きにチャレンジしてみる雰囲気づくりです。教師が前を向いてチャレンジすることでしか活用は進みません。管理職含めて学校全体でそうしたマインドセットをつくることが始めの一歩になります。

④ 生徒主体の学びへの転換を促す

ファシリテーション技術

新学習指導要領のコンセプトが内容からコンピテンシーに移行する中で、教師に求められる役割も変化してくるといわれています。とくに身につけておくべきこととして「ファシリテーション技術」が挙げられることが少なくありません。日本ファシリテーション協会によれば、ファシリテーションのスキルには以下の4つがあるとしています。

①場のデザインのスキル
場を作り、つなげる

②対人関係のスキル
受け止め、引き出す

③構造化のスキル
噛み合わせ、整理する

④合意形成のスキル
まとめて、分かち合う

校内の教師の意識を変えていくには、ゴールのイメージを示すことも大切なポイントです。今回のように大きな転換期となればなおさらで、新しい学習指導要領とGIGAスクール構想が目指す新しい時代の学びの姿をしっかりと描き、校内で共有しましょう。

新しい時代の学びの姿

- これまでの教師主導による知識注入型の授業ではなく、生徒1人1人が主役となった学習者主体の学びが求められている
- 生徒1人1人に向き合った教育への転換
- 創造性やコラボレーションといった今後必要になるデジタルスキルの習得
- 校務を効率化し、教師のワークライフバランスを向上させる

今後、GIGAスクール構想の実現により、充分に活用できるICT環境が整えられたとき、今までの延長線上という使い方だけに終始するようでは、本来の目指すべき姿（新しい時代の学びの姿）とはほど遠いということを伝えていく必要があるのです。

教師にとっても転換期に

新しい時代の学びの姿を実現するためには、従来のような教師主導による知識注入型の授業ではなく、学習者主体の学びに転換していかなければなりません。そのためには、まず、教師の教育観や生徒観を変化させることが重要です。

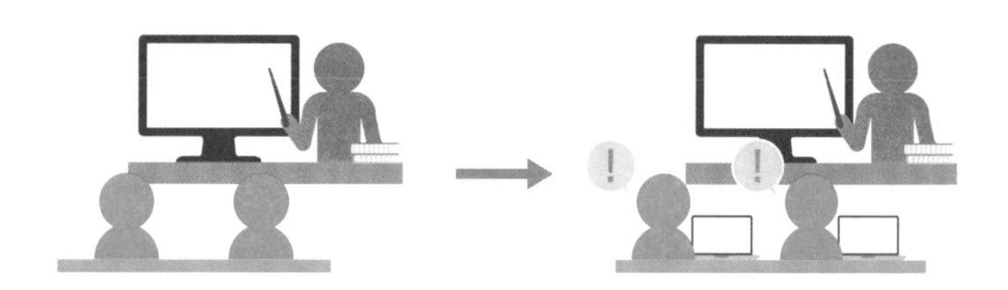

教室に1台しかない電子黒板やプロジェクターなどを用いて行っていた一斉授業は一方通行になりがちでしたが、1人1台端末の環境が整うことで、生徒1人1人が主体的に課題に取り組みやすくなります。

休校期間中、生徒が YouTube の動画で学ぶ姿を見たA中学校の教師は、これから教師として何ができるか自問自答したといいます。
また、1人1台環境の実証を行ったB中学校の教師は、生徒が端末とクラウドを用いて自ら学んでいく姿に、内容を教えるのではない学ばせ方の工夫を磨く必要を感じたと話しています。
新しい環境でのチャレンジには戸惑いや困難が伴うでしょう。しかし、しっかりとゴールを視界に捉え、そこに向かって努力し続けることで未来は切り拓かれていくのです。

Section 59

校内研修を改革しよう

ここで学ぶこと

- クラウドの体験
- 活用イメージ
- ワークショップ

校内の足並みを揃えて活用を推進していくには、やはり校内研修は欠かせません。ここでは、限られた研修時間で、どのような内容を実施していけばよいか、ピックアップして紹介します。

1 クラウドを体験する

Before・After の違いを示す

クラウド体験を行う際のポイントに「即時性」があります。フォームでアンケートを回収して、すぐにその場で提示したり、Classroom の質問機能で質問した直後に結果を共有したりすると、参加者もそのクイックさによって便利さを享受できるでしょう。そして、Google Workspace for Education を使わない場合には、どれだけの工数がかかるかを示すことで、さらにその効率を体感することができるようになります。

研修を実施する際には、効果的にGIGAスクール構想のよさが伝わるよう内容を工夫する必要があります。

そこでおすすめしたいのが教師同士での「クラウド体験」です。クラウドといっても、何となくイメージを理解できている方もいれば、何ができるかさっぱりわからない人もいます。Chromebook と Google Workspace for Education を活用するイメージを掴むために、「くり返し体験する」ということが最初のステップです。

クラウドならではの体験ができるとよいので、いくつかの教室で分散開催したり、Chromebook で研修を受ける人もいればスマートフォンで学ぶ人がいてもよいかもしれません。共同編集や共有、コメントなどを講師と受講者が一緒になって体験することは必ず採り入れたいプログラムです。

Google Workspace for Education では使えるアプリがたくさんあるので、どれもこれもマスターしようとすると、かなりの時間がかかります。それは段階を追って身についてくるものなので、とにかく肩肘張らずに、まずは簡単なところから始めましょう。

一通り体験してみたら、こういう機能があったらどういった活用ができるかディスカッションすることで、さらなる発見や気付きがあるでしょう。

クラウドの体験 → 活用について ディスカッション → 新たな発見・気付き

② 利活用の具体案を考える

Jamboard で遊びながら学ぶ

誰もが望んで参加している研修ならいざ知らず、なかなか研修に対するモチベーションが上がらない人もいるでしょう。研修の空気に重たさを感じたら、アイスブレイクに Jamboard を利用しましょう。おすすめは、Jamboard で行う「絵しりとり」です。クラウドや共有を遊びながら学べるアクティビティとして、とても重宝します。

活用イメージを共有する

クラウド体験が充分にできたら、次のステップは活用イメージを共有するのがよいでしょう。
授業のプロである教師は、見たものを教材化したり、さまざまなツールを授業の文脈の中で生かしたりすることに大変長けています。各アプリの細かい機能にフォーカスするよりも、共有・共同編集・コメント・編集履歴といったクラウド独特の特徴を踏まえて、考察を深めていくことで、各々の授業づくりの視点を学ぶことができます。また、若手教師がベテラン教師の授業の勘どころを理解できるなど、活用イメージの共有に留まらない学びが多くあるでしょう。

クラウド独特の機能…共有・共同編集・コメント・編集履歴、など

↓

- どのような授業場面で使うか
- より効果的に使えそうな単元や授業内容は何か
- 探究的な活動との相性はどうか、など

Jamboard で意見を深める

活用イメージについてディスカッションする場面で、アイデアを書き留めたり、意見交流したり、深め合ったりするツールとして、オンラインホワイトボードである Jamboard を使うのがおすすめです。Jamboard はデジタル付箋として使うことができるので、ブレスト（ブレインストーミング）に最適で、付箋に色分けすることで整理・分析も視覚的にわかりやすく進めることができます。
「ICT に関する研修は難しい」「ICT には苦手意識がある」といった人達にとっても使いやすいので、初めて取り組む人の背中をそっと後押しするアプリでもあります。

ヒント　実践者からのアドバイス　青木 孝史｜かえつ有明中・高等学校 理科

全員参加の研修だけでなく、自主参加型の研修も意図的に設けています。グループワークの際には、各グループのディスカッション内容の共有をスムーズにするため、ドキュメントの共同編集を用いて記録をしたり、研修会の振り返りはフォームで取ったりするなど、今となっては計算に電卓を用いる感覚で使うのが当たり前になっているものが多いです。Google のツールはとにかく「共有」がしやすいので、誰かが作ったものを各自が作り替えながらすぐに使うことができます。
また ICT 関連の研修となると、つい「ツールの活用方法」に終始しがちですが、それらはあくまで道具でしかないので、生徒とどういうことを実現したいのか、のイメージを講師とも共有することが大事ですね。

③ワークショップで生徒の学びを疑似体験する

活用事例

Google for Education の活用事例はホームページなどでも公開されているので参考にするとよいでしょう。

・Google for Education 活用ライブラリ
https://lessonlibrary.withgoogle.com/intl/ALL_jp/

ハンズオン形式を取り入れる

アプリの紹介を行う場面では、単純なアプリの使い方だけを伝えるのではなく、具体的な活用事例の組み合わせで紹介することで、その効果を高めていきましょう。とくに以下のような活用頻度の高いアプリは、重点的に使い方をマスターしていくとよいでしょう。そのため、単純な講義形式よりも、少しでもハンズオン形式で実施し、体験による理解を促したいところです。

活用頻度の高いアプリ	具体的な活用事例
ドキュメント	・グループごとに意見をまとめる ・学習指導案の作成
スプレッドシート	・データ整理やグラフの作成 ・成績データなどの管理
スライド	・プレゼンテーションの作成
Classroom	・オンライン上に目的に応じたクラスの作成 ・課題の配付、回収、採点など
Jamboard	・意見やアイデアを引き出し、整理する ・職員会議でのグループワーク
ドライブ	・調べ学習で調べたことの共有 ・校務で使うファイルの共有
Gmail	・外部との連絡ツール
チャット	・グループ学習時のコミュニケーションツール ・校務での情報共有
Meet	・オンライン授業やオンライン学年集会
カレンダー	・予定の作成

教師役と生徒役を配置する

上で紹介したアプリの中でも Classroom は「教師画面」と「生徒画面」で表示される画面が異なるため、使う前に一度は「教師が配付した課題が生徒からはどのように見えるのか」「生徒がストリームに投稿したメッセージは教師や他の生徒にはどう見えているのか」など細部を確かめておく必要があります。
こうした挙動を確認することも含め、Classroom の習得には、教師役と生徒役を配したワークショップスタイルの研修が最適です。研修用のクラスなどを作成しておけば、課題の出し方やフィードバックの方法など、教師の授業運営そのものについても学ぶことができます。限られた時間の中で実り多き研修にするには、出し惜しみすることなく、いろいろな仕かけを施していきたいものです。

Section

60 情報共有のしくみをつくろう

ここで学ぶこと

- 対話
- 非同期学習
- チャットの活用

校内での利活用を進めていくうえで、教師の不安を取り除いたり、背中を押してあげたりするのも大切なことです。情報共有のしくみをつくり、困ったときのネタ探しができるようにしておくことも大切なポイントです。

1 小回りの利く学びの場を創出する

ダベリング

すでに死語になってしまった感がありますが、ちょっとした無駄話やおしゃべりをすることを「ダベリング」と呼んでいました。学校現場が今より牧歌的な時代には、放課後にストーブを囲んでダベリングをするなんてことが行われていたそうです。他愛のない話がほとんどだったのかもしれませんが、ときに教育感をぶつけ合ったり、指導についての相談をしたりと、教師同士の学びの場として機能した側面もありました。働き方改革の時代にあって、どのようにダベリングを創造するかも考えていきたいものです。

少人数・短時間がキーワード

学校の規模にもよりますが、校内研修というと大人数が集まり、参加者にも実施者側にも相当のエネルギーが必要となります。もちろん、同じ目標に向かっているからこその学びの場として、校内計画のもと実施する研修は必要ではあるものの、多忙な学校現場にあって、毎度、時間調整するのもなかなか難しいものがあります。
そこで取り入れたいのが、小回りの利く「少人数・短時間でできる対話の場づくり」です。

カジュアルな雰囲気を取り入れる

月に1～2回の30分程度の時間でよいので、有志が集まって情報共有したり、授業のアイデアを話し合ったりする場を設けていきましょう。ポイントは誰かが教えを授けるのではなく、参加した人たちで「対話」することです。コーヒー片手におやつをつまみながら、カジュアルな雰囲気で場づくりをすることで、普段はなかなか聞けなかったことを質問できたりするものです。

論破する必要も、説得もいらない、共感が伴う語り合い・聞き合う場を創造しましょう。

② Classroom で情報共有する

重要用語

非同期学習

「非同期学習」とは、教師と生徒が毎日同じ場所で会うことなく、各人のスケジュールで主体的に学習を進めるスタイルのことです。一般的には教師から課題が出され、生徒がそれを学び進める中で、チャットで質問したり、他の生徒と協働的に学んだり、教師との定期的なモニタリングの機会が設定されたりしますが、自ら調整して学び続けるという点は不可欠になります。

集合研修もミニ研修も、基本は同じ時間にどこかに集まることを想定した場づくりになります。ただ、教師にもそれぞれの家庭の事情があり、子育てや介護を始めとしたさまざまな理由で、研修に出席したくてもできないケースがあるでしょう。そうしたときこそ、ICTの出番です。全国一斉休校のとき、子供たちの学びを支えた1つにYouTube がありました。いつでも・どこでも・どの端末からでも学ぶことができる YouTube によって、子供たちは自分のペースで学習を進めることができたのです。
教師も同様に、自分のペースで学び進められるように Classroom で研修クラスを作成しましょう。校内のICT担当者や管理者が「教師役」となり、その他の教師を「生徒役」として招待します。
教師役となるICT担当者や管理者は、最新情報をストリームで配信したり、アプリの使い方を紹介している動画をまとめたりして「授業」タブから紹介します。生徒役の教師は、自分に必要なものを選択しながら、時間や場所を問わず、自分のペースで学習を進めることができるようになります。

●校内の研修クラス

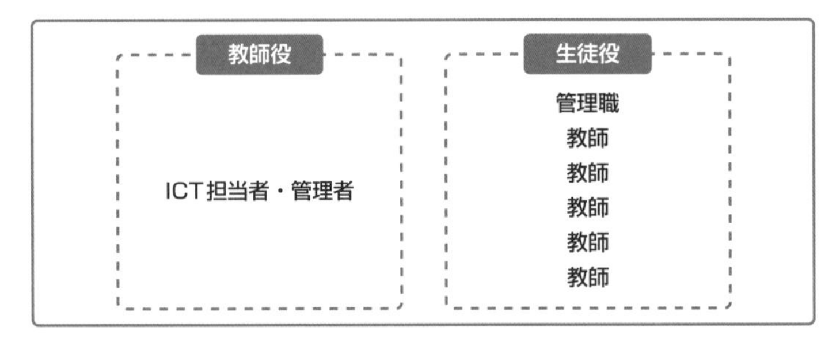

また、こうした枠組みが機能するようであれば、若手教師向けのクラスを作成するといった運用もできます。教職経験が5年未満の若手教師を中心にクラスを作成することで、学校内でのICT実践について、より初歩的な内容や疑問などを共有しやすくなります。ミドルリーダーとなる中堅教師も追加しておくことで、適宜指導や助言を受けることも可能です。

●校内の若手教師向け研修クラス

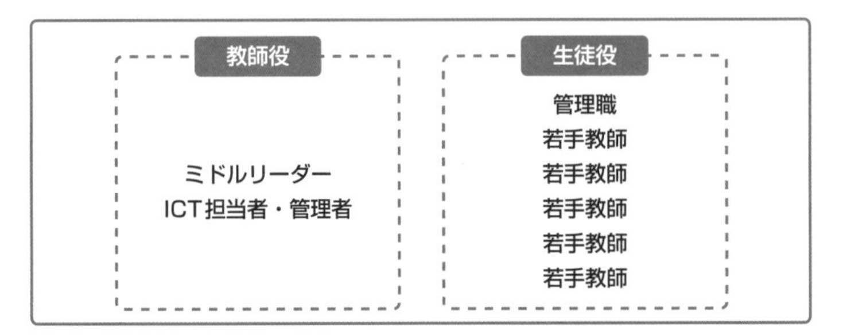

③ アイデア共有用のスペースを開設する

チャットの盛り上げ役

会議もチャットも往々にしてあることですが、発言する人が偏る傾向があります。それは仕方のないことですが、ときに盛り上げ役に徹して、全体で前進できるような雰囲気も大切にしたいものです。

未読のライン

チャットを開くと、自分が確認できていないメッセージには「未読ライン」が引かれます。どのメッセージから確認すればよいか一目でわかるので便利です。

手軽なコミュニケーションで学びを高める

非同期での学びを深めるうえで、Classroom での情報共有と合わせて活用したいのが、Google チャットです。
今日の授業で試したことや、昨日教えてもらった方法で取り組んでみた成果など、誰でも手軽に投稿することができます。
チャットは1対1だけでなく、必要なメンバーを集めてスペースを作成してすばやく情報を共有することで、コミュニケーションをより豊かにすることができます（詳しくは82ページ参照）。
また、豊富な絵文字を用いてレスポンスができるので、長文を書く必要がないのも便利です。ファイルや動画なども共有できるので、日々の学びを高めてくれる場として重宝するでしょう。

吉岡淳也 1月21日, 13:29
今日、クラスの生徒から休校に備えて、Classroom の Meet のリンクを共有してほしいと言われました。笑
生徒のほうが主体的ですね。みなさんもご準備ください😎
返信

ちょっとしたことを共有したりするときにも役立ちます。絵文字なども加えることで、堅苦しくならず、カジュアルにコミュニケーションを取ることができます。

実践者からのアドバイス　向井 崇博｜精華小学校

朝の打ち合わせをドキュメントで共有し、職員会議（ドキュメント）、施設利用表（スプレッドシート）、保護者アンケート（フォーム）を使用し、これらの校務を教員用のポータルサイト（Googleサイト）にして、活用しています。日々の校務に直結する使用方法を模索することは、継続的なしくみを作ることにつながります。
ただ、直接のコミュニケーションは一番大事。そのやり方の良し悪しを２択で判断しないことも大切です。トライ＆エラーを認め合えるような環境も大事ですね。
今は、色々な活用事例が出ているので、アイデアをもらいながら、スモールステップでよいので実装していけるとよいと思います。少しずつ進めていく中で、皆がより使いやすいように工夫を重ねていくと楽しくなります。すると、組織が「変化に慣れる組織」になれますよ。私たちも、ベストの答えはわかりませんが、たくさんのベターに出会えているからこそ継続して活用ができています。

Section

61 トラブル対応は組織的に行おう

ここで学ぶこと

- 情報共有
- 自律的な解決
- 目的の確認と対話

ICTの活用を始めれば予測不能なさまざまな事態が起こります。しかし、活用の足を止めてしまうことがもっとも回避すべきことなので、対話を重視しながら組織的に問題解決に当たりましょう。

1 すばやい情報共有で自律的に解決する

解説

端末との付き合い方

端末は精密機械ですから、堅牢に作られているとはいえ、壊れやすいものです。まずは大切に使うという気持ちを、生徒たちに持たせることが大切です。それでも予期せぬ出来事で壊れることがありますので、メーカーや事業者が用意している端末の延長保証を利用することで、生徒たちの学びを止めずに、学習で利用し続けることができます。

生徒が1人1台の端末を持つことになるので、起きるトラブルも多種多様です。

「パスワードを忘れた」「ネットワークにつながらない」「充電するのを忘れてきた」「端末を落として壊した」などがその代表例です。加えて、端末を介して生徒同士の誹謗中傷が起こったり、授業中に関係ない動画を閲覧したりといったことも起こってくるでしょう。

ICT担当者や管理者の負担を分散させる

校内で発生した1つ1つのトラブルに、ICT担当者や管理者が腐心するのも大変苦労が大きいものです。相談の内容によっては「それは担当者の仕事の範疇じゃないのにな」となってしまい、業務負担の増加につながりかねません。

不具合やトラブルの解決方法を、教師同士がすばやく共有し、自律的に解決していける組織にすることで、特定の教師だけに負担がのしかからないようにしたいものです。場合によっては、各学校に配属されているICT支援員や事業者のヘルプデスクへ対応を相談するのも1つの手です。

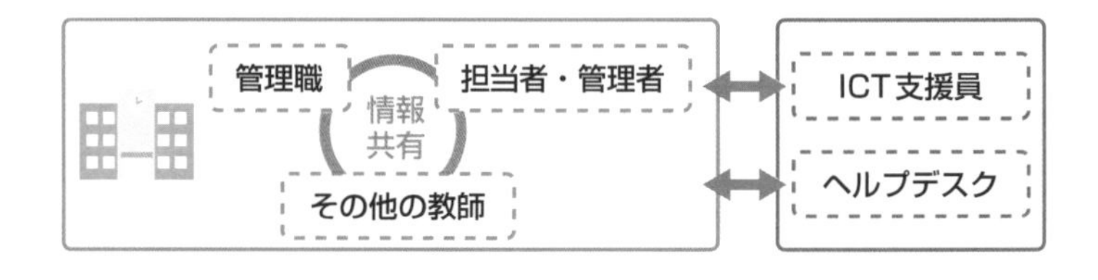

② 目的を確認し、対話する

端末活用のルールづくり

端末を扱ったり、クラウドを利用したりするうえで、IDやパスワードを大切に管理することは、導入初期はもちろんのこと、くり返し指導していきましょう。ルールや約束として明文化し、子供たちが常に確認できるようにすることも重要です。

端末贈呈式の価値

さまざまなトラブルが起こったとき、原点回帰となるのが「端末の利用目的」です。最初に生徒と端末をどのように出会わせるか、また端末を使うにあたりどのような約束があるのかを演出するため、端末贈呈式を設ける学校もあります。端末贈呈式を通して、生徒へ指導を行っておくことで、後々になっても効果を発揮します。

GIGAスクール環境下では、インターネットにつながった1人1台の端末でやり取りを行うので、情報モラル教育や情報セキュリティに関する指導はさらに重要です。

情報モラル教育の指導時間を確保する

文部科学省は、学校での情報モラル教育をより一層充実させるため、情報モラル教育を5つの内容に分類した「情報モラル指導モデルカリキュラム」を公開しています。モデルカリキュラムを参考にしたり、学校独自の年間計画を作成したりすることで適切な指導を行っていくことが重要です。授業中に折を見て指導するだけでなく、ホームルームや道徳の時間などもうまく活用することも心がけましょう。

情報モラルの5つの指導内容
① 情報社会の倫理
② 法の理解と遵守
③ 安全への知恵
④ 情報セキュリティ
⑤ 公共的なネットワーク社会の構築

文部科学省「情報モラル指導モデルカリキュラム」より一部抜粋

それでもなお、トラブルは起きてしまうものです。トラブルごとに目くじらを立てて頭ごなしに叱責するだけでは何の解決にもつながらない場合が多くあります。
ただ、日頃から情報モラルや情報セキュリティなどに関して指導を行っておくことで、何が原因でトラブルが起こったのか、生徒自身が考えるきっかけになります。そこで教師と生徒で、しっかりと対話しながら解決に向けた糸口を共に探っていきましょう。

ポジティブな利活用につなげる

教師と生徒の対話で出発点となるのが、端末やクラウドはどういった目的で使うものなのかという再確認です。
端末の配付時や端末贈呈式（左の解説参照）の際にも確認を行う必要がありますが、何かあった場合にはくり返し、「端末の利用目的」を共有し、生徒と目線を合わせていきましょう。
そして、生徒がテクノロジーのさまざまな問題を理解しながら、適切で責任ある行動を取り、ICTをよりポジティブに利活用できるよう指導したいものです。

Section 62

年度更新の準備のノウハウを学ぼう

ここで学ぶこと

- 卒業生アカウント
- 新入生アカウント
- 組織構成

年間を通して、1人1アカウントで順調に運用できたでしょうか。卒業式が近付くと年度更新をしなくてはなりません。ここでは卒業生や新入生アカウントについて、どのように管理していけばよいか解説します。

1 卒業生アカウントの処理と案内

Google Workspace for Education はさまざまな教育機関にて無償で利用できるツールです。しかしながら、卒業した生徒・学生への継続利用は原則認められていません。

そのため、卒業生が使っていたアカウントは削除する必要があります。卒業後すぐに削除することが望ましいですが、積み重ねてきた学習の履歴が残っているため、それらを個人アカウントに引き継ぐなど、多少の猶予は許されているようです。

管理者が行うこと

①「管理コンソール」で、卒業生だけが所属する組織を作成します。
②①で作成した組織に対して、[アプリ]→[その他の Google サービス]→[Google データ エクスポート]の順にクリックして、「サービスのステータス」で[オン(すべてのユーザー)]をクリックして選択します。
③卒業生のデータ移行が終わったら、②の設定を「オフ(すべてのユーザー)」に戻します。
④①で作成した組織に所属するアカウントを削除します。

卒業生が行うこと

①「@gmail.com」など別の Google アカウントを用意します。
②学校で使っていたアカウントで、次のURL(https://takeout.google.com/transfer)にアクセスします。
③画面に表示されている手順に沿って、①で用意したアカウントにデータを移行します。

ここでは一番シンプルに処理する方法を紹介しましたが、APIやスクリプトなどを使うとより効率的に処理することが可能です。

解説

データ移行ツール

> Googleデータ エクスポートは追加サービスであるため、18歳未満の生徒がGoogleデータ エクスポートを使用してデータを移行するには、事前に保護者の同意を得る必要があります。

Google ヘルプ(https://support.google.com/a/answer/6364687)より一部抜粋

データ移行については個人で作業を行う必要があるので、マニュアルなどを作成して配付する必要があるかもしれません。YouTube で検索すると手順がまとめられている動画がいくつもヒットします。必要に応じて、そちらも参照してみてください。

ユーザー管理方法

LDAPなどとの連携ができるので、Google の管理コンソールではユーザーアカウントの管理を行わない方法もあります。

② 新入生アカウントの効率的な作成方法

新入生向けのアカウント作成方法は、非常に簡単です。端的にいってしまうと「CSVをアップロードするだけ」です。
それ以外にも、1アカウントずつ作成する方法などもあるので、それぞれ見ていきましょう。
以下、「管理コンソール」での操作方法です。

1アカウントずつ作成する方法

①メニューにある[ディレクトリ]→[ユーザー]の順にクリックし、画面上部の[新しいユーザーの追加]をクリックします。
②画面の指示に従ってアカウント情報を入力し、[新しいユーザーの追加]をクリックします。必須項目だけでも構いませんが、組織部門などを選択しておくと後々楽かもしれません。
③パスワードについては[パスワードを自動的に生成する]をクリックしてオフにし、あらかじめ決めておいたパスワードを入力します。[次回ログイン時にパスワードの変更を要求する]をクリックしてオンにし、ユーザーのログイン時にパスワードを変更してもらうようにしておくのがよいでしょう。
④入力が終わったら[新しいユーザーの追加]をクリックして、完了です。

一括で作成する方法

①メニューにある[ディレクトリ]→[ユーザー]の順にクリックし、画面上部の[ユーザーの一括更新]をクリックします。
②[空のCSVテンプレートをダウンロード]をクリックします。
③ダウンロードしたCSVは Google ドライブのスプレッドシートで編集できます。
④必須項目として「氏名」「メールアドレス」「初期パスワード」「組織部門のパス」を入力しますが、それ以外にも「Change Password at Next Sign-In」を「TRUE」にしておくのがよいでしょう。
⑤でき上がったスプレッドシートを、「.CSV」としてダウンロードし、管理コンソール画面でアップロードすれば完了です。

上記の方法でアカウントが作成されたら、新入生にメールアドレスとパスワードを教えます(メールアドレスやパスワードの命名規則などについては、215ページを参照してください)。

解説

ユーザーの一括更新

すべてのユーザー情報をCSVファイル形式でダウンロードでき、それを編集するとまとめてユーザー情報を更新することができます。そのため、新入生アカウントを追加したいだけであれば、「全てのユーザー情報をCSV形式でダウンロード」を選ぶべきではありません。気付かないうちに既存ユーザーのデータを変更してしまい、そのままアップロードすると更新されてしまうからです。新入生アカウントを追加するだけであれば、右に書いたとおり[空のCSVテンプレートをダウンロード]を選択し、スプレッドシートで編集してアップロードしましょう。

解説

パスワード管理

パスワードはそのアカウントを利用する人だけが知っている状態にするのがベストです。共通のパスワードなどを設定すると、なりすましログインなどができてしまうので、何かしらのインシデントにつながりかねません。そのため、初期パスワードもランダムにして、初回ログイン時に新入生が自分で決めたパスワードに変更し、そのパスワードを誰にも教えないというルールを作るのがよいでしょう。

重要用語

CSV

CSVファイルとは「comma separated values」の略称で、値やカンマで区切って書いたテキストファイルのことです。互換性が高く、さまざまなファイルでデータを開くことができる点が特長です。

③ 端末の初期化と配付計画

Powerwash

Chromebook を初期状態にリセットし、再び新品のように動作させることができる操作です。初期状態へのリセットを行うと、ダウンロードフォルダ内のすべてのファイルを含めて、Chromebook のストレージにある情報がすべて消去されます。リセットの前には、Google ドライブ、または外付けのローカルストレージにファイルをバックアップしておきましょう。初期状態へのリセットを行っても、Google ドライブや外部ストレージデバイスのファイルが削除されることはありません。

学校所有端末の場合、卒業生が使っていた端末を、新入生などの在学生に配付し直すことになります。
その際に検討すべき点をいくつか挙げます。

初期化

ログイン情報やローカルファイルなどが残っているので、まずは初期化（Powerwash）を行います。

①Chromebook からログアウトします。
② ctrl を押しながら alt と shift と r を長押しします。
③[再起動] をクリックします。
④「この Chrome 搭載デバイスをリセットします」画面が表示されるので [Powerwash] → [次へ] の順にクリックします。
⑤表示される手順に従って、初期化を行います。その後、再度CEU ライセンスとの紐付けも行いましょう。

クリーニング

タッチパネルなどであれば、とくに手汗や指紋などがいたるところに付いていることでしょう。
以下の点に注意して清掃しましょう。

・乾いた布や不織布で軽めの力で拭く
・電源は完全にオフの状態で行う
・アルコールなども含め液体は利用しない

卒業前の返却時に、生徒全員で学習用具としての端末を、綺麗にして返却する時間を設けてもよいかもしれません。

管理コンソールでの組織移動

端末を Chrome Education Upgrade で管理している場合、管理コンソールのいずれかの組織部門に所属しています。
学年ごとなどで組織部門を分けている場合、端末の所属する組織部門を変更する必要があります。

付録 1

管理コンソールの使い方

Appendix

01 管理コンソールの使い方①～組織とユーザー

ここで学ぶこと

- 管理コンソール
- 組織(OU)
- ユーザー

Google Workspace for Education の管理コンソールからは、さまざまな設定が行えます。管理者がユーザーの環境設定を効率的に行えるように組織(OU)ベースで設定することが可能です。

① 管理コンソールとは

管理者ロール

管理者ロール(204ページ参照)を設定することで、複数人が管理コンソールにアクセスし、その役割に応じた設定ができるようになります。

Google 管理コンソールでは、ユーザーが安全かつ快適に利用ができるように、ユーザーの追加、ユーザーが利用するサービスの有効化、ユーザーの管理コンソールへのアクセス権の付与など、組織が利用する Google サービスの管理全般を行うことができます。管理コンソールには、特権管理者など、管理権限を持っているユーザーだけがアクセスできます。
主によく使う設定項目については、次のページから解説します。

「管理コンソール」画面の構成

検索。アカウント、グループ、設定項目などの検索ができます。

アラート

タスク。アクティビティに対する通知が表示されます。

サイドメニュー

設定項目

サポート。ヘルプアシスタントを呼び出します。

② 組織

組織部門

教師・生徒・保護者など、所属するユーザーを、その属性ごとに、適切なポリシーを適用させるための組織を作成することができます。

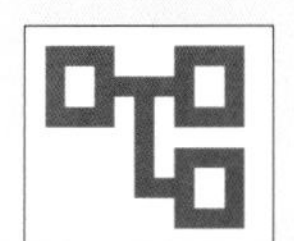

上位組織と別の設定にするには

設定項目を選択する段階で変更したい組織を選び、設定を上書きすることで、それ以下の組織へ設定が継承されます。

Google Workspace for Education では、管理コンソールを通してユーザー・端末に対し、さまざまなポリシーを設定することができます。設定はユーザー1人1人ではなく、グループ（組織）に対して設定を行うため、管理者は事前に部門・グループごとに組織を作成し、その組織にユーザーを所属させておくことが必要です。上位組織で設定したポリシーは下位組織にデフォルトで継承されるため、上位組織に主たる設定を施し、より細かい設定が必要な場合に下位組織を作成していくことがポイントです。なお、最上位の組織を「ルート組織」と呼びます。

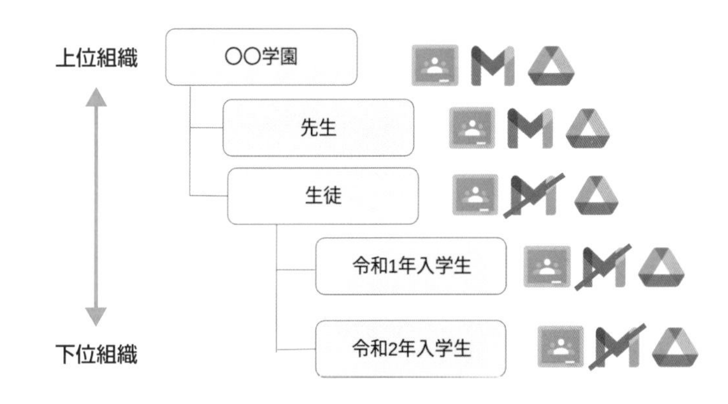

③ ユーザー

解説

ユーザー

ユーザーの追加・削除、ユーザーごとのセキュリティに関する設定、利用可能なアプリなど、設定状況を確認できます。

CSVファイルの上限

CSVファイルの上限は15万レコード、もしくはCSVファイルのサイズが35MB以下です。

Google Workspace for Education では、利用者1人1人に「ID（メールアドレス）」「パスワード」を発行する必要があります。そのため、管理コンソールの［ユーザー］から、「姓名」「メールアドレス」などの情報を登録します。その他、組織（203ページ上参照）の設定や、ログインパスワードの設定（自動生成、または任意のパスワードを入力）も可能です。
ユーザーの登録方法は2つあります。「個別登録」では1ユーザーずつ登録できるため、数名単位の追加に適しています。「一括で登録」では、CSVにユーザー情報を入力しアップロードすることで一度に数百名単位のアカウントを作成することができます（詳しくは199ページ参照）。

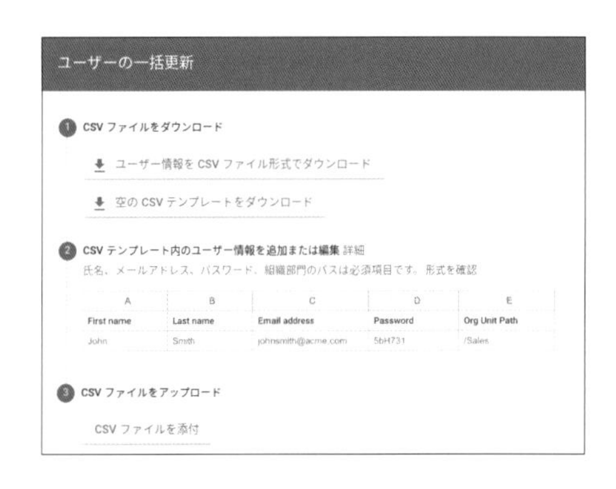

Appendix

02 管理コンソールの使い方② ～管理者ロールとアプリ設定

ここで学ぶこと

・管理コンソール
・管理者ロール
・アプリ設定

管理者ロールを設定することで、管理者の負担を減らし、安全な運用ができるようになります。ここでは、管理者ロールと各種アプリへの設定・管理について解説します。

① 管理者ロール

解説

管理者ロール

ユーザーに対し、管理コンソールの管理権限を割り当てることができます。

管理コンソールには、特権管理者など管理権限を持っているユーザーがアクセスできます。管理者ロールをユーザーに割り当てることで管理権限が付与され、管理業務を分担することができます。
すべての設定ができる特権管理者を割り当てたり、ヘルプデスク管理者のようにパスワードの再設定のみを行う管理者を割り当てたりするなど、操作を限定したロールを設定することで、安全に業務を分担できます。

主な既定のロール

特権管理者	管理コンソールのすべての機能へのアクセス権があります
グループ管理者	管理者によるグループの作成と管理を行うことができます
ユーザー管理者	ユーザーの作成と削除、詳細情報（停止・名前の変更・パスワードの再設定、変更の強制）の更新といったユーザーに対する操作を行うことができます
ヘルプデスク管理者	ユーザー情報へのアクセスと、パスワードの再設定ができます
サービス管理者	特定のアプリ（例：Google カレンダー、ドライブ、ドキュメント）に対する設定と管理ができます
モバイル管理者	Google Workspace for Education へのアクセスに使用するモバイル端末に対して、Google エンドポイント管理という機能が適用されます。管理者はこの機能を利用し、ユーザーの Google Workspace for Education へのアクセスが安全なものになるよう、モバイル端末に対し管理・設定することができます

既定のロール以外でも権限を組み合わせることで、カスタムしたロールを作ることが可能です。

② アプリ設定・管理

解説

アプリ

Webアプリやモバイルアプリのアクセスと設定を管理します。Gmail や Classroom といった Google Workspace コアサービスから、その他の Google サービスまで、アプリ全般に関する設定を施すことができます。

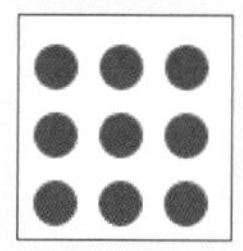

ユーザーが使うアプリの制限や、アプリの詳細な設定を行うことができます。Google Workspace for Education で利用可能な Google サービスは、次の2つに分類されます。

- Google Workspace のコアサービス（Gmail 、Google カレンダー、Classroom など）
- その他のサービス（YouTube 、Google Map 、Blogger など）

主に詳細設定ができるのはコアサービスですが、その他のサービスについても学校の意向により利用制限をかけることが可能です。

組織単位で設定可能なアプリの利用制限

コアサービスに対する詳細設定の例

Gmail	・受信／送信できるアドレスまたはドメインの制限 ・意図しない外部への返信に関する警告
Classroom	・クラスを作成できるユーザーの範囲設定 ・保護者の Classroom の情報へのアクセス許可
Google Meet	・参加を許可するユーザーの制限 ・Meet 中の各種機能のオン／オフ
Google サイト	・サイトの編集権限 ・サイトの公開設定
カレンダー	・ドメイン外への共有オプションの設定 ・外部ゲストの招待
ドライブ	・ドメイン外への共有オプションの設定 ・オーナー権限の譲渡

Appendix

03 管理コンソールの使い方③ ～レポートとデバイス

ここで学ぶこと

・管理コンソール
・レポート
・デバイス

レポートでは、ユーザーの Goolge Workspace の利用状況やセキュリティに関わる指標を、一元的に把握できます。また、生徒1人1人が Chromebook を安心に使うための、デバイスの機能について解説します。

1 レポート

解説

レポート

組織のユーザーと管理者のアクティビティをモニタリングします。セキュリティリスクの調査、共同作業の状況の分析、ログインしたユーザーとその日時の追跡、管理者アクティビティの分析などを把握することができます。

重要ポイントレポート

ドメインにおける主な指標と傾向の概要を確認できます。アプリの使用状況、ユーザーのステータス、利用できる保存容量、ドキュメントの公開設定、セキュリティなどの指標が表示されます。

アプリレポート

ドメイン内のすべてのユーザーに関して、Gmail での配信数や迷惑メールの受信数、Classroom の投稿作成数、ドライブの外部共有数などが表示されます。

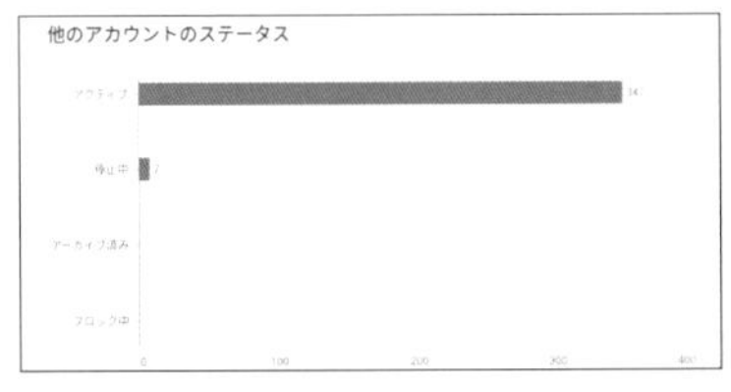

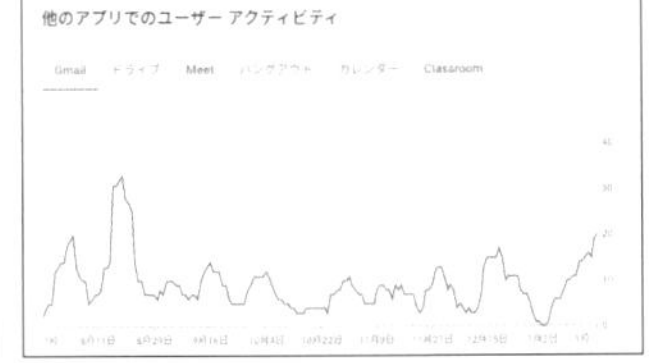

ユーザーレポート

アプリの利用状況やアカウントのステータス（2段階認証プロセスの使用状況、パスワードの安全度など）についての詳細データが、ユーザーごとに一覧で表示されます。

ユーザー	ユーザー アカウントのステータス	管理者のステータス	2段階認証プロセスの登録	2段階認証プロセスの適用
10 生徒	アクティブ	なし	未登録	未適用
1 生徒	アクティブ	なし	未登録	未適用

デバイス

アカウントへのログインに使用されたモバイルデバイスを確認します。

補足

履歴データ

レポートには、48時間前から6ヶ月前までの間に生成された履歴データが表示されます。

② デバイス

デバイス

デバイスを管理し、組織のデータを保護します。Chromebook や各種 Chrome デバイスに対して、設定を行うことが可能です。なお、管理にはCEUライセンスが必要です。

CEU

CEU(Chrome Education Upgrade)は、Chromebook を管理コンソールから管理するために必要なライセンスです。

ここまでは、Google Workspace for Education を利用する中で必要な管理コンソールの機能を紹介しました。

「デバイス」では、Google Workspace for Education の利用中だけでなく、Chromebook を使った学習をするうえで、安全に利用するための設定ができます。学内の Chromebook を「CEU」と紐付けることで、管理者は管理コンソールから学内の Chromebook を効率的に管理することができます。

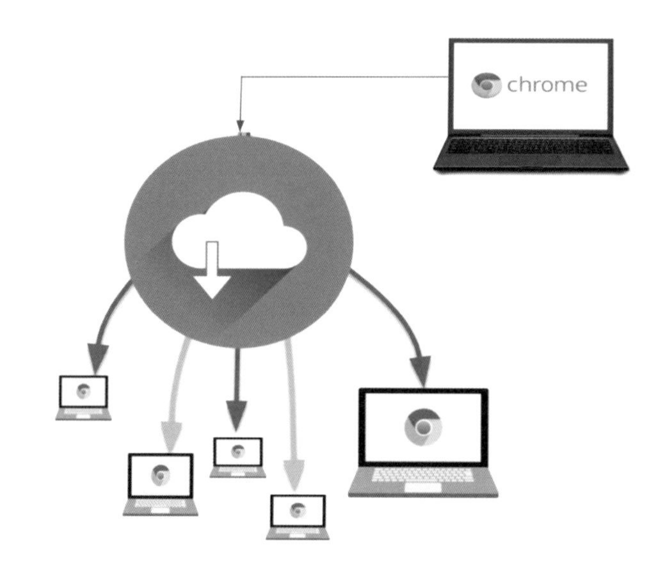

「デバイス」でよく設定される項目

デバイスの無効化	管理コンソール上から該当端末を無効化(ロック画面へと遷移)させる。端末紛失、盗難時などに第三者に利用されることを防ぐことが可能
ログインの制限	学校で配付したユーザーID/パスワード以外はログインできなくするなど、ログインできるドメインを制限する
自動的に再登録	端末の初期化後再起動した際に、強制的に以前の組織に登録させる
ネットワーク設定	Wi-Fi、イーサネット、VPNに接続するための情報を一括配付する
外部ストレージ	外部ストレージの許可、制限
URLのブロック	URLのブラックリスト・ホワイトリストを設定することによるアクセス制限
アプリケーションと拡張機能	アプリケーションごとに「自動インストール」「自動インストールして固定する」「インストールを許可する」を選択することが可能
セーフブラウジング	セーフブラウジング(不正なソフトウェアやフィッシングコンテンツを含む可能性のあるWebサイトからユーザーを保護する)を有効にする

Appendix

04 管理コンソールの使い方④ ～サポート

ここで学ぶこと

・管理コンソール
・ヘルプアシスタント
・公式サポート

Google Workspace 管理者に対し、Google ではしっかりとしたサポート体制が整えられています。ここでは管理コンソールのヘルプアシスタントと Google 公式サポートの内容について紹介します。

1 ヘルプアシスタントの使い方

解説

サポート

ヘルプアシスタントを呼び出します。ヘルプサイトの検索や、Google サポートへの問い合わせができます。電話、チャット、メールでの問い合わせが可能です。

Google Workspace for Education を利用する中で機能の仕様がわからないといった場合は、ヘルプアシスタントを使うことで解決することがあります。
サポートを表示し、使えるヘルプアシスタントに詳細を入力することで、該当するヘルプページを提案してくれるほか、ヘルプページでも解決しなかった場合は、電話、チャット、メールでサポートを受けることが可能です。

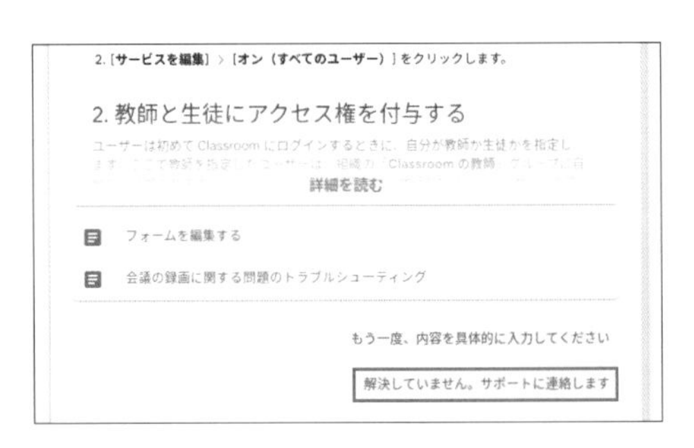

補足 **Google 公式サポート**

ヘルプアシスタントでのサポートのほか、Google の公式サポートを活用すると便利です。

● Google Workspace ヘルプセンター
https://support.google.com/a

● Chromebook ヘルプセンター
https://support.google.com/chromebook/

付録2

お悩み解決Q＆A

Question

01 Chromebook を選ぶポイントは？

ここで学ぶこと

・Chromebook
・メーカー
・選ぶポイント

Chromebook は、現在、国内外合わせて8メーカーから発売されており、用途に合わせてさまざまな機種を選ぶことができます。学習用 Chromebook を選ぶポイントを紹介しますので、参考にしてみてください。

A 用途に合わせて機種を選択する

Chromebook 国内発売メーカー一覧

- DELL
- ASUS
- Acer
- Lenovo
- NEC
- HP
- SHARP

なお、電算システムでは、国内で販売されているすべての Chromebook を取り扱っています。お気軽にお問い合わせください。

生徒が使用することを考える

端末の重量を選択するときは、毎日持ち運びをするかどうかを考慮に入れて、検討しましょう。また端末のタイプについては、数年間継続して使うことも見込んで、使い勝手はもちろんのこと、生徒にとって愛着が湧くタイプかどうかも見極めるとよいでしょう。

①性能と価格

処理速度に影響を与えるCPUと作業容量を規定するメモリが肝心です。学習用では、メモリが4GBで、内蔵ストレージが16GB程度の端末が選ばれるケースが多いです。

	ロー	ミドル	ハイ
CPU	MediaTek インテル Celeron	インテル Core i3 AMD 3015Ce	インテル Corei5／i7
メモリ	2GB	4GB	8GB
ストレージ	32GB	64GB／128GB	256GB／512GB
価格帯	3～5万円	6～8万円	8万円～

②画面サイズと重量

小さいサイズで10インチ、大きいサイズで14インチ程度が一般的です。画面サイズによって重量も変わり、1～1.5キロぐらいです。

③タイプ

Chromebook には3つのタイプがあります。2つに折りたためる「クラムシェル型」、画面を360度回転させることができる「フリップ型（コンバーチブル型）」、キーボードを切り離すことで本体のみをタブレットのように使える「デタッチャブル型」です。

④付属ペン

メーカー純正のペンが付属している端末もあります。ペンの有無も検討しましょう。サードパーティーのペンを別途購入する方法もありますが、紛失や破損が多いので、万が一に備えてメーカー純正品の購入をおすすめします。

Question

02 Chromebook の端末保証は入ったほうがよい？

ここで学ぶこと

・Chromebook
・端末故障
・端末保証

Chromebook を新規に購入すると、通常は製造メーカーによる自然故障に対する保証がついています。ただ、基本は1年であることが多いので、注意が必要です。故障や破損への備えは検討しておくとよいでしょう。

A 使用期間に合わせて最低限の端末保証に入る

端末故障で担当者が苦しまない工夫をしよう

大量の端末が学校に導入されると、故障端末の対応に ICT 担当者・ICT 管理者があたふたするシーンがよく見られます。専門外のことに苦労するのは大変なので、導入事業者や保証会社のサービスをうまく利用して、負担が集中しないようにしましょう。

Chromebook はもともと教育向けに設計されているため、堅牢に製造されていますが、精密機械でもあるため、何度も落としてしまうと破損につながります。

1人1台での端末活用を進めていくと、毎日使うのが当たり前になり、端末がないと学習が進まなかったり、生徒が不便を被ったりすることになるので、割り切って「壊れることもある」という前提に立った準備が必要です。保証に入らなくても有償で修理することはできますが、Chromebook は本体価格が安いため、修理費が高くついてしまうケースもあります。そのため、学校で端末を使用する期間は、最低限の保証に入ることをおすすめします。電算システムでも2～5年の延長保証のサービスを用意しており、実際、多くの学校や家庭で加入いただいています。

端末保証の条件にはいろいろとありますが、一般的には自然故障・物損故障は期間内保証し、故意に壊した場合・天災などで壊れた場合は保証対象外というのが多いので、加入時には内容をよく確認して判断をしましょう。また、学校に余裕があれば、予備機を一定数用意しておくことも1つの対応策です。端末を修理に出せば、戻ってくるまでにそれなりの時間がかかるため、計画的に購入計画を立てましょう。

補足 過去にあった物損事例

❶スタイラスペンをキーボード上に置いたまま画面を閉じてしまい、画面が割れてしまった	故意ではないため、保証で修理できた
❷技術の時間、画面横のプラスチック部分をヤスリでどこまで削れるかやってみた	故意のため、保証対象外。ただ稼働はするのでその生徒の専用機になった
❸端末が入っているにも関わらず、かばんで友達と叩き合い（じゃれあい）をし、画面にヒビが入った	故意のため、保証対象外

Question

03 Chromebook で プログラミング学習はできない？

ここで学ぶこと

- Chromebook
- プログラミング学習
- Colab

ビックデータ解析や機械学習などで注目されている言語「Python」の開発環境である「Google Colaboratory」、通称「Colab」は Google アカウントを持っていれば、簡単に使い始めることができます。

A Colab を利用する

補足

アプリをオン／オフする

Google Colaboratory は、Google Workspace for Education のコアアプリではありません。そのため、デフォルトではオフになっている場合があります。そのときは管理コンソールから、「Colab」をオンにする必要があります。管理コンソールから、［アプリ］→［その他の Google サービス］→［Colab］の順にクリックして選択し、オンにします。

補足

Colab Pro／Pro+

Google Colaboratory には有償版の Colab Pro と Colab Pro+ があります。無償版だと処理しきれないものや、長時間待たなくてはいけなかったコードの実行なども、Pro や Pro+ を契約すると機能が飛躍的にグレードアップします。ただし、利用するには現状ではクレジットカード決済のみのため注意してください。

新学習指導要領ではプログラミングに関する記述が増えており、単に机上で学ぶだけではなく、実際にプログラムを動かしながら、試行錯誤することが求められています。

現在、Web サービスを活用してプログラミングを学習したり、開発環境を整えたりすることができますが、ビックデータ解析や機械学習などで注目されている言語「Python」の開発環境である「Colab」(Google Colaboratory) は、Google アカウントを持っている人であれば、無償で始めることができます。

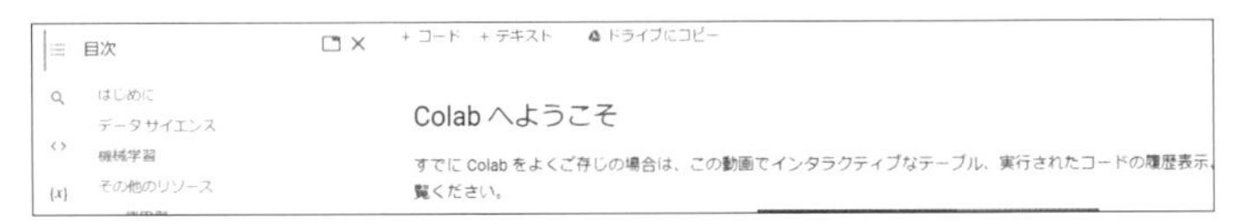

https://colab.research.google.com/

Colab では、ブラウザ上で Python を記述、実行することができます。また環境構築などが不要なため、「コードを書いて実行する」といったプログラミング教育で大事な「論理的に物事を考える」ことに注力できます。

Google Workspace for Education を中心に日々の教育活動を行っているのであれば、大きなメリットとなるのが「Colab ノートブックは Google ドライブに保存される」という点です。

Colab で作成したコードは、Colab ノートブック（ファイル）として Google ドライブに保存されます。そのため、Classroom で課題として配付したり、提出物として回収したりすることも可能です。

ドキュメントやスプレッドシートと同様に、共同編集、コメントなどもできます。

Question

04 これまでのデータをGoogle 形式で作り直さないといけない？

ここで学ぶこと

- Google 形式
- ファイルの変換
- Google ドライブ

Word／Excel／PowerPoint 形式のデータであっても、そのまま編集することは可能です。また、Google のドキュメント／スプレッドシート／スライド形式に変換することもできます。

A Google ドライブで変換できる

補足

Excelファイルをスプレッドシートに変換する

1 Google ドライブを開き、［＋新規］→［ファイルのアップロード］の順にクリックしたら、端末に保存されているExcelファイルを選択してアップロードします。

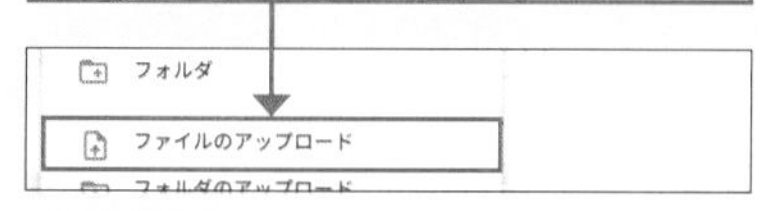

2 Google ドライブにアップロードしたExcelファイルを開き、メニューバーにある［ファイル］→［Google スプレッドシートとして保存］の順にクリックします。

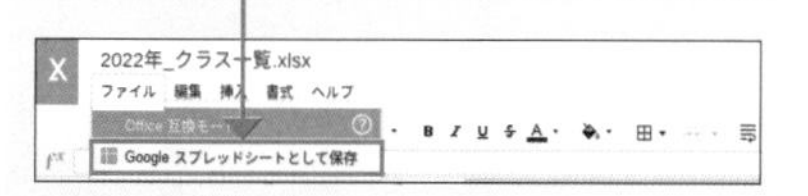

3 Google スプレッドシートに変換されます。

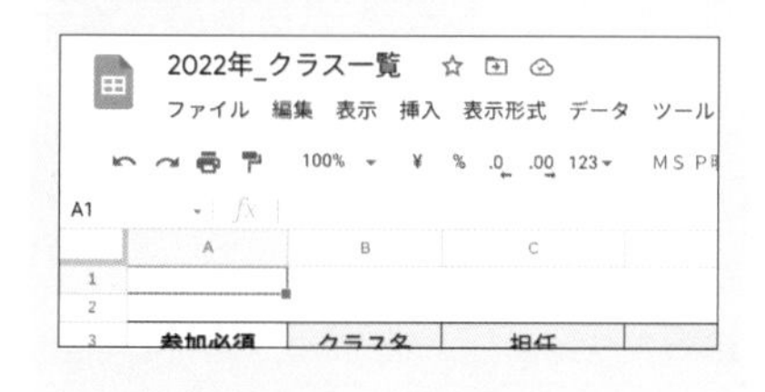

Google Workspace for Education を導入した場合、これまで作成したWord、Excel、PowerPointなどのデータや資料は利用できなくなる、あるいは作り直さなくてはいけないと考えがちですが、そのような心配はほとんど不要です。

過去の資料データを Google ドライブへアップロードしましょう。Word／Excel／PowerPoint形式のデータであれば、そのまま編集可能なうえ、Google のドキュメント／スプレッドシート／スライド形式に変換できます。変換してしまえば、共同編集や Classroom の課題配付でも使いやすくなります。データはなく、紙の資料しかない場合も、スキャナーを利用してPDFデータ化することで、Classroom内で利用可能です。

また、プリントやテストなど生徒に回答してもらいたい紙については、Google フォームへ作り変えるほか、Google ドライブの拡張機能を利用する方法もあります。

「Kami」はPDFに直接書き込めるようになる、Google ドライブの拡張機能です。Google アカウントでログインできるので、新たにアカウントを作る必要はありません。また、Classroom でも利用できるので、PDFに書き込む小テストを実施することもできます（フル機能を利用する際は、有償版へのアップグレードが必要です）。

https://chrome.google.com/webstore/detail/kami-pdf-and-document-ann/iljojpiodmlhoehoecppliohmplbgeij?hl=ja&

Question

05 Chromebookで画像加工をするには？

ここで学ぶこと

- 画像加工
- Google フォト
- Androidアプリ

Chromebook 本体に保存した画像に対して、トリミングしてサイズを変えたり、明るさなどの色合いを変えたりすることができます。ここでは画像を加工するいくつかの方法を紹介します。

Ⓐ さまざまな方法で画像を加工できる

動画を編集するには

残念ながら、Chromebook の標準機能では動画編集はできません。そのため、Webサービスや Androidアプリを利用する必要があります。Google サービスでいうと、YouTube では、動画のカットや顔のぼかし、音声の追加など、簡単な編集が可能です。

解説

Android アプリを利用する

2019年以降に販売されたほとんどのChromebook で、Androidアプリが利用可能です。Google Play ストアからダウンロードしましょう。ただし、一部利用できないアプリもあります。

① Chromebook 本体で編集する

Chromebook の「ファイル」から任意の画像を開くと、画像のプレビューと編集メニューが表示されます。

編集メニュー

左から、「切り抜きと回転」「サイズ変更」「照明フィルタ」「メモを追加」です。「メモを追加」では、フリーハンドで画像に書き込みをすることができます。

② Google フォトで編集する

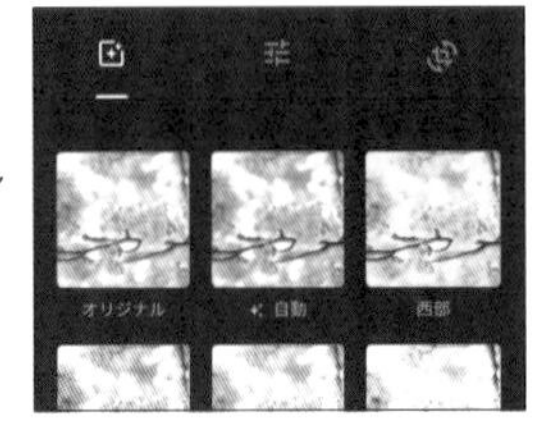

Chromebook 本体に保存していた画像を、Google フォトにアップロードしましょう。①でできることに加え、画像にフィルターをかけることが可能になります。なお、画像データはクラウドに保存されるため、端末が故障しても安心です。

③ Android アプリを利用する

画像加工アプリはいろいろありますが、ここでは「Adobe Photoshop Express」を紹介します。Google アカウントを持っていれば、合成効果・もやの除去・輝度ノイズの低減・テキストスタイル・歪み補正・ぼかし・細かい色補正など、本格的な画像編集が無料で利用できます。

Question

06 メールアドレスの命名規則はどう決める？

ここで学ぶこと

・メールアドレス
・ユーザー
・命名規則

ユーザーを作成する際、必須項目になっているメールアドレスですが、命名規則は自治体や学校の定める情報セキュリティポリシーによって異なります。ここでは、よくあるパターンを紹介します。

A 学籍番号や姓名を利用する

解説

命名規則とは

命名規則とは名前の付け方のルールのことで、プログラミングなどの分野で使われます。生徒たちにメールアドレスを提示するときに、命名規則のことを伝えると、組織でICTを活用するときのイメージが伝わりやすいでしょう。なお、メールアドレス同様に、校内で共有することが多いファイルなどにも命名規則を用いることで、ファイルの検索がしやすくなったり、ファイル命名に悩む時間が短くなったりするといったメリットがあります。

補足

生徒用と保護者用を使い分ける

「学籍番号」「姓名」のいずれにも共通することで、例えば、頭文字に「s」「p」などを追加することによって、同じ命名規則でも「Student」（生徒）と「Parent」（保護者）のメールアドレスを作成することが可能です。

「@」より前で、よくあるのは以下の2つのパターンです。

①学籍番号

学校、または自治体など Google Workspace for Education を利用する組織全体で、生徒に対してユニークな文字列がある場合は、この方法が便利です。
ただし、ぱっと見で誰なのか判別しづらいところが、メリットでもありデメリットです。外部向けとしては、個人情報を守ることができる一方、内部向けでは誰なのかわかりにくい場合があります。

②姓名

生徒名をローマ字で表記します。例えば、「電算太郎」の場合、「taro-densan@」のようになります。学籍番号の場合と比べ、ぱっと見て誰なのかがわかりやすい点がメリットです。
しかし、同一の Google Workspace for Education ドメイン内で同姓同名の生徒、あるいは教師が出てくる可能性があります。そのため、ランダム文字列を追加する方法が有効です。
例えば、「taro-densan-xyz@」のように、意味を持たない「xyz」などを追加するとよいでしょう。ランダム文字列を追加することで、重複しても姓名をベースにメールアドレスを作成できます。また、他者からメールアドレスを推測されづらいなどセキュリティの向上も図ることができます。

セキュリティ高　taro-densan-xyz@（電算太郎）

ランダム文字列を追加することで姓名が重複してもメールアドレスを作成できる

セキュリティ低　taro-densan@（電算太郎）

Question

07 Google Workspace for Education ライセンスは保護者に配ってよい？

ここで学ぶこと

- Google Workspace for Education
- 保護者用アカウント
- Classroom

Google Workspace for Education では、保護者用のIDとパスワードを発行することができます。管理コンソールの組織部門で、利用できるアプリや機能の制限を行い、運用しましょう。

Ⓐ 保護者用のIDとパスワードを発行できる

Google Workspace for Education では、情報共有のために保護者用のユーザーID とパスワードを発行できます。ユーザーの作成方法は生徒と同様ですが、組織部門は保護者用を作成して利用できるアプリや機能の制限など、生徒と違う設定を行うのがよいでしょう。また、保護者に配付したユーザーID は、Classroom のクラスに保護者として追加すると利便性が高くなります。保護者は生徒の学習状況をリアルタイムに把握したり、教師と保護者間で連絡をスピーディーに取り合ったりできるほか、生徒による紙の紛失といった心配も無用です。

補足

登録する保護者のメールアドレス

Google Workspace for Education アカウントを発行できない場合、Classroom での保護者を招待する際に、すでに持っているメールアドレスも利用可能です。ただし、Google サービスを利用する手前、「@gmail.com」などの Google アカウントであることが望ましいです。

クラスに保護者を追加する

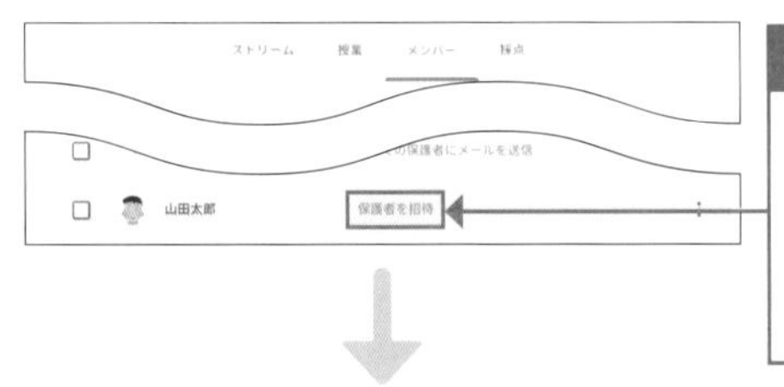

1 Classroom で任意のクラスを選択し、「メンバー」画面の「生徒」に表示されている［保護者を招待］をクリックします。

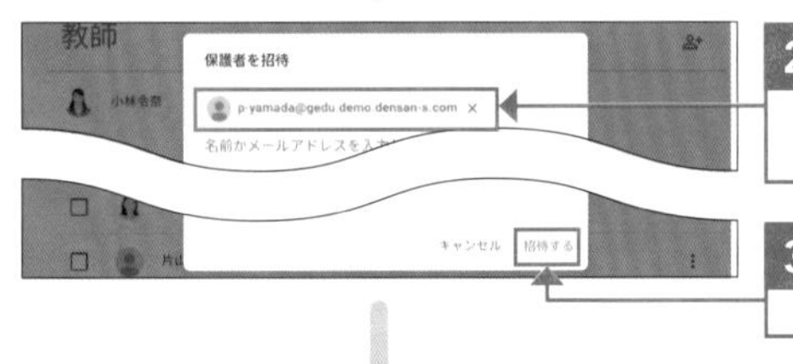

2 保護者のユーザーID（メールアドレス）を入力し、

3 ［招待する］をクリックします。

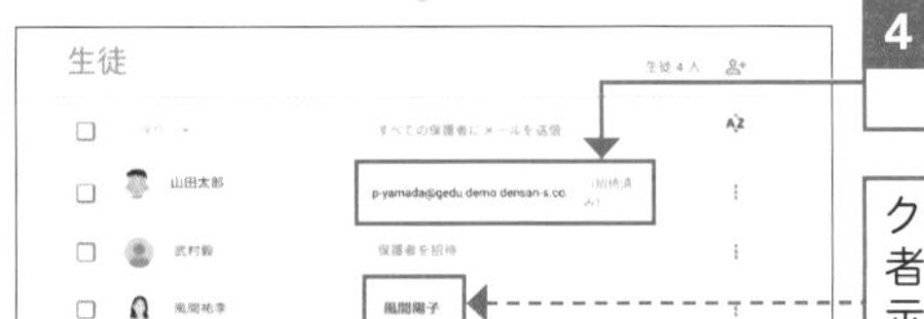

4 「招待済み」と表示されます。

クラスに参加した保護者はアカウント名が表示されます。

補足

Classroom の保護者の年度更新

Classroom のクラスに保護者を招待している場合、年度更新の際にクラスを新たに作った場合は、保護者を改めて招待し直す必要があります。生徒メンバーが変わらないクラスの場合、同じクラスを使い続けるのもよいかもしれません。

Question

08 管理コンソールの組織部門とグループの違いとは？

ここで学ぶこと

- 管理コンソール
- 組織部門
- グループ

個人ではなく「学級・クラス」「学年」「学校」などある程度のまとまりを表す言葉として、管理コンソールでは「組織部門」と「グループ」があります。ここでは、2つの違いについて解説します。

A 組織部門とグループの違い

組織部門

管理コンソールのみで適用される組織で、ユーザーまたは端末がいずれかの組織に所属します。組織は親組織、子組織などが作成でき、設定内容を継承したりできます。なお、ユーザー・端末は、複数の組織部門に所属することはできません。

グループ

メーリングリストと解釈するのがよいでしょう。グループとしてメールアドレスを持ちます。ユーザーは、複数のグループに所属することができます。

組織部門は以下のように構成するのがおすすめです。

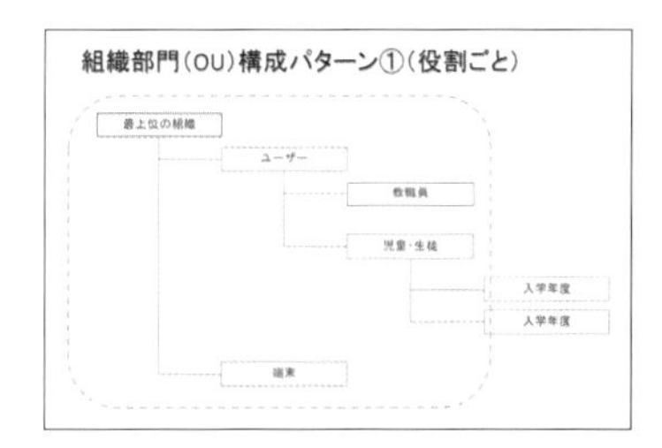

ユーザーと端末の大きく2つに分けて管理。教職員、生徒全員が同一のポリシーで利用する場合、シンプルに管理することができます。

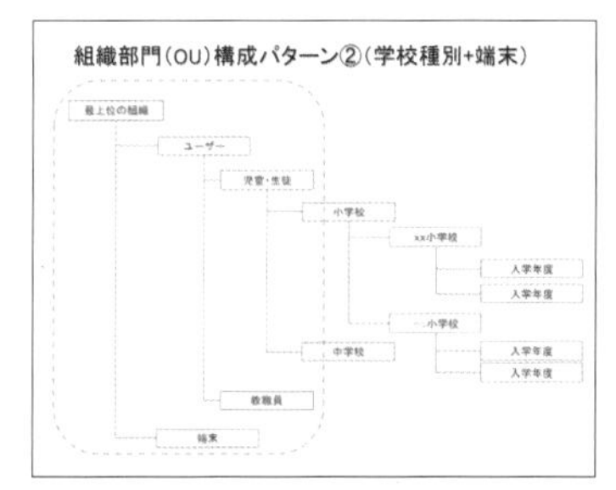

ユーザーを学校種別組織と教職員組織に分け、端末は独立した組織として設定。学校種別や学校ごとにポリシーを分けたい場合や、特定の組織のみ設定を変更できるような管理者を設置する場合におすすめです。

補足

対象グループ

Google Workspace for Education の有償エディション（Standard ／ Plus）を契約すると、「対象グループ」が利用できます。対象グループとは、ユーザーにGoogle ドライブのアイテムの共有先として推奨できるグループ（部署やチームなど）のことです。

> ユーザーの共有設定に対象グループが表示されるようにすることで、アイテムの共有先を組織全体ではなく一部の相手に絞るよう促すことができます。

Google ヘルプ（https://support.google.com/a/answer/9934697）より一部抜粋

補足

端末組織

組織部門の端末組織で教職員と生徒で別のポリシーを設定する場合は、下位組織を分けて作成することで可能です。

Question

09 パスワード管理はどうする?

ここで学ぶこと

- パスワード
- ユーザー
- 管理者

パスワードの管理は、将来的に必要なスキルの1つです。さまざまなシステムのIDとパスワードを安全に管理するポイントを、ユーザー側と管理者側のそれぞれの立場から解説します。

A パスワードを安全に管理するための方法

補足

よく使われるパスワードランキング

パスワード管理サービスを提供している会社と研究者によって発表された、2021年よく使われているパスワードトップ10があります。対象調査は50カ国です。ここでは第1位～第3位を紹介します。

第1位 123456
第2位 123456789
第3位 12345

見てのとおり、シンプルです。パスワードを決めるときは、簡単な数字の羅列や、IDと同じ文字列、生年月日のような個人情報から推測できるようなワードは避けるようにしましょう。

・「Most Common Passwords Of 2021: Here's What To Do If Yours Makes The List」
https://www.iflscience.com/technology/most-common-passwords-of-2021-heres-what-to-do-if-yours-makes-the-list/

ユーザー側

もしメールアドレス、パスワードが悪意ある他人に知られてしまった場合、なりすましされて、他者へ攻撃的な発言をしたり、個人データを抜き取り悪用したりと、いろいろなことができてしまいます。次のルールでIDとパスワードを安全に管理し、生活や仕事でインシデントを起こすことなく、利便性をシステムから享受していきましょう。

- 絶対に他の人に教えないこと
- 推測されづらいパスワードにすること
- パスワードを書いた付箋などをパソコンに貼り付けておかないこと

管理者側

ユーザーがパスワードを忘れてしまった場合、管理者は管理コンソールで「パスワードリセット」を実施する必要があります。また、ユーザーの Google アカウントが乗っ取られてしまったなどのインシデント対策としても、パスワードリセットは有効で、すべての端末からログアウトされます。パスワードリセットの手順は次のとおりです。

①管理コンソールを開き、[ユーザー]をクリックします。
②パスワードを変更したいユーザーを表示し、[パスワードを再設定]をクリックします。
③[パスワードを自動的に生成する]、または管理者側で[パスワードを作成する]をクリックして選択し、[リセット]をクリックします。

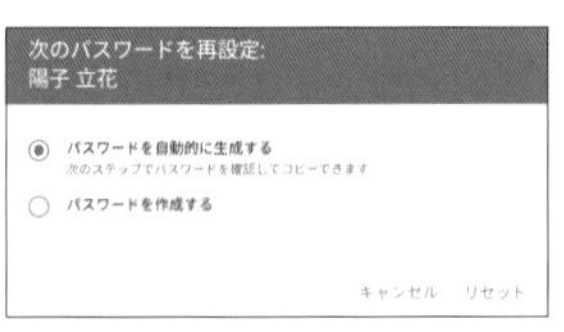

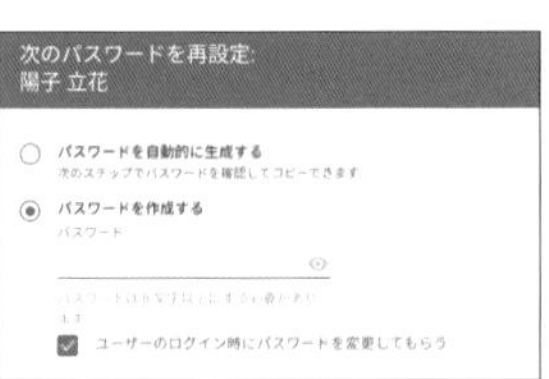

Question

10 パスワードはユーザーごとに違うほうがよい？

ここで学ぶこと

・パスワード
・ユーザー
・管理者

ユーザーごとにパスワードは絶対に変えるべきで、他人に知られないことが大切です。ここでは、パスワードをユーザーごとに変えたほうがよい理由について解説します。

A パスワードをユーザーごとに変える理由

難解なパスワードの提案を利用する

管理コンソールで1人ずつユーザーを作成する際に、「パスワードを自動的に生成する」という項目がありますが、初期パスワードのため、のちにユーザーが自分で決めたパスワードを設定するように促されます。管理者側でランダムに複雑なパスワードを設定したい場合は、スプレッドシートなどで関数を駆使することで、自動生成することが可能です。

218ページの回答にも記載しましたが、パスワードをユーザーごとに変えたほうがよい理由は2つあります。

①いたずら・いじめの手段を減らすため

メールアドレスとパスワードを知られてしまった場合、なりすましてログインされ、その人のメールやチャットなどのやり取りを始め、さまざまなデータを覗き見されてしまいます。それだけならまだしも、なりすましてその人の友達に誹謗中傷のメッセージが送られるなど、大きないじめ被害を生み出してしまうことが容易です。
そのうえ、システム上のログはなりすまされたユーザーになってしまうため、ネットワークログを分析するなど、犯人を追求するには労力と時間がかかってしまいます。そのような事態を回避するため、まずはユーザーごとにパスワードを変えて、それを他人に教えないことが重要です。

②将来的にパスワード管理は必要なスキルのため

学校では、1つか2つくらいしかIDとパスワードを使わないことがほとんどですが、生徒のこれからのことを考えると、プライベートや仕事をするうえで、たくさんのシステム・サービスを利用するにあたりIDとパスワードを使用する機会であふれています。
おそらくほとんどの人が、10や20では収まらないでしょう。今後、どんどんシステム・サービスは増えていくことになりますが、そういった利便性を安全に享受するためにも、情報セキュリティの観点からも、パスワードの管理スキルを正しく身につける必要性があります。
将来的にはIDやパスワードではない、個人認証の方法が出てくることが想定されますが、「セキュリティ観点を持つ」ということを、パスワード管理を通して学んでいくことが大切です。

索引

数字・アルファベット

あ行

か行

さ行

た行

な・は行

ま・や行

ら・わ行

お問い合わせについて

本書に関するご質問については、本書に記載されている内容に関するもののみとさせていただきます。本書の内容と関係のないご質問につきましては、一切お答えできませんので、あらかじめご了承ください。また、電話でのご質問は受け付けておりませんので、必ずFAXか書面にて下記までお送りください。
なお、ご質問の際には、必ず以下の項目を明記していただきますようお願いいたします。

1 お名前
2 返信先の住所またはFAX番号
3 書名（今すぐ使えるかんたん　Google for Education
～導入から運用まで、一冊でしっかりわかる本～）
4 本書の該当ページ
5 ご使用のOSとソフトウェアのバージョン
6 ご質問内容

なお、お送りいただいたご質問には、できる限り迅速にお答えできるよう努力いたしておりますが、場合によってはお答えするまでに時間がかかることがあります。また、回答の期日をご指定なさっても、ご希望にお応えできるとは限りません。あらかじめご了承くださいますよう、お願いいたします。

問い合わせ先

〒162-0846
東京都新宿区市谷左内町21-13
株式会社技術評論社　書籍編集部
「今すぐ使えるかんたん　Google for Education
～導入から運用まで、一冊でしっかりわかる本～」質問係

FAX番号　03-3513-6167
https://book.gihyo.jp/116

■お問い合わせの例

FAX

1 お名前
技術　太郎
2 返信先の住所またはFAX番号
03-XXXX-XXXX
3 書名
今すぐ使えるかんたん
Google for Education
～導入から運用まで、
一冊でしっかりわかる本～
4 本書の該当ページ
101ページ
5 ご使用のOSとソフトウェアのバージョン
Chrome OS
Chromeブラウザ バージョン100
6 ご質問内容
手順2の操作をしても、
手順3の画面が表示されない

※ご質問の際に記載いただきました個人情報は、回答後速やかに破棄させていただきます。

今すぐ使えるかんたん Google for Education ～導入から運用まで、一冊でしっかりわかる本～

2022年6月28日　初版　第1刷発行

著　者●株式会社電算システム
発行者●片岡 巌
発行所●株式会社 技術評論社
東京都新宿区市谷左内町21-13
電話　03-3513-6150　販売促進部
03-3513-6160　書籍編集部
装丁●田邉 恵里香
本文デザイン●ライラック
制作協力●株式会社どこがく
編集／DTP●リンクアップ
担当●青木 宏治
製本／印刷●大日本印刷株式会社

定価はカバーに表示してあります。

ISBN978-4-297-12844-9 C3055
Printed in Japan

著者紹介

電算システム（DSK）は、2006年より、One Google を合言葉に Google の各種サービスを専門的に販売するパートナーとして活動している。これまでに培った豊富な実績を生かし、教育分野でも Google Workspace for Education や Chromebook など各種ソリューションを紹介し、教育DXを支援。また、オリジナルのサービス開発にも取り組んでおり、観点別評価ツールの提供を始めている。